"十三五"普通高等教育本科规划教材
高等院校电气信息类专业"互联网+"创新规划教材

信号与系统

（第 2 版）

主　编　李云红
副主编　廉继红　陈锦妮

内 容 简 介

本书是根据国家教委颁布的高等工业学校《信号与系统课程教学基本要求》，结合普通高等学校的实际情况，在编者多年教学实践的基础上编写而成的。全书共 7 章，系统地论述了信号与系统的基本理论、基本概念和基本分析方法。本书以通信和控制工程为应用背景，从时域、频域、变换域三大域深入浅出地展开课程内容，先连续后离散，先周期后非周期。主要内容包括：信号与系统的基本概念，系统的时域分析，傅里叶变换与系统的频域分析，连续时间系统的复频域分析，系统函数，线性时不变系统的 z 域分析，系统的状态变量分析。每章设置二维码进行相关内容的深入展开，每章末均设置了习题。

本书可作为高等院校电子信息、通信工程、自动化、计算机、信息工程、信号检测、电气工程及其自动化等专业本科生的教材，也可供其他相关专业的学生和工程技术人员参考使用。

图书在版编目(CIP)数据

信号与系统/李云红主编. —2 版. —北京：北京大学出版社，2018.8
(高等院校电气信息类专业"互联网+"创新规划教材)
ISBN 978-7-301-29590-8

Ⅰ.①信… Ⅱ.①李… Ⅲ.①信号系统—高等学校—教材 Ⅳ.①TN911.6

中国版本图书馆 CIP 数据核字(2018)第 117577 号

书　　　名	信号与系统（第 2 版） XINHAO YU XITONG
著作责任者	李云红　主编
策 划 编 辑	程志强
责 任 编 辑	李娉婷
数 字 编 辑	刘　蓉
标 准 书 号	ISBN 978-7-301-29590-8
出 版 发 行	北京大学出版社
地　　　址	北京市海淀区成府路 205 号　100871
网　　　址	http://www.pup.cn　新浪微博:@北京大学出版社
电 子 信 箱	pup_6@163.com
电　　　话	邮购部 62752015　发行部 62750672　编辑部 62750667
印 刷 者	河北滦县鑫华书刊印刷厂
经 销 者	新华书店
	787 毫米×1092 毫米　16 开本　17 印张　387 千字 2012 年 5 月第 1 版 2018 年 8 月第 2 版　2018 年 8 月第 1 次印刷
定　　　价	42.00 元

未经许可，不得以任何方式复制或抄袭本书之部分或全部内容。
版权所有，侵权必究
举报电话：010-62752024　电子信箱：fd@pup.pku.edu.cn
图书如有印装质量问题，请与出版部联系，电话：010-62756370

第 2 版前言

信号与系统课程是电子信息、通信工程、计算机、自动化、信息工程等专业重要的技术基础课程之一。它主要研究信号与系统分析的基本理论和方法，在教学计划中起着承前启后的作用。

自本书第 1 版 2012 年 5 月出版以来，本学科领域的理论与实践研究迅速发展，分析方法不断更新，技术应用范围日益扩展，对配套教材的内容更新和结构体系的进一步完善都提出了更高的要求。针对这一情况，编者结合教学实践，在广泛听取从事本课程教学和研究的教师与学术专家意见的基础上，逐步明确了第 2 版的追求目标：在相对稳定中力求变革，处理好经典分析方法与最新技术的相互融合，同时充分利用二维码等数字资源。在这样的指导思想下，编者对第 1 版进行了修订、补充和更新。

第 2 版以工程数学和电路分析为基础，以系统对信号的响应为主线，介绍信号与系统分析的相关理论、原理、方法等知识，为学生学习后续课程（如数字信号处理、通信原理、数字通信、自动控制等）打下良好的理论基础。同时信号与系统课程也是学生合理知识结构中的重要组成部分，在对学生智力发展、能力和素质培养方面，均起着非常重要的作用。

与第 1 版相比，第 2 版基本上保持了第 1 版的风貌，认真修订了第 1 版中的错误和疏漏，增加了离散信号与系统的内容。为配合教师教学，帮助学生学习，提高学生学习兴趣，本书首先从课程设置、选用教材、课程特点、学习方法、参考书目等方面对课程做了总体介绍；对信号的分析采用先连续后离散，先周期后非周期，先时域后频域复频域的顺序，以对偶和类比的方式逐章展开，完全并行地讲述连续时间和离散时间信号与系统的一系列基本概念、理论和方法，以及它们在通信、信号处理等领域中的主要应用；最后还讲述了数字信号处理和系统的状态变量描述的基本概念和方法，形成了一个"系统分析和综合"与"信号分析和处理"两方面知识并重、较为完整的、具有鲜明特色的信号与系统课程内容体系。同时，每章针对信号与系统的名词术语、具体问题、分析方法都嵌入了二维码等数字资源，二维码里包括了大量文本、图片、动画等资源。学生可以通过扫描二维码获得更多的知识和学习内容，更好地理解和掌握信号与系统的分析方法。各章都有足够数量的精选例题，兼顾基本练习和解题的分析技巧；章末配有数量丰富的习题，供学生练习使用。

本书由李云红担任主编并负责统稿，廉继红和陈锦妮担任副主编，李云红和陈锦妮进行了最终校稿。具体编写分工：第 1、4、5 章，测试题及习题答案由李云红编写；第 2 章、附录及参考文献由顾梅花编写；第 3 章由廉继红、陈锦妮编写；第 6 章由潘杨编写；第 7 章由廉继红编写。陈锦妮、成中豪、梁思程、李欢、钟晓妮、黄梦龙、袁巧宁等参加了书中图形的部分绘制工作以及二维码信息的收集整理。在本书编写过程中，编者参考了大量的文献，在此对这些文献的编者表示真诚的感谢。

  本书的编写得到了西安工程大学的大力支持，编者在此表示衷心感谢。

  由于编者水平有限，书中难免存在疏漏之处，恳请读者批评指正。

  为配合教学和学生自学，本书配套出版了《信号与系统习题解析》，以方便学生更好地学习和理解所学知识。

编 者
2017 年 10 月

第 1 版前言

信号与系统课程是电子信息、通信工程、计算机、自动化、信息工程等专业重要的技术基础课之一，它主要研究信号与系统分析的基本理论和方法，在教学计划中起着承前启后的作用。它以工程数学和电路分析为基础，以系统对信号的响应为主线，介绍信号与系统分析相关的理论、原理、方法等方面的知识，为学生学习后续课程（如数字信号处理、通信原理、数字通信、自动控制等）打下良好的理论基础，同时也是学生合理知识结构的重要组成部分，在智力发展、能力和素质培养方面均起着非常重要的作用。

近些年来，信息技术在各学科领域的应用更加广泛，本学科领域的理论和实践发展迅速，但就大学本科信号与系统课程而言，其基本内容和范围大体相对稳定。随着当前信息和通信技术的发展，为了适应当前学科发展的需要和教学内容改革的要求，编者编写了本书。同时，在教学实践中征求和听取了教师和学生对本书的意见，认为基本满足当前的教学需要。本书按照 56 学时授课，这里给出参考学时数：第 1 章 6 学时，第 2 章 14 学时，第 3 章 16 学时，第 4 章 12 学时，第 5 章 4 学时，第 6 章 4 学时。

为配合教师教学、帮助学生学习、提高学习兴趣，本书首先从课程位置、选用教材、课程特点、学习方法、参考书目等方面对课程做了总体介绍。对信号的分析采用先连续后离散、先周期后非周期、先时域后频域复频域的顺序，以对偶和类比的方式逐章展开，完全并行地讲述了连续时间和离散时间信号与系统的一系列基本概念、理论和方法，以及它们在通信、信号处理等领域中的主要应用，最后还讲述了数字信号处理和系统的状态变量描述的基本概念和方法，形成了一个"系统分析和综合"与"信号分析和处理"两方面知识并重的、较为完整的、具有鲜明特色的信号与系统课程内容体系。各章均有足够数量的精选例题，兼顾基本练习和解题的分析技巧；章末配有数量丰富的习题，供学生练习使用。

本书由李云红担任主编并负责统稿，第 1、4、5 章部分内容由李云红编写，第 2 章由顾梅花编写，第 3 章由孟繁杰编写，第 6 章部分内容由薛谦编写，廉继红编写了第 5 章的部分内容，陈锦妮编写了第 6 章的部分内容，李子琳、伊欣、王瑞华、梁高鸣、李尧、闫志轩参加了书中部分图形的绘制工作。在本书的编写过程中，编者参考了大量的书籍、文献，在此对这些书籍、文献的作者表示真诚的感谢！本书的编写得到了西安工程大学、西安电子科技大学的大力支持，编者在此表示衷心感谢！

由于编者水平有限，书中难免存在疏漏之处，恳请读者批评指正。

编　者

2011 年 12 月

目　录

第1章　信号与系统的基本概念 ······ 1
  1.1　序言 ······ 2
  1.2　信号的概念 ······ 2
  1.3　基本连续时间信号及其时域特性 ······ 7
  1.4　信号的时域变换 ······ 11
  1.5　信号的时域运算 ······ 12
  1.6　信号的时域分解 ······ 12
  1.7　系统的概念 ······ 14
  1.8　线性时不变系统的性质 ······ 16
  1.9　线性系统的分析 ······ 19
  小结 ······ 19
  习题一 ······ 20

第2章　系统的时域分析 ······ 22
  2.1　线性时不变连续系统的响应 ······ 23
  2.2　连续系统的冲激响应 ······ 33
  2.3　卷积积分 ······ 36
  2.4　线性时不变离散系统的响应 ······ 45
  2.5　离散系统的单位序列响应 ······ 49
  2.6　序列卷积和 ······ 52
  小结 ······ 58
  习题二 ······ 58

第3章　傅里叶变换与系统的频域分析 ······ 63
  3.1　信号在正交函数集中的分解 ······ 64
  3.2　周期信号的傅里叶级数 ······ 67
  3.3　周期信号的频谱 ······ 77
  3.4　非周期信号的频谱 ······ 82
  3.5　傅里叶变换的性质 ······ 90
  3.6　能量谱与功率谱 ······ 106
  3.7　周期信号的傅里叶变换 ······ 109
  3.8　线性时不变系统的频域分析 ······ 112
  3.9　采样定理 ······ 122
  小结 ······ 126
  习题三 ······ 126

第4章　连续时间系统的复频域分析 ······ 132
  4.1　拉普拉斯变换 ······ 133
  4.2　拉普拉斯变换的性质 ······ 138
  4.3　拉普拉斯逆变换 ······ 146
  4.4　复频域分析 ······ 150
  小结 ······ 161
  习题四 ······ 161

第5章　系统函数 ······ 163
  5.1　系统函数及其特性 ······ 164
  5.2　系统函数与时域、频域之间的关系 ······ 166
  5.3　系统的稳定性和因果性 ······ 170
  5.4　信号流图与系统结构的实现 ······ 172
  小结 ······ 179
  习题五 ······ 179

第6章　线性时不变系统的 z 域分析 ······ 181
  6.1　离散信号的 z 变换 ······ 182
  6.2　z 变换的基本性质 ······ 186
  6.3　z 逆变换 ······ 193
  6.4　离散系统的 z 域分析 ······ 197
  6.5　z 域系统函数 ······ 198
  6.6　z 域系统函数 $H(z)$ 的零极点分析 ······ 200
  6.7　离散时间系统的稳定性 ······ 203
  小结 ······ 205
  习题六 ······ 205

第7章　系统的状态变量分析 ······ 206
  7.1　状态变量与状态方程 ······ 207

7.2 连续系统状态方程的建立 …………… 209
7.3 连续系统状态方程的求解 …………… 217
小结 …………………………………… 227
习题七 ………………………………… 227
测试题 A ……………………………… 229
测试题 A 答案 ………………………… 232
测试题 B ……………………………… 236
测试题 B 答案 ………………………… 239
附录 A 常用英汉术语对照 …………… 243
附录 B 部分习题参考答案 …………… 251
参考文献 ……………………………… 256

第1章 信号与系统的基本概念

本章介绍了信号与系统的概念及分类方法；同时讨论了线性时不变（Linear Time-Invariant，LTI）系统的特性；介绍了线性时不变系统的描述方法和分析方法；深入研究了在线性时不变系统分析中占有十分重要地位的阶跃函数、冲激函数，以及它们的特性。

教学要求

了解信号与系统的分类；掌握信号的运算方法；深入研究阶跃函数、冲激函数及其特性。

重点与难点

1. 信号的描述与运算
 (1) 信号的分类。
 (2) 信号的运算（难点是对信号进行平移、反转和尺度变换的综合运算）。
 (3) 冲激函数和阶跃函数。
2. 系统的描述与性质
 (1) 系统的分类。
 (2) 线性系统、时不变系统、因果系统的定义及判别方法。
 (3) 用仿真框图表示系统或由框图写出该系统方程。

1.1 序　　言

信号与系统的概念已经深入人们的生活和社会的各个方面。手机、电视机、通信网、计算机网等已成为人们常用的工具和设备，这些工具和设备都可以看成系统，而各种设备传送的语音、音乐、图像、文字等都可以看成信号。

那么，什么是信号？什么是系统？为什么将这两个概念连在一起？信号是信息的一种表示方式，通过信号传递信息。信号的概念与系统的概念是紧密相连的。信号在系统中按一定的规律运动、变化，系统在输入信号的驱动下对它进行"加工""处理"并发送输出信号，如图 1.1 所示。输入信号常称为激励，输出信号常称为响应。

图 1.1　信号与系统

1.2　信号的概念

信号常可以表示为时间函数(或序列)，该函数的图像称为信号的波形。在讨论信号的有关问题时，"信号"与"函数(或序列)"两个词常互相混用，不予区分。

【典型信号举例】

1.2.1　信号的定义

信息(information)是人类感官所能感知的一切反映客观事物运动状态、特征及其变化的东西。它们是抽象的，只能借助一定的物理方式予以表达。

消息(message)是信息的物理表达方式，诸如语言、文字、图像、数据或者事先约定的符号等。消息中都包含一定的信息。

消息一般难以高效、可靠地进行远距离传输，为此需要将它们转换为随时间和空间变化的某种物理量，这就是信号(signal)。因此，信号是消息的表现形式和运载工具，消息是信号的内容。

信号对人们来说并不陌生。例如，上课的铃声——声信号，表示该上课了；十字路口的红绿灯——光信号，指挥交通；电视机天线接收的电视信息——电信号；广告牌上的文字、图像信号；等等。

信号可以是多种多样的，若信号表现为电压、电流、电荷、磁链或空间电磁波时，则称为电信号。电信号因其易于存储、传输、处理和再现，且非电信号又极易转换为电信号，因而电信号是现代技术中应用最广的信号。

为了对信号进行分析和研究，必须建立信号的数学模型，以便用数学语言对信号进行描述，这就是信号的数学表达式，即信号的函数形式。

本课程只讨论电信号。就集总参数电系统而言，电信号是只随时间变化的单变量信号 $u(t)$ 和 $i(t)$，它们随时间变化的函数曲线称为信号的波形，它是信号的图形表示。

1.2.2 信号的分类

1. 确定信号和随机信号(按信号随时间的变化规律分类)

【随机信号举例】

确定信号中的信号是自变量的确定函数,在任意给定时刻或位置,信号都具有确定的数值及分布,信号所含信息的不同体现在其分布值随时间或空间的变化规律上。随机信号中的信号不能用自变量的确定函数去描述;自变量给定时,信号值具有不可预知的不确定性,只能通过大量试验或以统计数学为工具去获取在给定自变量下信号为某一数值的概率(信号的统计特性)。

2. 连续时间信号和离散时间信号(按信号自变量的定义域分类)

连续时间信号中信号的自变量取值是连续的。也就是说,信号自变量(时间)的定义域是连续的,除若干不连续的点外,信号都有确定值与自变量对应。图1.2(a)中的信号

【连续时间信号和离散时间信号的关系】

$$f_1(t)=10\sin(\omega t), \quad -\infty<t<\infty \tag{1-1}$$

其定义域$(-\infty,\infty)$和值域$[-10,10]$都是连续的。图1.2(b)中的信号

$$f_2(t)=\begin{cases} 0, & t<0 \\ 1, & 0\leqslant t<1 \\ -1, & 1\leqslant t<2 \\ 0, & t>2 \end{cases} \tag{1-2}$$

其定义域$(-\infty,\infty)$是连续的,但其函数值只取-1、0、1三个离散的数值。

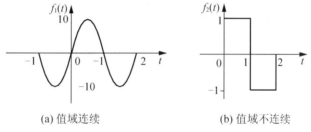

(a) 值域连续   (b) 值域不连续

图1.2 连续时间信号

而离散时间信号中的信号的自变量取值是离散的。就是说,信号只在自变量的离散瞬间才有定义。这里"离散"指信号的定义域——时间(或其他量)是离散的,它只取某些规定的值。所以,信号自变量的定义域是不连续的。

图1.3所示为离散时间序列,其中

【采样量化编码】

$$f(k)=\begin{cases} 0, & k<0 \\ e^{-\alpha k}, & k\geqslant 0, \alpha>0 \end{cases} \tag{1-3}$$

对于不同的α,其值域$[0,1]$是连续的。

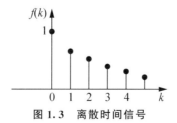

图1.3 离散时间信号

【离散信号采样及其频谱特征】

3. 周期信号和非周期信号(按信号变化的重复性分类)

周期信号是信号随自变量连续变化且重复某一变化规律的信号,即定义在$(-\infty,\infty)$区间,每隔一定时间T(或整数N),按相同规律重复变化的信号,如图 1.4 所示。

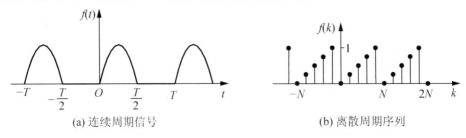

(a) 连续周期信号　　　　　　　　　(b) 离散周期序列

图 1.4　周期信号

连续周期信号 $f(t)$ 满足

$$f(t)=f(t+nT),\ n=0,\pm 1,\pm 2,\cdots \tag{1-4}$$

离散周期信号 $f(k)$ 满足

$$f(k)=f(k+mN),\ m=0,\pm 1,\pm 2,\cdots \tag{1-5}$$

使式(1-4)成立的最小 T 值称为信号 $f(t)$ 的周期,使式(1-5)成立的最小 N 值称为信号 $f(k)$ 的周期。不具有周期性的信号称为非周期信号。周期信号的特点如下。

(1) 无始无终,定义域为$(-\infty,+\infty)$。

(2) 变化规律具有周期性,各周期内的信号波形完全相同。

(3) 周期比为整数比的周期信号之和仍是周期信号,其周期是子信号周期的公倍数。

例 1.1　判断下列信号是否为周期信号,若是,确定其周期。

(1) $f_1(t)=\sin 2t+\cos 3t$

(2) $f_2(t)=\cos 2t+\sin \pi t$

分析　两个周期信号 $x(t),y(t)$ 的周期分别为 T_1 和 T_2,若其周期之比 T_1/T_2 为有理数,则其和信号 $x(t)+y(t)$ 仍然是周期信号,其周期为 T_1 和 T_2 的最小公倍数。

解　(1) $\sin 2t$ 是周期信号,其角频率和周期分别为

$$\omega_1=2\mathrm{rad/s},\ T_1=2\pi/\omega_1=\pi \mathrm{s}$$

$\cos 3t$ 是周期信号,其角频率和周期分别为

$$\omega_2=3\mathrm{rad/s},\ T_2=2\pi/\omega_2=(2\pi/3)\mathrm{s}$$

由于 $T_1/T_2=3/2$ 为有理数,故 $f_1(t)$ 为周期信号,其周期为 T_1 和 T_2 的最小公倍数 2π。

(2) $\cos 2t$ 和 $\sin \pi t$ 的周期分别为 $T_1=\pi \mathrm{s}$,$T_2=2\mathrm{s}$,由于 T_1/T_2 为无理数,故 $f_2(t)$ 为非周期信号。

例 1.2　判断正弦序列 $f(k)=\sin \beta k$ 是否为周期信号,若是,确定其周期。

解
$$f(k)=\sin \beta k=\sin(\beta k+2m\pi),\ m=0,\pm 1,\pm 2,\cdots$$
$$=\sin\left[\beta\left(k+m\frac{2\pi}{\beta}\right)\right]=\sin[\beta(k+mN)]$$

式中，β 称为数字角频率，单位为 rad。由上式可得以下结论。

仅当 $2\pi/\beta$ 为整数时，正弦序列才具有周期 $N=2\pi/\beta$。

当 $2\pi/\beta$ 为有理数时，正弦序列仍为具有周期性，但其周期为 $N=M(2\pi/\beta)$，M 取使 N 为整数的最小整数。

当 $2\pi/\beta$ 为无理数时，正弦序列为非周期序列。

例 1.3 判断下列序列是否为周期信号，若是，确定其周期。

(1) $f_1(k)=\sin(3\pi k/4)+\cos(0.5\pi k)$

(2) $f_2(k)=\sin 2k$

解 (1) $\sin(3\pi k/4)$ 和 $\cos(0.5\pi k)$ 的数字角频率分别为 $\beta_1=3\pi/4\,\mathrm{rad}$，$\beta_2=0.5\pi\,\mathrm{rad}$。由于 $2\pi/\beta_1=8/3$，$2\pi/\beta_2=4$ 为有理数，故它们的周期分别为 $N_1=8$，$N_2=4$，故 $f_1(k)$ 为周期序列，其周期为 N_1 和 N_2 的最小公倍数 8。

(2) $\sin 2k$ 的数字角频率为 $\beta_1=2\,\mathrm{rad}$；由于 $2\pi/\beta_1=\pi$ 为无理数，故 $f_2(k)=\sin 2k$ 为非周期序列。

由上面几例可看出：

(1) 连续正弦信号一定是周期信号，而正弦序列不一定是周期序列。

(2) 两连续周期信号之和不一定是周期信号，而两周期序列之和一定是周期序列。

4. 能量信号和功率信号（按信号的能量和功率特点分类）

能量信号的总能量为有限值，而平均功率为零。功率信号的平均功率为有限值，而总能量无穷大，并且信号自变量（时间）的定义域为 $(-\infty,+\infty)$。

信号能量定义为在区间 $(-\infty,+\infty)$ 中的信号 $f(t)$ 的能量，用 E 表示，即

$$E=\lim_{a\to\infty}\int_{-a}^{a}|f(t)|^2\mathrm{d}t \qquad (1-6)$$

信号功率定义为在区间 $(-\infty,+\infty)$ 中信号 $f(t)$ 的平均功率，用 P 表示，即

$$P=\lim_{a\to\infty}\frac{1}{2a}\int_{-a}^{a}|f(t)|^2\mathrm{d}t \qquad (1-7)$$

若信号 $f(t)$ 的能量有界（即 $0<E<\infty$，这时 $P=0$），则称其为能量有限信号，简称能量信号。若信号 $f(t)$ 的功率有界（即 $0<P<\infty$，这时 $E=\infty$），则称其为功率有限信号，简称功率信号。

一般规律如下。

(1) 一般周期信号为功率信号。

(2) 时限信号（仅在有限时间区间不为零的非周期信号）为能量信号。

(3) 还有一些非周期信号，也是非能量信号。如 $\varepsilon(t)$ 是功率信号；而 $t\varepsilon(t)$、e^t 为非功率非能量信号；$\delta(t)$ 是无定义的非功率非能量信号。

5. 实信号和复信号（按信号的值域性质分类）

在任意时刻的取值均为实数，物理上可以实现的信号都是实信号。连续信号的复指数

信号可表示为

$$f(t) = e^{st}, \quad -\infty < t < \infty \qquad (1-8)$$

式中，复变量 $s = \sigma + j\omega$，σ 是 s 的实部，记为 $\mathrm{Re}[s]$，ω 是 s 的虚部，记为 $\mathrm{Im}[s]$。根据欧拉公式，式(1-8)可展开为

$$f(t) = e^{(\sigma + j\omega)t} = e^{\sigma t}\cos\omega t + je^{\sigma t}\sin\omega t \qquad (1-9)$$

可见，一个复指数信号可分解为实、虚两部分，即

$$\mathrm{Re}[f(t)] = e^{\sigma t}\cos\omega t \qquad (1-10)$$

$$\mathrm{Im}[f(t)] = e^{\sigma t}\sin\omega t \qquad (1-11)$$

两者均为实信号，而且是频率相同、振幅随时间变化的正（余）弦振荡。

函数值为复数的信号称为复信号。复信号的值域为复数，物理上不能实现，常用于理论分析。离散时间的复指数序列可表示为

$$f(k) = e^{(\alpha + j\beta)k} = e^{\alpha k}e^{j\beta k} \qquad (1-12)$$

令 $a = e^{\alpha}$，式(1-12)可展开为

$$f(t) = a^k \cos\beta k + ja^k \sin\beta k \qquad (1-13)$$

其实部、虚部分别为

$$\mathrm{Re}[f(k)] = a^k \cos\beta k \qquad (1-14)$$

和

$$\mathrm{Im}[f(k)] = a^k \sin\beta k \qquad (1-15)$$

可见，复指数序列的实部和虚部均为幅值随 k 变化的正（余）弦序列。

1.2.3 有关信号的术语

按照信号存在的时间区间还可进行如下分类。

1. 有时限信号和无时限信号

若信号 $f(t)$ 在有限时间区间 $t_1 < t < t_2$ 内 $f(t) \neq 0$，此区间外 $f(t) = 0$，即称为有时限信号，否则称为无时限信号。

2. 有始信号和有终信号

若信号 $f(t)$ 在 $t < t_1$ 时 $f(t) = 0$；$t > t_1$ 时 $f(t) \neq 0$，则称为有始信号，$t = t_1$ 为有始信号 $f(t)$ 的起始时刻。

若信号 $f(t)$ 在 $t < t_2$ 时 $f(t) \neq 0$；$t > t_2$ 时 $f(t) = 0$，则称为有终信号，$t = t_2$ 为有终信号 $f(t)$ 的终止时刻。

3. 因果信号和反因果信号

如果信号 $f(t)$ 在 $t < 0$ 时 $f(t) = 0$；$t > 0$ 时 $f(t) \neq 0$，则称为因果信号。显然，因果信号是有始信号的特例，可表示为 $f(t)\varepsilon(t)$。

如果信号 $f(t)$ 在 $t < 0$ 时 $f(t) \neq 0$；$t > 0$ 时 $f(t) = 0$，则称为反因果信号。显然，反因果信号是有终信号的特例，可表示为 $f(t)\varepsilon(-t)$。

第1章 信号与系统的基本概念

1.3 基本连续时间信号及其时域特性

信号的时域特性是指信号的波形、出现时间的先后、持续时间之长短、变化的快慢和幅度、重复周期的大小等,它包含了信号中的信息内容。本节给出基本连续信号的函数表达式、波形图及其时域性质。

1. 直流(常量)信号

$$f(t)=A, \quad -\infty<t<\infty \tag{1-16}$$

2. 正弦信号

$$f(t)=A\cos(\omega t+\psi), \quad -\infty<t<\infty \tag{1-17}$$

式(1-17)中,振幅 A、角频率 ω 和初相 ψ 均为实常数。

正弦信号有以下特点。

(1) 正弦信号是无时限信号。

(2) 正弦信号是周期信号,周期 $T=\dfrac{2\pi}{\omega}$。

(3) 正弦信号微分或积分的结果仍为同频正弦信号。

(4) 正弦信号满足二阶微分方程 $f''(t)+\omega^2 f(t)=0$。

3. 单位阶跃信号

$$\varepsilon(t)=\begin{cases}0, & t<0 \\ 1, & t\geqslant 0\end{cases} \tag{1-18}$$

【单位阶跃信号的MATLAB实现】

称为发生幅度为1的阶跃,如图1.5所示。

其值域只有0、1两个数值。单位阶跃信号的起始作用可使任意非因果信号 $f(t)$ 变为因果信号 $f(t)\varepsilon(t)$。

4. 单位门信号

单位门信号如图1.6所示。

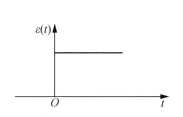
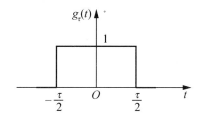

图1.5 单位阶跃信号　　　图1.6 单位门信号

$$g_\tau(t)=\begin{cases}1, & |t|\leqslant\dfrac{\tau}{2} \\ 0, & |t|>\dfrac{\tau}{2}\end{cases} \tag{1-19}$$

单位门信号是有时限信号,具有使任意无时限信号 $f(t)$ 变为有时限信号 $f(t)g_\tau(t)$ 的功能。单位门信号可表示为两个延时的单位阶跃信号之差,即

$$g_\tau(t)=\varepsilon\left(t+\frac{\tau}{2}\right)-\varepsilon\left(t-\frac{\tau}{2}\right) \tag{1-20}$$

5. 单位冲激信号

$$\delta(t)=\begin{cases}\infty, & t=0\\ 0, & t\neq 0\end{cases} \quad 且 \quad \int_{-\infty}^{\infty}\delta(t)\mathrm{d}t=\int_{0_-}^{0_+}\delta(t)\mathrm{d}t=1 \tag{1-21}$$

单位冲激信号又称狄拉克函数或 δ 函数,它和单位阶跃函数都属于奇异函数,如图 1.7 所示。

【单位冲激信号的MATLAB实现】

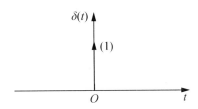

图 1.7 单位冲激信号

【单位冲激函数的定义】

单位冲激信号除原点外处处为零,但具有单位面积(反映信号强度,简称冲激强度),可视其为门宽 τ,门高 $\frac{1}{\tau}$ 的门信号 $\frac{1}{\tau}G_\tau(t)$ 在 $\tau\to 0$ 时的极限。

单位冲激函数有以下性质。

(1) 采样(筛选)性质:设任意有界函数 $f(t)$ 在 $t=0$ 和 $t=t_0$ 时刻连续,则

$$f(t)\delta(t)=f(0)\delta(t) \tag{1-22}$$

$$f(t)\delta(t-t_0)=f(t_0)\delta(t-t_0) \tag{1-23}$$

那么

$$\int_{-\infty}^{\infty}f(t)\delta(t)\mathrm{d}t=\int_{-\infty}^{\infty}f(0)\delta(t)\mathrm{d}t=f(0) \tag{1-24}$$

$$\int_{-\infty}^{\infty}f(t)\delta(t-t_0)\mathrm{d}t=\int_{-\infty}^{\infty}f(t_0)\delta(t-t_0)\mathrm{d}t=f(t_0) \tag{1-25}$$

就是说,任意有界函数 $f(t)$ 与单位冲激函数相乘后,在无穷区间的积分结果等于冲激时刻 $f(t)$ 的函数值 $f(0)$ 或 $f(t_0)$,这就是单位冲激函数的采样(筛选)性质。$f(0)$ 或 $f(t_0)$ 为采样时刻的采样值,$f(t)$ 为被采样函数(信号)。

(2) 单位冲激函数为偶函数。

$$\delta(t)=\delta(-t),\delta(t-t_0)=\delta[-(t-t_0)]=\delta(t_0-t) \tag{1-26}$$

(3) 单位冲激函数的尺度变换性质。

$$\delta(at)=\frac{1}{|a|}\delta(t) \tag{1-27}$$

a 为大于零的实常数,由此可推出

$$\delta(at-t_0)=\frac{1}{a}\delta\left(t-\frac{t_0}{a}\right) \tag{1-28}$$

$$\int_{-\infty}^{\infty}f(t)\delta(at)\mathrm{d}t=\frac{1}{a}f(0) \tag{1-29}$$

$$\int_{-\infty}^{\infty}f(t)\delta(at-t_0)\mathrm{d}t=\frac{1}{a}f\left(\frac{t_0}{a}\right) \tag{1-30}$$

【单位冲激函数的尺度变换性质证明】

单位冲激函数和单位阶跃函数的关系为

$$\delta(t) = \frac{\mathrm{d}\varepsilon(t)}{\mathrm{d}t}$$

$$\varepsilon(t) = \int_{-\infty}^{t} \delta(\tau)\mathrm{d}\tau \tag{1-31}$$

延迟的单位冲激函数和单位阶跃函数的关系为

$$\delta(t-t_0) = \frac{\mathrm{d}\varepsilon(t-t_0)}{\mathrm{d}t}$$

$$\varepsilon(t-t_0) = \int_{-\infty}^{t} \delta(\tau-t_0)\mathrm{d}\tau \tag{1-32}$$

6. 单位冲激偶函数

单位冲激信号的一阶导数

$$\delta'(t) = \frac{\mathrm{d}\delta(t)}{\mathrm{d}t} \tag{1-33}$$

是一对发生在 $t=0(0_-$ 和 $0_+)$ 时刻强度无穷大的正负冲激信号，称为单位冲激偶函数。

单位冲激偶函数有以下的性质。

(1) 单位冲激偶函数是奇函数。

$$\delta'(t) = -\delta'(-t), \quad \delta'(t-t_0) = -\delta'(t_0-t) \tag{1-34}$$

(2) 单位冲激偶函数包围的面积为零（正负冲激包围的面积相互抵消）。

$$\int_{-\infty}^{\infty} \delta'(t)\mathrm{d}t = 0 \tag{1-35}$$

(3) 单位冲激偶函数的积分是单位冲激函数。

$$\int_{-\infty}^{t} \delta'(\tau)\mathrm{d}\tau = \delta(t) \tag{1-36}$$

(4) 根据两函数之积的求导公式和单位冲激函数的性质：

$$[f(t)\delta(t)]' = f(0)\delta'(t) = f'(t)\delta(t) + f(t)\delta'(t) = f'(0)\delta(t) + f(t)\delta'(t)$$

可得

$$f(t)\delta'(t) = f(0)\delta'(t) - f'(0)\delta(t) \tag{1-37}$$

同理

$$f(t)\delta'(t-t_0) = f(t_0)\delta'(t-t_0) - f'(t_0)\delta(t-t_0) \tag{1-38}$$

结果有如下推论：

$$\int_{-\infty}^{\infty} f(t)\delta'(t)\mathrm{d}t = -f'(0) \tag{1-39}$$

$$\int_{-\infty}^{\infty} f(t)\delta'(t-t_0)\mathrm{d}t = -f'(t_0) \tag{1-40}$$

$$\int_{-\infty}^{t} f(\tau)\delta'(\tau)\mathrm{d}\tau = f(0)\delta(t) - f'(0)\varepsilon(t) \tag{1-41}$$

$$\int_{-\infty}^{t} f(\tau)\delta'(\tau-t_0)\mathrm{d}\tau = f(t_0)\delta(t-t_0) - f'(t_0)\varepsilon(t-t_0) \tag{1-42}$$

7. 单位斜坡信号

$$r(t) = t\varepsilon(t) = \begin{cases} t, & t>0 \\ 0, & t<0 \end{cases} \tag{1-43}$$

单位斜坡信号 $r(t)$ 是从 $t=0$ 开始随时间 t 正比增长,且斜率为 1 的信号。

延时的单位斜坡函数可表示为

$$r(t-t_0)=(t-t_0)\varepsilon(t-t_0)=\begin{cases}t-t_0, & t>t_0\\ 0, & t<t_0\end{cases} \quad (1-44)$$

单位斜坡函数和单位阶跃函数、单位冲激函数的关系

$$r(t)=\int_{-\infty}^{t}\varepsilon(\xi)\mathrm{d}\xi=\int_{-\infty}^{t}\int_{-\infty}^{\xi}\delta(\tau)\mathrm{d}\tau\mathrm{d}\xi \quad (1-45)$$

$$\delta(t)=\frac{\mathrm{d}\varepsilon(t)}{\mathrm{d}t}=\frac{\mathrm{d}^2r(t)}{\mathrm{d}t^2} \quad (1-46)$$

单位斜坡函数的一次积分是仅存于 $t>0$ 区间的抛物线

$$\int_{-\infty}^{t}r(\tau)\mathrm{d}\tau=\int_{0}^{t}\tau\mathrm{d}\tau=\frac{1}{2}t^2\varepsilon(t)$$

8. 复指数信号

$$f(t)=A\mathrm{e}^{st},\quad -\infty<t<\infty \quad (1-47)$$

式中,A 为实常数;$s=\sigma+\mathrm{j}\omega$ 称为复频率,σ 单位为 $\frac{1}{\mathrm{s}}$,ω 单位为 $\frac{\mathrm{rad}}{\mathrm{s}}$,均为实常数。

根据欧拉公式,复指数函数可展为

$$f(t)=A\mathrm{e}^{st}=A\mathrm{e}^{\sigma t}\mathrm{e}^{\mathrm{j}\omega t}=A\mathrm{e}^{\sigma t}\cos\omega t+\mathrm{j}A\mathrm{e}^{\sigma t}\sin\omega t \quad (1-48)$$

其实部和虚部分别是振幅随时间按指数规律变化的余弦和正弦信号,复频率 s 的实部 σ 决定了它们振幅随时间变化的情况,复频率 s 的虚部 ω 则是余弦和正弦信号的角频率。

复指数信号有以下几个特例。

(1) $s=0$ 时,$f(t)=A$,为直流(常量)信号。

(2) $s=\sigma$ 时,$f(t)=A\mathrm{e}^{\sigma t}$,为实指数信号。

(3) $s=\mathrm{j}\omega$ 时,$f(t)=A\mathrm{e}^{\mathrm{j}\omega t}=A\cos\omega t+\mathrm{j}A\sin\omega t$,为复指数信号,但其实部和虚部均为等幅振荡的同频余弦和正弦信号。

复指数信号 $f(t)=A\mathrm{e}^{st}$ 虽然物理上不可实现,却能概括出许多不同类型的基本信号,加之微分和积分并不改变复指数信号自身的基本特征,因而在信号与系统分析中获得了广泛应用。

9. 采样信号

$$f(t)=S_a(t)=\frac{\sin t}{t},\quad -\infty<t<\infty \quad (1-49)$$

采样信号如图 1.8 所示。

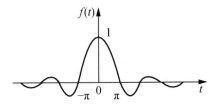

图 1.8 采样信号

第1章 信号与系统的基本概念

采样信号有以下性质。

（1）采样信号是偶函数：
$$f(-t)=f(t) \tag{1-50}$$

（2）采样信号的零值点：$t=k\pi(k=\pm1,\pm2,\cdots)$ 时，$f(k\pi)=0$。

（3）采样信号的积分：
$$\int_{-\infty}^{\infty}f(t)\mathrm{d}t = 2\int_{0}^{\infty}\frac{\sin t}{t}\mathrm{d}t = \pi \tag{1-51}$$

（4）采样信号的极限：
$$\lim_{t\to 0}f(t)=\lim_{t\to 0}\frac{\sin t}{t}=1, \quad \lim_{t\to\pm\infty}f(t)=\lim_{t\to\pm\infty}\frac{\sin t}{t}=0 \tag{1-52}$$

1.4 信号的时域变换

1. 信号的时移

信号的时移，从波形上说就是将信号 $f(t)$ 的波形沿横轴右移或左移 t_0，但形状维持不变，从而获得时移信号 $f(t-t_0)$ 的波形；从数学上说则是以新的时间变量 $t'=t-t_0$ 去替换信号 $f(t)$ 中的变量 t，从而获得时移信号 $f(t-t_0)$。

注意：当 $t_0>0$ 或 $t_0<0$ 时，时移信号 $f(t-t_0)$ 是将信号 $f(t)$ 沿横轴右移或左移 $|t_0|$ 的结果。

2. 信号的反转

信号的反转，从波形上说就是将信号 $f(t)$ 的波形以纵轴为对称轴翻转 $180°$，从而获得反转信号 $f(-t)$ 的波形；从数学上说则是以新的时间变量 $t'=-t$ 去替换信号 $f(t)$ 中的变量 t，从而获得反转信号 $f(-t)$。信号 $f(t)$ 和 $f(-t)$ 互为反转信号。

3. 信号的展缩

信号的展缩又称尺度变换，从波形上说就是将信号 $f(t)$ 的波形在横轴上展宽或压缩，从而获得展缩信号 $f(at)$ 的波形；从数学上说则是以新的时间变量 $t'=at$ 去替换信号 $f(t)$ 中的变量 t，从而获得展缩信号 $f(at)$。

注意：（1）信号的展缩不改变信号的波形幅度，但冲激函数为 $\delta(at)=\frac{1}{a}\delta(t)$ 改变。

（2）$\begin{cases}0<a<1\\1<a\end{cases}$ 时，展缩信号 $f(at)$ 是将信号 $f(t)$ 沿横轴 $\begin{cases}\text{展宽}\\\text{压缩}\end{cases}\frac{1}{a}$ 的结果。

4. 信号的倒相

信号的倒相，从波形上说就是将信号 $f(t)$ 的波形以横轴为对称轴翻转 $180°$，从而获得倒相信号 $-f(t)$ 的波形；从数学上说则是对信号 $f(t)$ 直接取反，以获得倒相信号 $-f(t)$。

信号的时域变换中，凡是以新的时间变量 t' 替换原信号中的时间变量 t（时移、反转和展缩）的，必须将原信号定义域中的 t 也改为新变量 t'。

1.5 信号的时域运算

1. 信号的相加

信号相加的结果是一个新信号,它在任意时刻的值为各信号该时刻的值之和:
$$y(t) = f_1(t) + f_2(t) + \cdots + f_n(t) \tag{1-53}$$
信号时域相加的运算可用加法器实现。

2. 信号的相乘

两信号相乘的结果是一个新信号,它在任意时刻的值为两信号该时刻的值之积:
$$y(t) = f_1(t) f_2(t) \tag{1-54}$$
信号时域相乘的运算可用乘法器实现。

3. 信号的数乘

信号数乘的结果是一个新信号,它是将信号 $f(t)$ 任意时刻的值扩大相同倍数的结果:
$$y(t) = a f(t) \tag{1-55}$$
式中,a 为实常数。信号时域数乘的运算可用数乘器(又称比例器或标量乘法器)实现。

4. 信号的微分

连续信号的微分结果是个新信号,它在任意时刻的值是被微分信号该时刻的变化率:
$$y(t) = \frac{\mathrm{d}f(t)}{\mathrm{d}t} = f'(t) \tag{1-56}$$
注意:连续信号 $f(t)$ 存在跳跃间断点时,微分结果 $f'(t)$ 在间断点处将出现冲激函数。冲激函数的强度等于连续信号 $f(t)$ 在该点的跳跃幅度。信号时域微分的运算可用微分器实现。

5. 信号的积分

连续信号的积分结果是个新信号,它在任意时刻的值是被积分信号从 $-\infty$ 到该时刻为止,其波形所包围的面积:
$$y(t) = \int_{-\infty}^{t} f(\tau)\mathrm{d}\tau = f^{-1}(t) \tag{1-57}$$
信号时域积分的运算可用积分器实现。

1.6 信号的时域分解

为了便于对信号与系统进行分析,往往将时域中的复杂信号分解为简单信号的组合。

1. 信号的交直流分解

任意信号 $f(t)$ 都可分解为直流分量 $f_\mathrm{D}(t)$ 与交流分量 $f_\mathrm{A}(t)$ 之和:

$$f(t) = f_O(t) + f_A(t) \tag{1-58}$$

式中，直流分量 $f_O(t)$ 就是信号 $f(t)$ 的平均值。信号 $f(t)$ 为周期信号时

$$f_o(t) = \frac{1}{T} \int_{-\frac{T}{2}}^{\frac{T}{2}} f(t) dt \tag{1-59}$$

直流分量就是信号的周期平均值；信号 $f(t)$ 为非周期信号时，可视为其周期无穷大，直流分量就是信号周期平均值在 $T \to \infty$ 时的极限。

2. 信号的奇偶分解

任意信号 $f(t)$ 都可分解为偶分量 $f_e(t)$ 与奇分量 $f_o(t)$ 之和：

$$f(t) = f_e(t) + f_o(t) \tag{1-60}$$

式中，偶分量是信号 $f(t)$ 与其纵轴对称信号 $f(-t)$ 之和的一半：

$$f_e(t) = \frac{1}{2} [f(t) + f(-t)] \tag{1-61}$$

奇分量是信号 $f(t)$ 与其原点对称信号 $-f(-t)$ 之和的一半：

$$f_o(t) = \frac{1}{2} [f(t) - f(-t)] \tag{1-62}$$

3. 信号分解为阶跃信号的叠加

任意信号 $f(t)$ 都可分解为无穷多个依次连续发生且幅度不同的阶跃信号的叠加：

$$f(t) = \lim_{\Delta\tau \to 0} \sum_{k=-\infty}^{\infty} f'(k\Delta\tau) \varepsilon(t - k\Delta\tau) \Delta\tau = \int_{-\infty}^{\infty} f'(\tau) \varepsilon(t - \tau) d\tau \tag{1-63}$$

4. 信号分解为冲激信号的叠加

任意信号 $f(t)$ 都可分解为无穷多个依次连续发生强度不同的冲激信号之叠加：

$$f(t) = \lim_{\Delta\tau \to 0} \sum_{k=-\infty}^{\infty} f(k\Delta\tau) \delta(t - k\Delta\tau) \Delta\tau = \int_{-\infty}^{\infty} f(\tau) \delta(t - \tau) d\tau \tag{1-64}$$

5. 复数信号分解为实部和虚部

任意复数信号 $f(t)$ 和它的共轭复数信号 $f^*(t)$ 都可分解为实部分量 $f_r(t)$ 和虚部分量 $f_i(t)$ 的叠加：

$$f(t) = f_r(t) + j f_i(t) \tag{1-65}$$
$$f^*(t) = f_r(t) - j f_i(t) \tag{1-66}$$

式中，实部分量 $f_r(t) = \frac{1}{2}[f(t) + f^*(t)]$，虚部分量 $f_i(t) = \frac{1}{j2}[f(t) - f^*(t)]$。利用复数信号 $f(t)$ 及其共轭复数信号 $f^*(t)$ 还可求得

$$|f(t)|^2 = f(t) f^*(t) = f_r^2(t) + f_i^2(t) \tag{1-67}$$

1.7 系统的概念

1. 系统的定义

信号的产生、传输和处理需要一定的物理装置,这样的物理装置常称为系统。广义上说,系统(system)是由若干个相互作用而又相互依赖的事物组合成的具有特定功能的整体,如手机、电视机、通信网、计算机网等都可以看成系统。它们所传送的语音、音乐、图像、文字等都可以看成信号。具体地说,系统是能够对信号完成某种变换或运算功能的集合体,系统在一个或多个输入信号(激励)作用下会产生一个或多个输出信号(响应)。

系统的基本作用是对信号进行传输和处理。通信的目的是实现消息的传输。古代人利用烽火传送边疆警报,这是原始的光通信系统;击鼓鸣金是声音信号的传输。1837年,莫尔斯(F. B. Morse)发明电报;1876年,贝尔(A. G. Bell)发明电话。这些都是利用电信号传送消息的。另外,利用电磁波可以传送无线电信号。1901年,马可尼(G. Marconi)成功地实现了横渡大西洋的无线电通信。全球定位系统(global positioning system,GPS)、个人通信等都具有美好的发展前景。

信号处理是对信号进行某种加工或变换,目的是消除信号中的多余内容,滤除混杂的噪声和干扰,将信号变换成容易分析与识别的形式,便于估计和选择它的特征参量。信号处理的应用已遍及许多科学技术领域。图1.9和图1.10分别为信息传递框图和信息传递实例图。

图 1.9 信息传递框图

【通信系统实例】

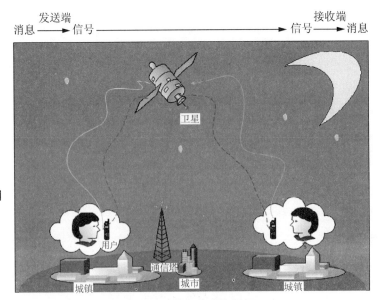

图 1.10 信息传递实例图

若仅仅关心系统响应与激励间的关系，即系统的外部特性，则系统可表示为

$$f(t) \rightarrow \boxed{\text{系统 } T} \rightarrow y(t) \qquad y(t) = T[f(t)]$$

式中，符号 $T[\cdot]$ 称为算子，表示系统对输入信号 $f(t)$ 进行某种变换或运算后得到输出信号 $y(t)$。

系统的数学模型是系统物理特性的数学抽象，算子 $T[\cdot]$ 代表的运算是由系统特性决定的。实际上可用确切的数学表达式或者具有理想特性的符号组合(电路图)来表示系统的特性。

任何复杂系统都可分解为若干个相互联系又互相作用的子系统。子系统间通过信号相联系，而信号在系统内部及子系统之间流动。

2. 系统的分类

1) 动态(记忆)系统和静态(即时)系统

动态系统：任意时刻的响应不仅和该时刻的系统激励有关，还和该时刻以前的历史有关。含有动态元件的系统均为动态系统。动态系统用微分方程或差分方程描述。静态系统：系统任意时刻的响应只与该时刻的系统激励有关，而与以前的历史无关。只含电阻元件的系统是静态系统。静态系统用代数方程描述。

2) 线性系统和非线性系统

能同时满足叠加性和均匀性(齐次性)的系统称为线性系统。相反，不能同时满足叠加性和均匀性的系统称为非线性系统。

3) 时不变系统和时变系统

设系统激励 $f(t)$ 产生的响应是 $y(t)$。若系统的激励延迟 t_0，而系统响应也延迟 t_0，然而变化规律(波形)维持不变，即为时不变系统；否则为时变系统。元件参数不随时间变化的系统一定是时不变(定常)系统。

4) 因果系统和非因果系统

如果激励在 $t \geq t_0$ 时作用于系统，相应的系统响应在 $t < t_0$ 时为零，则该系统为因果系统，否则为非因果系统。因果系统中，激励是响应的原因，响应是激励的结果，这种性质称为因果性。显然，因果系统任意时刻的响应只能和该时刻及其以前的激励有关，而和该时刻以后的激励无关。因而，因果系统不具有预测未来的能力。在因果信号激励下，因果系统的响应必然也是因果信号。

5) 连续时间系统和离散时间系统

如果系统的激励和响应都是连续时间信号，就称该系统为连续时间系统或模拟系统；若系统的激励和响应都是离散时间信号，就称该系统为离散时间系统。

6) 稳定系统和不稳定系统

如果系统对任何有界激励的响应都是有界的，就称该系统为稳定系统；若系统对任何有界激励的响应是无界的，就称该系统为不稳定系统。

7) 集总参数系统和分布参数系统

仅由集总参数元件构成的系统称为集总参数系统；含有分布参数元件的系统称为分布参数系统。

1.8 线性时不变系统的性质

1. 叠加性和均匀性

如果线性时不变系统对激励 $f_1(t)$ 和 $f_2(t)$ 的零状态响应分别是 $y_1(t)$ 和 $y_2(t)$，那么，系统对激励 $A_1 f_1(t)+A_2 f_2(t)$ 的零状态响应是 $A_1 y_1(t)+A_2 y_2(t)$，其中，A_1、A_2 为任意常数。

例 1.4 判断下列系统是否为线性系统。

(1) $y(t)=3x(0)+2f(t)+x(0)f(t)+1$

(2) $y(t)=2x(0)+|f(t)|$

(3) $y(t)=x^2(0)+2f(t)$

解 (1) $y_{zs}(t)=2f(t)+1$，$y_{zi}(t)=3x(0)+1$

显然，$y(t) \neq y_{zs}(t)+y_{zi}(t)$ 不满足可分解性，故为非线性。

(2) $y_{zs}(t)=|f(t)|$，$y_{zi}(t)=2x(0)$

$y(t)=y_{zs}(t)+y_{zi}(t)$ 满足可分解性；

由于 $T[\{af(t)\},\{0\}]=|af(t)| \neq a y_{zs}(t)$ 不满足零状态线性，故为非线性系统。

(3) $y_{zi}(t)=x^2(0)$，$T[\{0\},\{ax(0)\}]=[ax(0)]^2 \neq a y_{zi}(t)$ 不满足零输入线性，故为非线性系统。

例 1.5 判断 $y(t)=\mathrm{e}^{-t}x(0)+\int_0^t \sin(x)f(x)\mathrm{d}x$ 是否为线性系统。

解 $y_{zi}(t)=\mathrm{e}^{-t}x(0)$，$y_{zs}(t)=\int_0^t \sin(x)f(x)\mathrm{d}x$，$y(t)=y_{zs}(t)+y_{zi}(t)$，满足可分解性；

$T[\{af_1(t)+bf_2(t)\},\{0\}]$
$=aT[\{f_1(t)\},\{0\}]+bT[\{f_2(t)\},\{0\}]$，满足零状态线性；

$T[\{0\},\{ax_1(0)+bx_2(0)\}]$
$=\mathrm{e}^{-t}[ax_1(0)+bx_2(0)]=a\mathrm{e}^{-t}x_1(0)+b\mathrm{e}^{-t}x_2(0)$
$=aT[\{0\},\{x_1(0)\}]+bT[\{0\},\{x_2(0)\}]$，满足零输入线性；

所以，该系统为线性系统。

2. 时不变性

如果线性时不变系统对激励 $f(t)$ 的响应是 $y(t)$。那么在相同初始状态下，系统对激励 $f(t-t_0)$ 的响应是 $y(t-t_0)$。

例 1.6 判断下列系统是否为时不变系统。

(1) $y_{zs}(k)=f(k)f(k-1)$

(2) $y_{zs}(t)=tf(t)$

(3) $y_{zs}(t)=f(-t)$

解 (1) 令
$$g(k)=f(k-k_d)$$
$$T[\{0\}, g(k)]=g(k)g(k-1)=f(k-k_d)f(k-k_d-1)$$

而
$$y_{zs}(k-k_d)=f(k-k_d)f(k-k_d-1)$$

显然
$$T[\{0\}, f(k-k_d)]=y_{zs}(k-k_d)$$

故该系统是时不变的。

(2) 令
$$g(t)=f(t-t_d), \quad T[\{0\}, g(t)]=tg(t)=tf(t-t_d)$$

而
$$y_{zs}(t-t_d)=(t-t_d)f(t-t_d)$$

显然
$$T[\{0\}, f(t-t_d)] \neq y_{zs}(t-t_d)$$

故该系统为时变系统。

(3) 令
$$g(t)=f(t-t_d)$$
$$T[\{0\}, g(t)]=g(-t)=f(-t-t_d)$$

而
$$y_{zs}(t-t_d)=f[-(t-t_d)]$$

显然
$$T[\{0\}, f(t-t_d)] \neq y_{zs}(t-t_d)$$

故该系统为时变系统。

直观判断方法：若 $f(\cdot)$ 前出现变系数，或有反转、展缩变换，则系统为时变系统。

3. 微分性和积分性

如果线性时不变系统对激励 $f(t)$ 的零状态响应是 $y(t)$。那么，系统对激励 $\dfrac{\mathrm{d}f(t)}{\mathrm{d}t}$ 的零状态响应是 $\dfrac{\mathrm{d}y(t)}{\mathrm{d}t}$，对激励 $\int_0^t f(\tau)\mathrm{d}\tau$ 的零状态响应是 $\int_0^t y(\tau)\mathrm{d}\tau$。

4. 因果性

人们常将激励与零状态响应的关系看成因果关系，即把激励看成产生响应的原因，而零状态响应是激励引起的结果。这样，就称响应(零状态响应)不出现于激励之前的系统为因果系统。

线性时不变系统具有因果性，是因果系统。这就是说，若 $t<t_0$ 时系统不存在任何激励，而 $t=t_{0_-}$ 时的初始状态为零，则 $t<t_0$ 时系统响应也为零。

零状态响应 $y_{zs}(t)=3f(t-1)$，$y_{zs}(t)=\int_{-\infty}^{t}f(\tau)\mathrm{d}\tau$，$y_{zs}(k)=3f(k-1)+2f(k-2)$，$y_{zs}(k)=\sum_{i=-\infty}^{k}f(i)$ 满足因果条件，故是因果系统。零状态响应 $y_{zs}(k)=2f(k+1)$ 和 $y_{zs}(t)=f(2t)$ 是非因果系统。

例 1.7 某线性时不变因果连续系统，起始状态为 $x(0_-)$。已知，当 $x(0_-)=1$，输入因果信号 $f_1(t)$ 时，全响应

$$y_1(t)=\mathrm{e}^{-t}+\cos(\pi t),\quad t>0$$

当 $x(0_-)=2$，输入信号 $f_2(t)=3f_1(t)$ 时，全响应

$$y_2(t)=-2\mathrm{e}^{-t}+3\cos(\pi t),\quad t>0$$

求输入 $f_3(t)=\dfrac{\mathrm{d}f_1(t)}{\mathrm{d}t}+2f_1(t-1)$ 时，系统的零状态响应 $y_{3zs}(t)$。

解 设当 $x(0_-)=1$，输入因果信号 $f_1(t)$ 时，系统的零输入响应和零状态响应分别为 $y_{1zi}(t)$、$y_{1zs}(t)$。当 $x(0_-)=2$，输入信号 $f_2(t)=3f_1(t)$ 时，系统的零输入响应和零状态响应分别为 $y_{2zi}(t)$、$y_{2zs}(t)$。

由题中条件，有

$$y_1(t)=y_{1zi}(t)+y_{1zs}(t)=\mathrm{e}^{-t}+\cos\pi t,\quad t>0 \tag{1-68}$$

$$y_2(t)=y_{2zi}(t)+y_{2zs}(t)=-2\mathrm{e}^{-t}+3\cos\pi t,\quad t>0 \tag{1-69}$$

根据线性系统的齐次性

$$y_{2zi}(t)=2y_{1zi}(t)$$

$$y_{2zs}(t)=3y_{1zs}(t)$$

代入式(1-69)，得

$$y_2(t)=2y_{1zi}(t)+3y_{1zs}(t)=-2\mathrm{e}^{-t}+3\cos\pi t, t>0 \tag{1-70}$$

式(1-70) $-2\times$式(1-68)，得

$$y_{1zs}(t)=-4\mathrm{e}^{-t}+\cos\pi t,\quad t>0$$

由于 $y_{1zs}(t)$ 是因果系统对因果输入信号 $f_1(t)$ 的零状态响应，故当 $t<0$，$y_{1zs}(t)=0$；因此 $y_{1zs}(t)$ 可改写成

$$y_{1zs}(t)=(-4\mathrm{e}^{-t}+\cos\pi t)\,\varepsilon(t) \tag{1-71}$$

$$f_1(t)\to y_{1zs}(t)=(-4\mathrm{e}^{-t}+\cos\pi t)\varepsilon(t) \tag{1-72}$$

根据线性时不变系统的微分特性

$$\dfrac{\mathrm{d}f_1(t)}{\mathrm{d}t}\to\dfrac{\mathrm{d}y_{1zs}(t)}{\mathrm{d}t}=-3\delta(t)+(4\mathrm{e}^{-t}-\pi\sin\pi t)\varepsilon(t) \tag{1-73}$$

根据线性时不变系统的时不变特性

$$f_1(t-1)\to y_{1zs}(t-1)=\{-4\mathrm{e}^{-(t-1)}+\cos[\pi(t-1)]\}\varepsilon(t-1) \tag{1-74}$$

由线性性质，得

当输入 $f_3(t)=\dfrac{\mathrm{d}f_1(t)}{\mathrm{d}t}+2f_1(t-1)$ 时

$$\begin{aligned}y_{3zs}(t)=&\dfrac{\mathrm{d}y_{1zs}(t)}{\mathrm{d}t}+2y_{1zs}(t-1)=-3\delta(t)+(4\mathrm{e}^{-t}-\pi\sin\pi t)\varepsilon(t)\\&+2\{-4\mathrm{e}^{-(t-1)}+\cos[\pi(t-1)]\}\varepsilon(t-1)\end{aligned} \tag{1-75}$$

第1章 信号与系统的基本概念

1.9 线性系统的分析

系统分析的任务是求特定系统在给定激励下的响应,或者从已知系统的激励和响应去分析系统应有的特性。

系统分析研究的主要问题就是对给定的具体系统求出它对给定激励的响应。具体地说,系统分析就是建立表征系统的数学方程并求出解答。

系统分析首先要建立待分析系统的数学模型;然后对数学模型进行分析,求出给定激励下的系统响应;最后对解答给出物理解释,赋予其物理意义。

从建立系统数学模型的角度,按描述方法的不同,线性系统分析法可分为输入输出法和状态变量法。输入输出法着眼于系统激励与响应间的关系,只涉及系统外部特性,不关心系统内部变化。状态变量法以系统状态方程和输出方程为研究对象,涉及感兴趣的所有系统变量,它不仅可给出系统激励和响应之间的关系,还可提供系统内部变量的情况。

从求解系统数学模型的角度,按信号分解方式的不同,线性系统分析法可分为时域分析法、频域分析法和变换域分析法。它们都将激励和响应视为基本信号的线性组合,只是各种方法选用的基本信号不同。

系统分析的基本任务如下。

(1) 研究信号分析的方法,信号的时间特性、频率特性及二者间的关系。

(2) 研究线性时不变系统在任意信号激励下响应的各种分析方法,从而认识线性系统的基本特性。

系统的分析方法有输入输出法(外部法)和状态变量法(内部法),外部法有时域分析法和变化域分析法。变换域分析法针对连续系统采用频域法和复频域法,针对离散系统采用频域法和 z 域法。

系统函数在分析线性时不变系统中占有十分重要的地位。它不仅是连接响应与激励之间的纽带和桥梁,而且可以用它研究系统的稳定性。通过信号流图可以将描述系统的方程、框图和系统函数联系在一起,并将系统的时域响应与频域响应联系起来。

小 结

本章作为信号与系统分析的理论基础,主要介绍了信号与系统的基本概念及分类方法;学习了信号的反转、平移、尺度变换等基本时域变换方法;讨论了线性时不变系统的特性、描述方法和分析方法;深入研究了阶跃函数和冲激函数及其性质,强调了它们在线性时不变系统分析中的重要作用。信号按照先连续、后离散,先周期、后非周期进行分析;系统采用连续和离散并行的讨论方式进行分析。

习 题 一

1.1 判别下列各序列是否为周期性的。若是，确定其周期。

(1) $f_1(k)=\cos\dfrac{3\pi}{5}k$ (2) $f_2(k)=\cos\left(\dfrac{3\pi}{4}k+\dfrac{\pi}{4}\right)+\cos\left(\dfrac{\pi}{3}k+\dfrac{\pi}{6}\right)$

(3) $f_3(t)=3\cos t+2\sin \pi t$ (4) $f_4(t)=\cos \pi t\varepsilon(t)$

1.2 已知信号 $f(t)$ 的波形如图 1.11 所示，画出下列各函数的波形。

(1) $f(t-1)\varepsilon(t-1)$ (2) $f(2-t)\varepsilon(2-t)$ (3) $f(1-2t)$

(4) $f(0.5t-2)$ (5) $\dfrac{\mathrm{d}f(t)}{\mathrm{d}t}$

1.3 已知序列 $f(k)$ 的图形如图 1.12 所示，画出下列各序列的波形。

(1) $f(k-2)\varepsilon(k)$ (2) $f(k-2)[\varepsilon(k)-\varepsilon(k-4)]$ (3) $f(-k+2)\varepsilon(-k+1)$

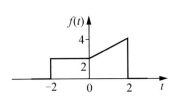
图 1.11 题 1.2 图

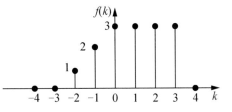
图 1.12 题 1.3 图

1.4 计算下列各题。

(1) $\dfrac{\mathrm{d}^2}{\mathrm{d}t^2}\{(\cos t+\sin 2t)\varepsilon(t)\}$

(2) $\displaystyle\int_{-\infty}^{\infty}\dfrac{\sin \pi t}{t}\delta(t)\mathrm{d}t$

(3) $\displaystyle\int_{-\infty}^{\infty}(t^2+\sin\dfrac{\pi t}{4})\delta(t+2)\mathrm{d}t$

1.5 下列微分方程或差分方程所描述的系统是线性的还是非线性的？是时变还是时不变的？

(1) $y'(t)+2y(t)=f'(t)-2f(t)$

(2) $y'(t)+[y(t)]^2=f(t)$

(3) $y(k)+y(k-1)y(k-2)=f(k)$

1.6 设激励为 $f(\cdot)$，下列各系统的零状态响应为 $y_{zs}(\cdot)$。判断各系统是否是线性的、时不变的、因果的、稳定的？

(1) $y_{zs}(t)=|f(t)|$ (2) $y_{zs}(t)=f(-t)$

(3) $y_{zs}(k)=(k-2)f(k)$ (4) $y_{zs}(k)=f(1-k)$

1.7 某线性时不变连续系统，其初始状态一定，已知当激励为 $f(t)$ 时，其全响应为
$$y_1(t)=\mathrm{e}^{-t}+\cos \pi t,\ t\geqslant 0$$
若初始状态不变，激励为 $2f(t)$ 时，其全响应为

$$y_2(t) = 2\cos \pi t, \quad t \geq 0$$

求初始状态不变,而激励为 $3f(t)$ 时系统的全响应。

1.8 如有线性时不变连续系统 S,已知当激励为阶跃函数 $\varepsilon(t)$ 时,其零状态响应为

$$\varepsilon(t) - 2\varepsilon(t-1) + \varepsilon(t-2)$$

现将两个完全相同的系统相级联,如图 1.13(a)所示。当这个复合系统的输入为图 1.13(b)所示的信号 $f(t)$ 时,求该系统的零状态响应。

1.9 某线性时不变连续系统由两个子系统并联组成,如图 1.14 所示。已知当输入为冲激函数 $\delta(t)$ 时,子系统 S_1 的零状态响应为 $\delta(t) - \delta(t-1)$,子系统 S_2 的零状态响应为 $\delta(t-2) - \delta(t-3)$,求当输入为 $f(t) = \varepsilon(t)$ 时,复合系统的零状态响应。

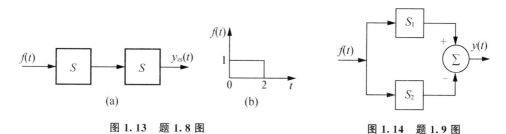

图 1.13 题 1.8 图 　　　　图 1.14 题 1.9 图

第 2 章 系统的时域分析

本章将研究线性时不变系统的时域分析方法，即对于给定的激励，根据描述系统响应与激励之间关系的方程求得其响应的方法。由于分析是在时域内进行的，所以称为时域分析。

本章主要介绍线性时不变系统响应的时域求解，包括系统的零输入响应、零状态响应及冲激响应；重点介绍卷积积分与卷积和，并应用其计算系统的零状态响应。冲激响应和卷积概念的引入使线性时不变系统分析变得更加简捷、明晰。

教学要求

掌握微分方程的建立与经典解法；理解 0_- 与 0_+ 初始值的含义并掌握基本方法；掌握求解零输入响应和零状态响应的方法；深刻理解冲激响应和阶跃响应的意义；并掌握其计算方法及二者之间的关系；深刻理解卷积积分的意义；熟练掌握卷积积分的运算与性质；深刻理解系统的零状态响应等于激励与冲激响应的卷积。

重点与难点

1. 线性时不变连续系统的响应

(1) 微分方程的建立与经典解法。

(2) 初始值的定义和求法(难点)。

(3) 零输入响应、零状态响应及完全响应。

2. 冲激响应与阶跃响应

(1) 冲激响应的定义和求法。

(2) 阶跃响应定义、求法及与冲激响应的关系。

3. 卷积积分

(1) 零状态响应等于冲激响应与激励的卷积积分。

(2) 卷积积分的各种运算与性质。

(3) 计算卷积积分的方法,如图解法、利用卷积定义和性质求解等方法。

2.1 线性时不变连续系统的响应

连续时间线性时不变系统的数学模型是常系数线性微分方程。通常可以采用求解微分方程的经典法分析信号通过系统的响应,也可以将系统的响应分为零状态响应和零输入响应。对于由系统初始状态产生的零输入响应,可通过求解齐次微分方程得到。对于与系统外部输入激励有关的零状态响应的求解,则通过卷积积分的方法来实现。

2.1.1 经典时域分析方法

一般而言,如果单输入单输出系统的激励为 $f(t)$,响应为 $y(t)$,则描述线性时不变连续系统激励与响应之间关系的数学模型是 n 阶常系数线性微分方程,可以写为

$$y^{(n)}(t)+a_{n-1}y^{(n-1)}(t)+\cdots+a_1 y^{(1)}(t)+a_0 y(t) \\ =b_m f^{(m)}(t)+b_{m-1}f^{(m-1)}(t)+\cdots+b_1 f^{(1)}(t)+b_0 f(t) \quad (2-1)$$

或缩写为

$$\sum_{j=0}^{n} a_j y^{(j)}(t) = \sum_{i=0}^{m} b_i f^{(i)}(t) \quad (2-2)$$

式中,$a_j(j=0,1,\cdots,n)$ 和 $b_i(i=0,1,\cdots,m)$ 均为常数,$a_n=1$。该微分方程的全解由齐次解 $y_h(t)$ 和特解 $y_p(t)$ 组成,即

$$y(t)=y_h(t)+y_p(t) \quad (2-3)$$

例 2.1 描述某系统的微分方程为

$$y''(t)+5y'(t)+6y(t)=f(t) \quad (2-4)$$

求:(1) 当 $f(t)=2e^{-t}$,$t \geq 0$;$y(0)=2$,$y'(0)=-1$ 时的全解;

(2) 当 $f(t)=e^{-2t}$,$t \geq 0$;$y(0)=1$,$y'(0)=0$ 时的全解。

解 (1) 当 $f(t)=2e^{-t}$,$t \geq 0$;$y(0)=2$,$y'(0)=-1$ 时的全解

① 求齐次解 $y_h(t)$:齐次解是式(2-4)的齐次微分方程

$$y_h''(t)+5y_h'(t)+6y_h(t)=0 \quad (2-5)$$

的解。式(2-5)的特征方程为

$$\lambda^2+5\lambda+6=0$$

【线性时不变连续系统微分方程举例1】

【线性时不变连续系统微分方程举例2】

其特征根 $\lambda_1=-2$,$\lambda_2=-3$。表 2-1 列出了特征根取不同值时所对应的齐次解,其中 C_i、D_i、A_i 和 θ_i 等为待定系数。由表 2-1 可知,式(2-5)的齐次解为

$$y_h(t)=C_1 e^{-2t}+C_2 e^{-3t} \quad (2-6)$$

式(2-6)中，常数 C_1、C_2 将在求得全解后，由初始条件确定。

表 2-1 不同特征根所对应的齐次解

特征根 λ	齐次解 $y_h(t)$
单实根	$e^{\lambda t}$
r 重实根	$(C_{r-1}t^{r-1}+C_{r-2}t^{r-2}+\cdots+C_1 t^1+C_0)e^{\lambda t}$
一对共轭复根 $\lambda_{1,2}=\alpha\pm j\beta$	$e^{\alpha t}(C\cos\beta t+D\sin\beta t)$ 或 $A\cos(\beta t-\theta)$，其中 $Ae^{j\theta}=C+jD$
r 重共轭复根	$[A_{r-1}t^{r-1}\cos(\beta t+\theta_{r-1})+A_{r-2}t^{r-2}\cos(\beta t+\theta_{r-2})+\cdots+A_0\cos(\beta t+\theta_0)]e^{\alpha t}$

② 求特解 $y_p(t)$：特解的函数形式与激励函数的形式有关。表 2-2 列出了几种激励及其所对应的特解。选定特解后，将它代入原微分方程，求出各待定系数 P_i，就得出方程的特解。

表 2-2 不同激励所对应的特解

激励 $f(t)$	特解 $y_p(t)$
F（常数）	P（常数）
t^m	$P_m t^m+P_{m-1}t^{m-1}+\cdots+P_1 t+P_0$ （特征根均不为0） $t^r(P_m t^m+P_{m-1}t^{m-1}+\cdots+P_1 t+P_0)$ （有 r 重为 0 的特征根）
$e^{\alpha t}$	$Pe^{\alpha t}$ （α 不等于特征根） $(P_1 t+P_0)e^{\alpha t}$ （α 等于特征单根） $(P_r t^r+P_{r-1}t^{r-1}+\cdots+P_0)e^{\alpha t}$ （α 等于 r 重特征根）
$\cos\beta t\sin\beta t$	$P_1\cos\beta t+P_2\sin\beta t$ （特征根不等于 $\pm j\beta$）

由表 2-2 可知，当 $f(t)=2e^{-t}$ 时，其特解可设为
$$y_p(t)=Pe^{-t}$$
将其代入微分方程(2-4)中，得
$$Pe^{-t}+5(-Pe^{-t})+6Pe^{-t}=2e^{-t}$$
由上式可解得 $P=1$。于是微分方程的特解为
$$y_p(t)=e^{-t} \tag{2-7}$$

③ 微分方程的全解为
$$y(t)=y_h(t)+y_p(t)=C_1 e^{-2t}+C_2 e^{-3t}+e^{-t}$$
其一阶导数为
$$y'(t)=-2C_1 e^{-2t}-3C_2 e^{-3t}-e^{-t}$$
将 $t=0$ 及初始值代入，得
$$y(0)=C_1+C_2+1=2$$
$$y'(0)=-2C_1-3C_2-1=-1$$
由上式可解得 $C_1=3$，$C_2=-2$，最后得微分方程的全解

$$y(t)=\underbrace{\underbrace{3e^{-2t}-2e^{-3t}}_{\text{自由响应}}}_{\text{齐次解}}+\underbrace{\underbrace{e^{-t}}_{\text{强迫响应}}}_{\text{特解}},\ t\geqslant 0 \tag{2-8}$$

(2) 当 $f(t)=2e^{-t}$，$t\geq 0$；$y(0)=2$，$y'(0)=-1$ 时的全解；(2) 当 $f(t)=e^{-2t}$，$t\geq 0$；$y(0)=1$，$y'(0)=0$ 时的全解。

① 齐次解同上。

② 求特解 $y_p(t)$：当激励 $f(t)=e^{-2t}$ 时，其指数与特征根之一相重。故其特解为

$$y_p(t)=(P_1 t+P_0)e^{-2t}$$

代入微分方程可得

$$P_1 e^{-2t}=e^{-2t}$$

所以 $P_1=1$，但 P_0 不能求得。特解为

$$y_p(t)=(t+P_0)e^{-2t}$$

③ 全解为

$$\begin{aligned}y(t)&=C_1 e^{-2t}+C_2 e^{-3t}+te^{-2t}+P_0 e^{-2t}\\&=(C_1+P_0)e^{-2t}+C_2 e^{-3t}+te^{-2t}\end{aligned}$$

将初始条件代入，得

$$y(0)=(C_1+P_0)+C_2=1,\ y'(0)=-2(C_1+P_0)-3C_2+1=0$$

解得

$$C_1+P_0=2,\ C_2=-1$$

最后得微分方程的全解为

$$y(t)=2e^{-2t}-e^{-3t}+te^{-2t},\ t\geq 0$$

上式第一项的系数 $C_1+P_0=2$，不能区分 C_1 和 P_0，因而也不能区分自由响应和强迫响应。

从例 2.1 可以看出，线性时不变系统的数学模型——常系数线性微分方程的全解由齐次解和特解组成。齐次解的形式与系统的特征根有关，仅依赖于系统本身的特性，而与激励信号 $f(t)$ 的形式无关，因此称为系统的固有响应。特征方程的根 λ_i 称为系统的"固有频率"，它决定了系统自由响应的形式。但应注意，齐次解的系数 C_i 是与激励有关的。特解的形式由激励信号确定，称为强迫响应。

例 2.2 描述某系统的微分方程为

$$y''(t)+5y'(t)+6y(t)=f(t) \tag{2-9}$$

求输入 $f(t)=10\cos t$，$t\geq 0$，$y(0)=2$，$y'(0)=0$ 时的全响应。

解 本例的微分方程与例 2.1 的相同，故特征根也相同，为 $\lambda_1=-2$，$\lambda_2=-3$。方程的齐次解为

$$y_h(t)=C_1 e^{-2t}+C_2 e^{-3t} \tag{2-10}$$

由表 2-2 可知，因输入 $f(t)=10\cos t$，故可设方程的特解为

$$y_p(t)=P\cos t+Q\sin t$$

其一、二阶导数分别为

$$y_p'(t)=-P\sin t+Q\cos t$$
$$y_p''(t)=-P\cos t-Q\sin t$$

将 $y_p''(t)$、$y_p'(t)$、$y_p(t)$ 和 $f(t)$ 代入式(2-9)得

$$(-P+5Q+6P)\cos t+(-Q-5P+6Q)\sin t=10\cos t$$

因上式对所有的 $t\geq 0$ 成立，故有

$$5P+5Q=10$$
$$-5P+5Q=0$$

由以上二式可解得 $P=Q=1$，得特解

$$y_p(t)=\cos t+\sin t=\sqrt{2}\cos\left(t-\frac{\pi}{4}\right) \tag{2-11}$$

于是得方程的全解，即系统的全响应为

$$y(t)=y_h(t)+y_p(t)=C_1 e^{-2t}+C_2 e^{-3t}+\sqrt{2}\cos\left(t-\frac{\pi}{4}\right) \tag{2-12}$$

其一阶导数为

$$y'(t)=-2C_1 e^{-2t}-3C_2 e^{-3t}-\sqrt{2}\sin\left(t-\frac{\pi}{4}\right)$$

令 $t=0$，并代入初始条件，得

$$y(0)=C_1+C_2+1=2$$
$$y'(0)=-2C_1-3C_2+1=0$$

由上式可解得 $C_1=2$，$C_2=-1$。将它们代入式(2-12)，最后得该系统的全响应为

$$y(t)=\underbrace{\underbrace{2e^{-2t}-e^{-3t}}_{\text{瞬态响应}}}_{\text{自由响应}}+\underbrace{\underbrace{\sqrt{2}\cos\left(t-\frac{\pi}{4}\right)}_{\text{稳态响应}}}_{\text{强迫响应}},\ t\geqslant 0 \tag{2-13}$$

式(2-13)的前两项随 t 的增大而逐渐消失，称为瞬态响应；后一项随 t 的增大呈现等幅振荡，称为稳态响应。

2.1.2 关于 0_- 和 0_+ 值

在用经典法解微分方程时，一般输入 $f(t)$ 是在 $t=0$(或 $t=t_0$)接入系统的，那么方程的解也适用于 $t>0$(或 $t>t_0$)时。为确定解的待定系数所需的一组初始值是指 $t=0$(或 $t=t_0$)时刻的值，即 $y^{(j)}(0_+)$ 或 $y^{(j)}(t_{0_+})(j=0, 1, \cdots, n-1)$，简称 0_+ 值。在 $t=0_-$ 时，激励尚未接入，因而响应及其各阶导数在该时刻的值 $y^{(j)}(0_-)$ 或 $y^{(j)}(t_{0_-})$ 反映了系统的历史情况而与激励无关，它们求得 $t>0$(或 $t>t_0$)时的响应 $y(t)$ 提供以往历史的全部信息，称这些在 $t=0$(或 $t=0_-$)时刻的值为初始状态，简称 0_- 值。通常对于具体的系统，初始状态 0_- 值常容易求得。如果激励 $f(t)$ 中含有冲激函数及其导数，那么当 $t=0$ 时激励接入系统时，响应及其导数从 $y^{(j)}(0_-)$ 值到 $y^{(j)}(0_+)$ 值可能发生跃变。这样，为求解描述线性时不变系统的微分方程，就需要从已知的 $y^{(j)}(0_-)$ 或 $y^{(j)}(t_{0_-})$ 设法求得 $y^{(j)}(0_+)$ 或 $y^{(j)}(t_{0_+})$。

一般情况下，当微分方程等号右端含有冲激函数及其各阶导数时，响应 $y(t)$ 及其各阶导数由 0_- 值求得 0_+ 值的步骤如下(以二阶系统为例)。

(1) 将输入 $f(t)$ 代入微分方程。如等号右端含有 $\delta(t)$ 及其各阶导数，根据微分方程等号两端各奇异函数的系数相等的原理，判断方程左端 $y(t)$ 的最高阶导数(对于二阶系统为 $y''(t)$)所含 $\delta(t)$ 导数的最高阶次(如为 $\delta''(t)$)。

(2) 令 $y''(t)=a\delta''(t)+b\delta'(t)+c\delta(t)+r_0(t)$，对 $y''(t)$ 进行积分(从 $-\infty$ 到 t)，逐次求得 $y'(t)$ 和 $y(t)$。

(3) 将 $y''(t)$、$y'(t)$ 和 $y(t)$ 代入微分方程，根据方程等号两端各奇异函数的系数相等，从而求得 $y''(t)$ 中的各待定系数。

(4) 分别对 $y'(t)$ 和 $y''(t)$ 等号两端从 0_- 到 0_+ 进行积分，依次求得各 0_+ 值 $y(0_+)$ 和 $y'(0_+)$。

例 2.3 描述某线性时不变系统的微分方程为

$$y''(t)+2y'(t)+y(t)=f''(t)+2f(t) \tag{2-14}$$

已知 $y(0_-)=1$，$y'(0_-)=-1$，$f(t)=\delta(t)$，求 $y(0_+)$ 和 $y'(0_+)$。

解 将输入 $f(t)=\delta(t)$ 代入微分方程，得

$$y''(t)+2y'(t)+y(t)=\delta''(t)+2\delta(t) \tag{2-15}$$

因式(2-15)对所有的 t 成立，故等号两端 $\delta(t)$ 及其各阶导数的系数应分别相等，于是可知式(2-15)中 $y''(t)$ 必含有 $\delta''(t)$，即 $y''(t)$ 含有冲激函数导数的最高阶为二阶，故令

$$y''(t)=a\delta''(t)+b\delta'(t)+c\delta(t)+r_0(t) \tag{2-16}$$

式中，a、b、c 为待定常数，函数 $r_0(t)$ 中不含 $\delta(t)$ 及其各阶导数。对式(2-16)等号两端从 $-\infty$ 到 t 积分，得

$$y'(t)=a\delta'(t)+b\delta(t)+r_1(t) \tag{2-17}$$

式(2-17)中

$$r_1(t)=c\varepsilon(t)+\int_{-\infty}^{t}r_0(x)dx$$

它不含 $\delta(t)$ 及其各阶导数。

对式(2-17)等号两端从 $-\infty$ 到 t 积分，得

$$y(t)=a\delta(t)+r_2(t) \tag{2-18}$$

式中

$$r_2(t)=b\varepsilon(t)+\int_{-\infty}^{t}r_1(x)dx$$

它也不含 $\delta(t)$ 及其各阶导数。将式(2-16)、式(2-17)和式(2-18)代入微分方程式(2-15)并稍加整理，得

$$a\delta''(t)+(2a+b)\delta'(t)+(a+2b+c)\delta(t)+[r_0(t)+2r_1(t)+r_2(t)]$$
$$=\delta''(t)+2\delta(t) \tag{2-19}$$

式中，等号两端 $\delta(t)$ 及其各阶导数的系数应分别相等，故得

$$a=1$$
$$2a+b=0$$
$$a+2b+c=2$$

由上式可解得 $a=1$，$b=-2$，$c=5$。将 a、b 代入式(2-17)，并对等号两端从 0_- 到 0_+ 进行积分，有

$$y(0_+)-y(0_-)=\int_{0_-}^{0_+}\delta'(t)dt-\int_{0_-}^{0_+}2\delta(t)dt+\int_{0_-}^{0_+}r_1(t)dt$$

由于 $r_1(t)$ 不含 $\delta(t)$ 及其各阶导数，而且积分在无穷小区间 $[0_-,0_+]$ 内进行，故 $\int_{0_-}^{0_+}r_1(t)dt=0$，而 $\int_{0_-}^{0_+}\delta'(t)dt=\delta(0_+)-\delta(0_-)=0$，$\int_{0_-}^{0_+}\delta(t)dt=1$，故有

$$y(0_+) - y(0_-) = -2$$

将 $y'(0_-) = -1$ 代入上式得

$$y'(0_+) = y'(0_-) + 5 = 4$$

例 2.4 描述某系统的微分方程为

$$y''(t) + 3y'(t) + 2y(t) = 2f'(t) + f(t) \tag{2-20}$$

已知 $y(0_-) = 2$，$y'(0_-) = 0$，$f(t) = \delta'(t)$，求 $y(0_+)$ 和 $y'(0_+)$。

解 将输入 $f(t) = \delta'(t)$ 代入微分方程(2-20)得

$$y''(t) + 3y'(t) + 2y(t) = 2\delta''(t) + \delta'(t) \tag{2-21}$$

利用系数匹配法分析如下。

令 $y''(t) = a\delta''(t) + b\delta'(t) + c\delta(t) + r_1(t)$，$r_1(t)$ 中不含冲激函数，则

$$y'(t) = a\delta'(t) + b\delta(t) + r_2(t), \quad r_2(t) = C\varepsilon(t) + r_1(t)$$

$$y(t) = a\delta(t) + r_3(t), \quad r_3(t) = b\varepsilon(t) + r_2(t)$$

将上述关系代入式(2-21)，并整理得

$$a\delta''(t) + b\delta'(t) + c\delta(t) + r_1(t) + 3a\delta'(t) + 3b\delta(t) + 3r_2(t) + 2a\delta(t) + 2r_3(t) = 2\delta''(t) + \delta'(t)$$

比较等式两边冲激项系数，有

$$a = 2$$
$$b + 3a = 1$$
$$c + 3b + 2a = 0$$

解得 $a = 2$，$b = -5$，$c = 11$，故

$$y''(t) = 2\delta''(t) - 5\delta'(t) + 11\delta(t) + r_1(t)$$

$$y'(t) = 2\delta'(t) - 5\delta(t) + r_2(t)$$

$$y(t) = 2\delta(t) + r_3(t)$$

对 $y''(t)$ 从 0_- 到 0_+ 积分得

$$y'(0_+) - y'(0_-) = 11, \quad y'(0_+) = y'(0_-) + 11 = 11$$

对 $y'(t)$ 从 0_- 到 0_+ 积分得

$$y(0_+) - y(0_-) = -5, \quad y(0_+) = y(0_-) - 5 = 2 - 5 = -3$$

可见，当微分方程右端含有冲激函数时，响应 $y(t)$ 及其各阶导数中有些在 $t=0$ 处将发生跃变，有些不会跃变。

在采用经典法分析系统响应时存在许多局限。若描述系统的微分方程中激励信号复杂，则难以设定相应的特解形式；若激励信号发生变化，则系统响应需全部重新求解；若初始条件发生变化，则系统响应也要全部重新求解。此外，经典法是一种纯数学方法，无法突出系统响应的物理概念。

在系统时域分析方法中可以将系统的初始状态也作为一种输入激励。这样，根据系统的线性特性可将系统的响应看成是初始状态与输入激励分别单独作用于系统而产生的响应的叠加。其中，由初始状态单独作用于系统产生的响应称为零输入响应，记为 $y_{zi}(t)$；而由输入激励单独作用于系统产生的响应称为零状态响应，记为 $y_{zs}(t)$。

2.1.3 线性时不变连续系统的零输入响应

线性时不变系统完全响应 $y(t)$ 也可分为零输入响应和零状态响应。零输入响应是激励

为零时仅由系统的初始状态 $\{x(0)\}$ 所引起的响应,用 $y_{zi}(t)$ 表示。在零输入条件下,微分方程式(2—2)等号右端为零,化为齐次方程,即

$$\sum_{j=0}^{n} a_j y_{zi}^{(j)}(t) = 0 \qquad (2-22)$$

若其特征根均为单根,则其零输入响应

$$y_{zi}(t) = \sum_{j=0}^{n} C_{zij} e^{\lambda_j t} \qquad (2-23)$$

式中,C_{zij} 为待定常数。由于输入为零,故初始值

$$y_{zi}^{(j)}(0_+) = y_{zi}^{(j)}(0_-) = y^{(j)}(0_-), j = 0, 1, \cdots, n-1 \qquad (2-24)$$

由给定的初始状态即可确定式(2—22)中的各待定常数。

例 2.5 若描述某系统的微分方程和初始状态为

$$y''(t) + 5y'(t) + 4y(t) = 2f'(t) - 4f(t) \qquad (2-25)$$

$y(0_-) = 1$,$y'(0_-) = 5$,求系统的零输入响应。

解 该系统的零输入响应满足方程(2—25)及 0_+ 初始值

$$y_{zi}''(t) + 5y_{zi}'(t) + 4y_{zi}(t) = 0$$
$$y_{zi}(0_+) = y_{zi}(0_-) = y(0_-) = 1 \qquad (2-26)$$
$$y_{zi}'(0_+) = y_{zi}'(0_-) = y'(0_-) = 5$$

微分方程(2—25)的特征方程为

$$\lambda^2 + 5\lambda + 4 = 0$$

特征根 $\lambda_1 = -1$,$\lambda_2 = 4$,故零输入响应及其导数为

$$y_{zi}(t) = C_{zi1} e^{-t} + C_{zi2} e^{-4t} \qquad (2-27)$$
$$y_{zi}'(t) = -C_{zi1} e^{-t} - 4C_{zi2} e^{-4t} \qquad (2-28)$$

令 $t=0$,将式(2—26)中的初始条件代入式(2—27)和式(2—28),得

$$y_{zi}(0_+) = C_{zi1} + C_{zi2} = 1$$
$$y_{zi}'(0_+) = -C_{zi1} - 4C_{zi2} = 5$$

由上式可解得 $C_{zi1} = 3$,$C_{zi2} = -2$,将它们代入式(2—27),得系统的零输入响应

$$y_{zi}(t) = 3e^{-t} - 2e^{-4t}, \quad t \geq 0$$

2.1.4 线性时不变连续系统的零状态响应

零状态响应是系统的初始状态为零时,仅由输入信号 $f(t)$ 引起的响应,用 $y_{zs}(t)$ 表示。这时方程式(2—2)仍是非齐次方程,即

$$\sum_{j=0}^{n} a_j y_{zs}^{(j)}(t) = \sum_{i=0}^{m} b_i f^{(i)}(t) \qquad (2-29)$$

初始状态 $y_{zs}^{(j)}(0_-) = 0$。若微分方程的特征根均为单根,则其零状态响应为

$$y_{zs}(t) = \sum_{j=1}^{n} C_{zsj} e^{\lambda_j t} + y_p(t) \qquad (2-30)$$

式中,C_{zsj} 为待定常数,$y_p(t)$ 为方程的特解。

例 2.6 如例 2.5 中的系统输入，$f(t)=\varepsilon(t)$，求该系统的零状态响应。

解 该系统的零状态响应满足方程

$$y''_{zs}(t)+5y'_{zs}(t)+4y_{zs}(t)=2f'(t)-4f(t) \qquad (2-31)$$

及初始状态 $y_{zs}(0_-)=y'_{zs}(0_-)=0$。

由于输入 $f(t)=\varepsilon(t)$，代入式（2-31）后等号右端将含有冲激函数，故零状态响应在 $t=0$ 时将产生突变，其 0_+ 值不等于 0_- 值。为此，首先求得响应的 0_+ 值。将 $f(t)$ 代入式（2-31），得

$$y''_{zs}(t)+5y'_{zs}(t)+4y_{zs}(t)=2\delta(t)-4\varepsilon(t) \qquad (2-32)$$

按前述求 0_+ 值的方法，令

$$y''_{zs}(t)=a\delta(t)+r_0(t) \qquad (2-33)$$

从 $-\infty$ 到 t 对上式积分，得

$$y'_{zs}(t)=r_1(t) \qquad (2-34)$$

$$y_{zs}(t)=r_2(t) \qquad (2-35)$$

式中，$r_0(t)$、$r_1(t)$ 和 $r_2(t)$ 均不含 $\delta(t)$ 及其导数。将式（2-33）、式（2-34）、式（2-35）代入式（2-32），不难求得 $a=2$。对式（2-33）等号两端积分（从 0_- 到 0_+），得

$$y_{zs}(0_+)-y_{zs}(0_-)=\int_{0_-}^{0_+} r_1(t)\mathrm{d}t=0$$

$$y'_{zs}(0_+)-y'_{zs}(0_-)=a\int_{0_-}^{0_+}\delta(t)\mathrm{d}t+\int_{0_-}^{0_+} r_0(t)\mathrm{d}t=a$$

考虑到 $y'_{zs}(0_-)=y_{zs}(0_-)=0$，由以上二式得

$$\left.\begin{array}{l} y_{zs}(0_+)=y_{zs}(0_-)=0 \\ y'_{zs}(0_+)=y'_{zs}(0_-)+a=2 \end{array}\right\} \qquad (2-36)$$

对于 $t>0$，式（2-31）可写为

$$y''_{zs}(t)+5y'_{zs}(t)+4y_{zs}(t)=-4 \qquad (2-37)$$

不难求得其齐次解为 $C_{zs1}e^{-t}+C_{zs2}e^{-4t}$，其特解 $y_p(t)=-1$，于是有

$$y_{zs}(t)=C_{zs1}e^{-t}+C_{zs1}e^{-4t}-1 \qquad (2-38)$$

将式（2-36）的初始条件代入式（2-38）及其导数（令 $t=0$）得

$$C_{zs1}+C_{zs2}e^{-4t}-1=0$$

$$-C_{zs1}-4C_{zs2}e^{-4t}=2$$

由上式可解得 $C_{zs1}=2$，$C_{zs2}=-1$。最后，得系统的零状态响应

$$y_{zs}(t)=2e^{-t}-e^{-4t}-1,\ t\geqslant 0 \qquad (2-39)$$

在求解系统的零状态响应时，若微分方程等号右端含有激励 $f(t)$ 的导数，利用线性时不变系统零状态响应的线性性质和微分特性可使计算简化。

例 2.7 描述某线性时不变系统的微分方程为

$$y'(t)+2y(t)=f''(t)+f'(t)+2f(t) \qquad (2-40)$$

若 $f(t)=\varepsilon(t)$，求该系统的零状态响应。

解 设仅由 $f(t)$ 作用于上述系统所引起的零状态响应为 $y_1(t)$，即

$$y_1(t)=T[0,f(t)]$$

显然，它满足方程

$$y'_1(t)+2y_1(t)=f(t) \qquad (2-41)$$

且初始状态为零，即 $y_1(0_-)=0$。根据零状态响应的微分特性，有

$$y'_1(t)=T[0,f'(t)]$$
$$y''_1(t)=T[0,f''(t)]$$

根据线性性质，式(2-40)的零状态响应为

$$y_{zs}(t)=y''_1(t)+y'_1(t)+2y_1(t) \qquad (2-42)$$

现在求当 $f(t)=\varepsilon(t)$ 时方程式(2-41)的解。由于当 $f(t)=\varepsilon(t)$ 时，等号右端仅有阶跃函数，故 $y'_1(t)$ 含有跳跃，而 $y_1(t)$ 在 $t=0$ 处是连续的，从而有 $y_1(0_+)=y_1(0_-)=0$。

不难求出式(2-41)的齐次解为 Ce^{-2t}，特解为常数 0.5，代入初始值 $y_1(0_+)=0$ 后，得

$$y_1(t)=0.5(1-e^{-2t}),\quad t\geqslant 0 \qquad (2-43)$$

由于 $y_1(t)$ 为零状态响应，故 $t<0$ 时 $y_1(t)=0$。式(2-43)可写为

$$y_1(t)=0.5(1-e^{-2t})\varepsilon(t) \qquad (2-44)$$

其一阶、二阶导数分别为

$$y'_1(t)=0.5(1-e^{-2t})\delta(t)+e^{-2t}\varepsilon(t)$$
$$y''_1(t)=e^{-2t}\delta(t)-2e^{-2t}\varepsilon(t)=\delta(t)-2e^{-2t}\varepsilon(t)$$

将 $y_1(t)$、$y'_1(t)$ 和 $y''_1(t)$ 代入式(2-42)，得该系统的零状态响应

$$y_{zs}(t)=\delta(t)+(1-2e^{-2t})\varepsilon(t) \qquad (2-45)$$

可见，引入奇异函数后，利用零状态响应的线性性质和微分性质可使求解简便。

2.1.5 LTI 连续系统的全响应

如果系统的初始状态不为零，在激励 $f(t)$ 的作用下，LTI 系统的响应称为全响应，它是零输入响应与零状态响应之和，即

$$y(t)=y_{zi}(t)+y_{zs}(t) \qquad (2-46)$$

其各阶导数为

$$y^{(j)}(t)=y_{zi}^{(j)}(t)+y_{zs}^{(j)}(t),\quad (j=0,1,\cdots,n-1) \qquad (2-47)$$

式(2-47)对 $t=0_-$，$t=0_+$ 都成立，故有

$$y^{(j)}(0_-)=y_{zi}^{(j)}(0_-)+y_{zs}^{(j)}(0_-) \qquad (2-48)$$
$$y^{(j)}(0_+)=y_{zi}^{(j)}(0_+)+y_{zs}^{(j)}(0_+) \qquad (2-49)$$

对于零状态响应，在 $t=0_-$ 时激励尚未接入，故 $y_{zs}^{(j)}(0_-)=0$，因而零输入响应的 0_+ 值为

$$y_{zi}^{(j)}(0_+)=y_{zi}^{(j)}(0_-)=y^{(j)}(0_-) \qquad (2-50)$$

根据给定的初始状态(即 0_- 值)，利用式(2-49)、式(2-50)及前述由 0_- 值求 0_+ 值的方法，可求得零输入响应和零状态响应的 0_+ 值。

综上所述，LTI 系统的全响应可分为自由(固有)响应和强迫响应，也可分为零输入响应和零状态响应。

例 2.8 描述某 LTI 系统的微分方程为

$$y''(t)+3y'(t)+2y(t)=2f'(t)+6f(t) \qquad (2-51)$$

已知 $y(0_-)=2$，$y'(0_-)=1$，$f(t)=\varepsilon(t)$，求该系统的零输入响应、零状态响应和全响应。

解 (1)零输入响应 $y_{zi}(t)$ 满足方程

$$y_{zi}''(t)+3y_{zi}'(t)+2y_{zi}(t)=0 \tag{2-52}$$

由式(2-50)知,其 0_+ 值为

$$y_{zi}(0_+)=y_{zi}(0_-)=y(0_-)=2$$

$$y_{zi}'(0_+)=y_{zi}'(0_-)=y'(0_-)=1$$

式(2-52)的特征根为 $\lambda_1=-1$,$\lambda_2=-2$,零输入响应为

$$y_{zi}(t)=C_{zi1}e^{-t}+C_{zi2}e^{-2t} \tag{2-53}$$

将 0_+ 初始值代入上式及其导数,得

$$y_{zi}(0_+)=C_{zi1}+C_{zi2}=2$$

$$y_{zi}'(0_+)=-C_{zi1}-2C_{zi2}=1$$

解得 $C_{zi1}=5$,$C_{zi2}=-3$,将它们代入式(2-53)中,得系统的零输入响应为

$$y_{zi}(t)=5e^{-t}-3e^{-2t},\ t\geqslant 0 \tag{2-54}$$

(2)零状态响应 $y_{zs}(t)$ 是初始状态为零,且 $f(t)=\varepsilon(t)$ 时式(2-51)的解,即 $y_{zs}(t)$ 满足方程

$$y_{zs}''(t)+3y_{zs}'(t)+2y_{zs}(t)=2\delta(t)+6\varepsilon(t) \tag{2-55}$$

及初始状态 $y_{zs}(0_-)=y_{zs}'(0_-)=0$。先求 $y_{zs}(0_+)$ 和 $y_{zs}'(0_+)$,由于式(2-55)等号右端含有 $\delta(t)$,令

$$y_{zs}''(t)=a\delta(t)+r_0(t) \tag{2-56}$$

从 $-\infty$ 到 t 积分得

$$y_{zs}'(t)=r_1(t) \tag{2-57}$$

$$y_{zs}(t)=r_2(t) \tag{2-58}$$

将 $y_{zs}''(t)$、$y_{zs}'(t)$、$y_{zs}(t)$ 代入式(2-55)可求得 $a=2$。对式(2-56)、式(2-57)等号两端从 0_- 到 0_+ 积分,并考虑到 $\int_{0_-}^{0_+}r_0(t)\mathrm{d}t=0$,$\int_{0_-}^{0_+}r_1(t)\mathrm{d}t=0$,可求得

$$y_{zs}'(0_+)-y_{zs}'(0_-)=a=2$$

$$y_{zs}(0_+)-y_{zs}(0_-)=0$$

解上式,得 $y_{zs}'(0_+)=2$,$y_{zs}(0_+)=0$。

对于 $t>0$,式(2-55)可写为

$$y_{zs}''(t)+3y_{zs}'(t)+2y_{zs}(t)=6$$

不难求得其齐次解为 $C_{zs1}e^{-t}+C_{zs2}e^{-2t}$,其特解为常数3。于是有

$$y_{zs}(t)=C_{zs1}e^{-t}+C_{zs2}e^{-2t}+3 \tag{2-59}$$

将 0_+ 初始值代入上式及其导数,得

$$y_{zs}(0_+)=C_{zs1}+C_{zs2}+3=0$$

$$y_{zs}'(0_+)=-C_{zs1}-2C_{zs2}=2$$

由上式可求得 $C_{zs1}=-4$,$C_{zs2}=1$,代入式(2-59),得系统的零状态响应为

$$y_{zs}(t)=-4e^{-t}+e^{-2t}+3,\ t\geqslant 0 \tag{2-60}$$

(3)全响应 $y(t)$。由式(2-54)和式(2-60)可得系统的全响应为

$$y_{zs}(t)=y_{zi}(t)+y_{zs}(t)=\underbrace{\overbrace{5e^{-t}-3e^{-2t}}^{\text{零输入响应}}\overbrace{-4e^{-t}+e^{-2t}}^{\text{零状态响应}}+\underbrace{3}_{\text{强迫响应}},\ t\geqslant 0}_{\text{自由响应}}$$

$$=\underbrace{e^{-t}-2e^{-2t}}_{\text{自由响应}}+\underbrace{3}_{\text{强迫响应}},\ t\geqslant 0$$

可以验证

$$y(0_+)=y_{zi}(0_+)+y_{zs}(0_+)=2+0=2$$
$$y'(0_+)=y'_{zi}(0_+)+y'_{zs}(0_+)=1+2=3$$

例 2.9 LTI 因果系统，当激励为 $f_1(t)=\varepsilon(t)$ 时的全响应 $y_1(t)=(2e^{-t}+3e^{-2t})\varepsilon(t)$；当激励 $f_2(t)=2\varepsilon(t)$ 时的全响应为 $y_2(t)=(4e^{-t}-2e^{-2t})\varepsilon(t)$。求相同初始条件下激励 $f_3(t)$ 波形如图 2.1 所示时的全响应 $y_3(t)$。

解 $y_1(t)=y_{zi}(t)+y_{zs}(t)=(2e^{-t}+3e^{-2t})\varepsilon(t)$
　　　$y_2(t)=y_{zi}(t)+2y_{zs}(t)=(4e^{-t}-2e^{-2t})\varepsilon(t)$

联立解得

$$y_{zi}(t)=8e^{-2t}\varepsilon(t)$$
$$y_{zs}(t)=(2e^{-t}-5e^{-2t})\varepsilon(t)$$

因为

$$f_3(t)=\varepsilon(t)-2\varepsilon(t-1)+\varepsilon(t-2)$$

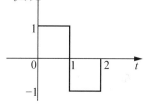

图 2.1　$f_3(t)$ 波形

根据线性时不变性质

$$y_3(t)=y_{zi}(t)+y_{zs}(t)-2y_{zs}(t-1)+y_{zs}(t-2)$$
$$=8e^{-2t}\varepsilon(t)+(2e^{-t}-5e^{-2t})\varepsilon(t)-2(2e^{-(t-1)}-5e^{-2(t-1)})\varepsilon(t-1)$$
$$\quad +(2e^{-(t-2)}-5e^{-2(t-2)})\varepsilon(t-2)$$
$$=(2e^{-t}+3e^{-2t})\varepsilon(t)-2(2e^{-(t-1)}-5e^{-2(t-1)})\varepsilon(t-1)+(2e^{-(t-2)}-5e^{-2(t-2)})\varepsilon(t-2)$$

2.2　连续系统的冲激响应

连续系统的冲激响应定义为在系统初始状态为零的条件下，以单位冲激信号激励系统所产生的输出响应，以符号 $h(t)$ 表示，如图 2.2 所示。由于系统冲激响应 $h(t)$ 要求系统在零状态条件下，且输入激励为单位冲激信号 $\delta(t)$，因而冲激响应 $h(t)$ 仅取决于系统的内部结构及其元件参数。因此，系统的冲激响应 $h(t)$ 可以表征系统本身的特性。换句话说，不同的系统就会有不同的冲激响应 $h(t)$。

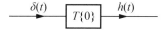

图 2.2　冲激响应示意图

【冲激描述】

冲激响应是激励为单位冲激函数 $\delta(t)$ 时，系统的零状态响应，即

$$h(t)=T[\{0\},\delta(t)] \tag{2-61}$$

根据连续时间线性时不变系统的数学模型 [式(2-1)]，其冲激响应 $h(t)$ 满足微分方程

$$h^{(n)}(t)+a_{n-1}h^{(n-1)}(t)+\cdots+a_1h^{(1)}(t)+a_0h(t)$$
$$=b_m\delta^{(m)}(t)+b_{m-1}\delta^{(m-1)}(t)+\cdots+b_1\delta^{(1)}(t)+b_0\delta(t) \tag{2-62}$$

及初始状态 $h^{(i)}(0_-)=0(i=0,1,\cdots,n-1)$。由于 $\delta(t)$ 及其各阶导数在 $t\geqslant 0_+$ 时都等于零，故式(2-62)右端各项在 $t\geqslant 0_+$ 时恒等于零，这时式(2-62)成为齐次方程，这样冲激响应 $h(t)$ 的形式应与齐次解的形式相同。

当微分方程的特征根均为单根，且 $n>m$ 时，则冲激响应为

$$h(t)=\Big(\sum_{j=1}^{n}C_j\mathrm{e}^{\lambda_j t}\Big)\varepsilon(t) \tag{2-63}$$

式中，各常数 C_j 由 $h^{(j)}(0_+)(j=0,1,2,\cdots,n-1)$ 的初始值确定。

当 $n\leqslant m$ 时，要使方程式两边所具有的冲激信号及其高阶导数相等，则 $h(t)$ 表示式中还应含有 $\delta(t)$ 及其相应阶的导数 $\delta^{(m-n)}(t),\delta^{(m-n-1)}(t),\cdots,\delta'(t)$ 等项。

一般而言，若描述 LTI 系统的微分方程为

$$\begin{aligned}y^{(n)}(t)+a_{n-1}y^{(n-1)}(t)+\cdots+a_0 y(t)\\=b_m f^{(m)}(t)+b_{m-1}f^{(m-1)}(t)+\cdots+b_0 f(t)\end{aligned} \tag{2-64}$$

求系统的冲激响应 $h(t)$ 可以分为以下两步进行。

(1) 选新变量 $y_1(t)$，使它满足的微分方程左端与式(2-64)相同，而右端只含有 $f(t)$，即 $y_1(t)$ 满足方程

$$y^{(n)}(t)+a_{n-1}y^{(n-1)}(t)+\cdots+a_0 y(t)=f(t) \tag{2-65}$$

求得式(2-65)系统的冲激响应 $h_1(t)$。

(2) 根据 LTI 系统零状态响应的线性性质和微分特性，可得式(2-64)的冲激响应为

$$h(t)=b_m h_1^{(m)}(t)+b_{m-1}h_1^{(m-1)}(t)+\cdots+b_0 h_1(t) \tag{2-66}$$

例 2.10 设描述某二阶 LTI 系统的微分方程为

$$y''(t)+5y'(t)+6y(t)=f(t) \tag{2-67}$$

求其冲激响应 $h(t)$。

解 根据冲激响应的定义，当 $f(t)=\delta(t)$ 时，系统的零状态响应 $y_{zs}(t)=h(t)$，由式(2-67)可知，$h(t)$ 满足

$$\left.\begin{aligned}h''(t)+5h'(t)+6h(t)=\delta(t)\\h'(0_-)=h(0_-)\end{aligned}\right\} \tag{2-68}$$

微分方程式(2-68)的特征根为 $\lambda_1=-2,\lambda_2=-3$。根据式(2-63)可知，系统的冲激响应

$$h(t)=(C_1\mathrm{e}^{-2t}+C_2\mathrm{e}^{-3t})\varepsilon(t) \tag{2-69}$$

为确定待定常数 C_1 和 C_2，需要求出 0_+ 时刻的初始值 $h(0_+)$ 和 $h'(0_+)$。根据前面讨论的由 0_- 值求 0_+ 值的方法，由于式(2-68)中含有 $\delta(t)$，故设

$$h''(t)=a\delta(t)+r_0(t) \tag{2-70}$$

从 $-\infty$ 到 t 积分得

$$h'(t)=r_1(t) \tag{2-71}$$

$$h(t)=r_2(t) \tag{2-72}$$

式中，$r_0(t)$、$r_1(t)$ 和 $r_2(t)$ 不含 $\delta(t)$ 及其各阶导数。将式(2-70)、式(2-71)和式(2-72)代入式(2-68)的微分方程，并根据等号两端冲激函数及其各阶导数相平衡，可求得 $a=1$。

对式(2-70)、式(2-71)等号两端从 0_- 到 0_+ 积分，并考虑到 $\int_{0_-}^{0_+}r_0(t)\mathrm{d}t=0$，$\int_{0_-}^{0_+}r_1(t)\mathrm{d}t=0$，可求得

$$h'(0_+) = h'(0_-) + a = 1$$
$$h(0_+) = h(0_-) = 0$$

将以上初始值代入式(2-69)中，可以解得 $C_1 = 1$，$C_2 = -1$，最后得系统的冲激响应为
$$h(t) = (\mathrm{e}^{-2t} - \mathrm{e}^{-3t})\varepsilon(t)$$

例 2.11 描述某二阶线性时不变系统的微分方程为
$$y''(t) + 5y'(t) + 6y(t) = f''(t) + 2f'(t) + 3f(t) \tag{2-73}$$
求其冲激响应 $h(t)$。

解 方法一：选新变量 $y_1(t)$，满足方程
$$y''_1(t) + 5y'_1(t) + 6y_1(t) = f(t) \tag{2-74}$$
设其冲激响应为 $h_1(t)$，则由式(2-66)知，式(2-73)系统的冲激响应为
$$h(t) = h''_1(t) + 2h'_1(t) + 3h_1(t) \tag{2-75}$$

现在求 $h_1(t)$。由于式(2-73)与例 2.10 中式(2-67)完全相同，故其冲激响应也相同，即
$$h_1(t) = (\mathrm{e}^{-2t} - \mathrm{e}^{-3t})\varepsilon(t)$$
它的一阶、二阶导数分别为
$$h'_1(t) = (\mathrm{e}^{-2t} - \mathrm{e}^{-3t})\delta(t) + (-2\mathrm{e}^{-2t} + 3\mathrm{e}^{-3t})\varepsilon(t) = (-2\mathrm{e}^{-2t} + 3\mathrm{e}^{-3t})\varepsilon(t)$$
$$h''_1(t) = (-2\mathrm{e}^{-2t} + 3\mathrm{e}^{-3t})\delta(t) + (4\mathrm{e}^{-2t} - 9\mathrm{e}^{-3t})\varepsilon(t) = \delta(t) + (4\mathrm{e}^{-2t} - 9\mathrm{e}^{-3t})\varepsilon(t)$$

将它们代入式(2-75)，得式(2-73)所述系统的冲激响应为
$$h(t) = \delta(t) + (3\mathrm{e}^{-2t} - 6\mathrm{e}^{-3t})\varepsilon(t)$$

方法二：根据冲激响应的定义，当 $f(t) = \delta(t)$ 时，系统的零状态响应 $y_{zs}(t) = h(t)$，由式(2-73)可知 $h(t)$ 满足
$$\left. \begin{aligned} h''(t) + 5h'(t) + 6h(t) &= \delta''(t) + 2\delta'(t) + 3\delta(t) \\ h'(0_-) = h(0_-) &= 0 \end{aligned} \right\} \tag{2-76}$$

首先求出 0_+ 时刻的初始值 $h(0_+)$ 和 $h'(0_+)$，根据前面讨论的由 0_- 值求 0_+ 值的方法，由于式(2-76)右端含 $\delta'(t)$，故设
$$h''(t) = a\delta''(t) + b\delta'(t) + c\delta(t) + r_0(t) \tag{2-77}$$
对其从 $-\infty$ 到 t 积分，得
$$h'(t) = a\delta'(t) + b\delta(t) + r_1(t) \tag{2-78}$$
$$h(t) = a\delta(t) + r_2(t) \tag{2-79}$$

式中，$r_0(t)$、$r_1(t)$ 和 $r_2(t)$ 不含 $\delta(t)$ 及其各阶导数。将式(2-77)、式(2-78)、式(2-79)代入式(2-76)的微分方程，并由等号两端冲激函数及其各阶导数相平衡，可求得
$$a = 1$$
$$b + 5a = 2$$
$$c + 5b + 6a = 3$$

解上式得 $a = 1$，$b = -3$，$c = 12$。对式(2-77)和式(2-78)等号两端从 0_- 到 0_+ 积分，并考虑到 $\int_{0_-}^{0_+} r_0(t)\mathrm{d}t = 0$，$\int_{0_-}^{0_+} r_1(t)\mathrm{d}t = 0$，可求得
$$h'(0_+) - h'(0_-) = c$$
$$h(0_+) - h(0_-) = b$$

故
$$h'(0_+)=h'(0_-)+c=0+12=12$$
$$h(0_+)=h(0_-)+b=0-3=-3$$

当 $t>0$ 时，$h(t)$ 满足方程
$$h''(t)+5h'(t)+6h(t)=0$$

它的特征根 $\lambda_1=-2$，$\lambda_2=-3$。故系统的冲激响应
$$h(t)=C_1\mathrm{e}^{-2t}+C_2\mathrm{e}^{-3t},\quad t>0 \tag{2-80}$$

式中，待定常数 C_1、C_2 由初始值 $h(0_+)=-3$ 和 $h'(0_+)=12$ 确定，将初始值代入式(2-80)，得
$$h(0_+)=C_1+C_2=-3$$
$$h'(0_+)=-2C_1-3C_2=12$$

由上式解得 $C_1=3$，$C_2=-6$。由于 $t<0$ 时，$h(t)=0$，故根据式(2-80)和式(2-79)，得系统的冲激响应
$$h(t)=\delta(t)+(3\mathrm{e}^{-2t}-6\mathrm{e}^{-3t})\varepsilon(t)$$

一个线性时不变系统，当其初始状态为零时，输入为单位阶跃函数所引起的响应称为单位阶跃响应，简称阶跃响应，用 $g(t)$ 表示。

由于单位阶跃函数与单位冲激函数的关系为
$$\delta(t)=\frac{\mathrm{d}\varepsilon(t)}{\mathrm{d}t}\qquad \varepsilon(t)=\int_{-\infty}^{t}\delta(x)\mathrm{d}x \tag{2-81}$$

根据线性时不变系统的微积分特性，同一系统的阶跃响应与冲激响应的关系为
$$h(t)=\frac{\mathrm{d}g(t)}{\mathrm{d}t}\qquad g(t)=\int_{-\infty}^{t}h(x)\mathrm{d}x \tag{2-82}$$

2.3 卷积积分

卷积方法在信号与系统理论中占有重要的地位。这里所要讨论的卷积积分是将输入信号分解为众多的冲激函数之和(这里是积分)，利用冲激响应求解LTI系统对任意激励的零状态响应。

2.3.1 卷积积分的定义

定义强度为1(即脉冲波形下的面积为1)，宽度很窄的脉冲 $p_n(t)$。设当 $p_n(t)$ 作用于线性时不变系统时，其零状态响应为 $h_n(t)$，如图2.3所示。

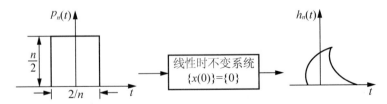

图 2.3 $p_n(t)$ 的零状态响应示意图

显然,由于

$$\delta(t) = \lim_{n \to \infty} p_n(t) \tag{2-83}$$

所以,对于线性时不变系统,其冲激响应

$$h(t) = \lim_{n \to \infty} h_n(t) \tag{2-84}$$

现在考虑任意激励信号 $f(t)$。为了方便,令 $\Delta \tau = \dfrac{2}{n}$。将激励 $f(t)$ 分解为许多宽度为 $\Delta \tau$ 的窄脉冲,如图 2.4 所示。其中第 k 个脉冲出现在 $t = k\Delta \tau$ 时刻,其强度(脉冲下的面积)为 $f(k\Delta \tau)\Delta \tau$。

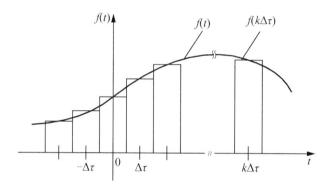

图 2.4 函数 $f(t)$ 分解为窄脉冲

这样,可以将 $f(t)$ 近似地看成是由一系列强度不同、接入时刻不同的窄脉冲组成。所有这些窄脉冲的和近似地等于 $f(t)$,即

$$f(t) \approx \sum_{k=-\infty}^{\infty} f(k\Delta\tau) p_n(t - k\Delta\tau) \Delta\tau \tag{2-85}$$

式中,k 为整数。

如果线性时不变系统在窄脉冲 $p_n(t)$ 作用下的零状态响应为 $h_n(t)$,那么,根据线性时不变系统的零状态线性性质和激励与响应间的时不变特性,在以上一系列窄脉冲作用下,系统的零状态响应近似为

$$y_{zs}(t) \approx \sum_{k=-\infty}^{\infty} f(k\Delta\tau) h_n(t - k\Delta\tau) \Delta\tau \tag{2-86}$$

在 $\Delta\tau \to 0$(即 $n \to 0$)的极限情况下,将 $\Delta\tau$ 写为 $d\tau$,$k\Delta\tau$ 写为 τ,它是时间变量,同时求和符号改写为积分符号。

利用式(2-83)和式(2-84),则 $f(t)$ 和 $y_{zs}(t)$ 可写为

$$f(t) = \int_{-\infty}^{\infty} f(\tau) \delta(t-\tau) d\tau \tag{2-87}$$

$$y_{zs}(t) = \int_{-\infty}^{\infty} f(\tau) h(t-\tau) d\tau \tag{2-88}$$

它们称为卷积积分。式(2-88)表明,线性时不变系统的零状态响应 $y_{zs}(t)$ 是激励 $f(t)$ 与冲激响应 $h(t)$ 的卷积积分。

在系统问题分析中,人们往往更关注系统零状态响应的求解。除了通过列写微分方

程、结合零状态条件求解系统的零状态响应以外,更重要的一种时域求零状态响应的方法是卷积积分法。图 2.5 简明地给出了这种零状态响应方法的清晰概念与基本求解过程。

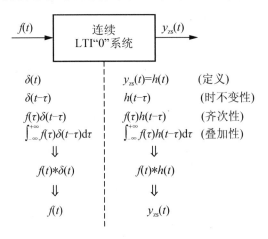

图 2.5 零状态响应求解的基本过程

一般而言,如有两个函数 $f_1(t)$ 和 $f_2(t)$,则定义卷积积分

$$f(t) = \int_{-\infty}^{\infty} f_1(\tau) f_2(t-\tau) \mathrm{d}\tau \qquad (2-89)$$

为 $f_1(t)$ 和 $f_2(t)$ 的卷积积分,简称卷积;记为

$$f(t) = f_1(t) * f_2(t)$$

$$f(t) = f_1(t) * f_2(t) = \int_{-\infty}^{\infty} f_1(\tau) f_2(t-\tau) \mathrm{d}\tau \qquad (2-90)$$

2.3.2 卷积积分的图解

根据卷积积分的定义,积分变量为 τ。$h(t-\tau)$ 说明 $h(\tau)$ 有反转和平移的过程,将 $f(\tau)$ 与 $h(t-\tau)$ 相乘,对其乘积结果积分即可计算出卷积的结果。利用图形做卷积积分运算需要以下五步。

(1) 将 $f(t)$ 和 $h(t)$ 中的自变量由 t 改为 τ,τ 成为函数的自变量。
(2) 将其中一个信号反转,如将 $h(\tau)$ 反转得 $h(-\tau)$。
(3) 将 $h(-\tau)$ 平移 t,成为 $h(t-\tau)$,t 是参变量。$t>0$ 时,图形右移;$t<0$ 时,图形左移。
(4) 将 $f(\tau)$ 与 $h(t-\tau)$ 相乘。
(5) 对乘积后的图形积分。

例 2.12 已知 $f(t) = \mathrm{e}^{-t}\varepsilon(t)$,$h(t) = \varepsilon(t)$,计算 $y(t) = f(t) * h(t)$。

解 (1) 将信号的自变量由 t 改为 τ,如图 2.6(a)、图 2.6(b)所示。
(2) 将 $h(\tau)$ 反转得 $h(-\tau)$,如图 2.6(c)所示。
(3) 将 $h(-\tau)$ 平移 t,根据 $f(\tau)$ 与 $h(t-\tau)$ 的重叠情况,分段讨论如下。

当 $t<0$ 时,$f(\tau)$ 与 $h(t-\tau)$ 的图形没有相遇,如图 2.6(d)所示,此时 $f(\tau)$ 与 $h(t-\tau)$ 的乘积结果为零,故

$$y_{zs}(t) = f(t) * h(t) = \int_{-\infty}^{\infty} f(\tau) h(t-\tau) \mathrm{d}\tau = 0$$

当 $t>0$ 时，$f(\tau)$ 与 $h(t-\tau)$ 的图形相遇，而且随着 t 的增加，其重合区间增大，重合区间为 $(0,t)$，如图 2.6(e)所示，故

$$y_{zs}(t) = f(t)*h(t) = \int_{-\infty}^{\infty} f(\tau)h(t-\tau)\mathrm{d}\tau = \int_{0}^{t} \mathrm{e}^{-\tau}\varepsilon(t-\tau)\mathrm{d}\tau$$

$$= \int_{0}^{t} \mathrm{e}^{-\tau}\mathrm{d}\tau = 1-\mathrm{e}^{-t}, t>0$$

卷积结果如图 2.6(f)所示。

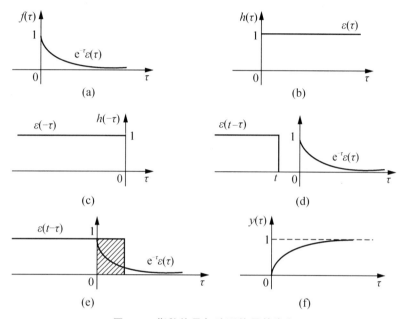

图 2.6 指数信号与阶跃信号的卷积

例 2.13 已知信号 $f(t)$ 和 $h(t)$ 的波形如图 2.7(a)、图 2.7(b)所示，计算 $y(t)=f(t)*h(t)$。

解 首先将 $f(t)$ 和 $h(t)$ 中的自变量 t 改为 τ，如图 2.7(a)、图 2.7(b)所示；再将 $h(\tau)$ 反转平移为 $h(t-\tau)$，如图 2.7(c)所示。然后观察 $f(\tau)$ 与 $h(t-\tau)$ 乘积随着参变量 t 变化而变化的情况，从而将 t 分成不同的区间，分别计算卷积积分的结果。其计算过程如下。

(1) 当 $t<-1$ 时，$h(t-\tau)$ 的波形与 $f(\tau)$ 的波形没有相遇，因此 $f(\tau)h(t-\tau)=0$，故

$$y_{zs}(t) = f(t)*h(t) = \int_{-\infty}^{\infty} f(\tau)h(t-\tau)\mathrm{d}\tau = 0$$

(2) 当 $-1 \leqslant t<0$ 时，$h(t-\tau)$ 的波形与 $f(\tau)$ 的波形相遇，而且随着 t 的增加，其重合区间增大，如图 2.7(d)所示，重合区间为 $(-1,t)$。因此卷积积分的上下限取为 t 与 -1，即有

$$y(t) = f(t)*h(t) = \int_{-\infty}^{\infty} f(\tau)(t-\tau)\mathrm{d}\tau$$

$$= \int_{-1}^{t} 1\times 1 \mathrm{d}\tau = t+1$$

(3) 当 $0 \leqslant t<1$ 时，$h(t-\tau)$ 的波形与 $f(\tau)$ 的波形一直相遇，随着 t 的增加，其重合区间的长度不变，如图 2.7(e)所示，重合区间为 $(-1+t,t)$。因此卷积积分的上下限取为 t 与 $-1+t$，即有

$$y(t) = f(t) * h(t) = \int_{-\infty}^{\infty} f(\tau)(t-\tau)\mathrm{d}\tau$$

$$= \int_{-1+t}^{t} 1 \times 1 \mathrm{d}\tau = 1$$

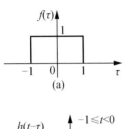
(a)
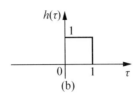
(b)
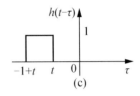
(c)
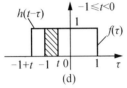
(d)
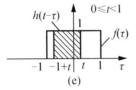
(e)
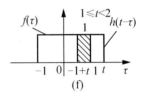
(f)
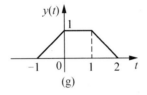
(g)

图 2.7 例 2.13 图解卷积过程

(4) 当 $1 \leqslant t < 2$ 时，$h(t-\tau)$ 的波形与 $f(\tau)$ 的波形继续相遇，但随着 t 的增加，其重合区间逐渐减小，如图 2.7(f) 所示，重合区间为 $(-1+t, 1)$，因此卷积积分的上下限取为 1 与 $-1+t$，即

$$y(t) = f(t) * h(t) = \int_{-\infty}^{\infty} f(\tau)(t-\tau)\mathrm{d}\tau$$

$$= \int_{-1+t}^{1} 1 \times 1 \mathrm{d}\tau = 2 - t$$

(5) 当 $t \geqslant 3$ 时，$h(t-\tau)$ 的波形与 $f(\tau)$ 的波形又不再相遇。此时 $f(\tau)h(t-\tau) = 0$，故

$$y(t) = f(t) * h(t) = \int_{-\infty}^{\infty} f(\tau)h(t-\tau)\mathrm{d}\tau = 0$$

卷积 $y(t) = f(t) * h(t)$ 的各段积分结果如图 2.7(g) 所示。可见两个不等宽的矩形脉冲的卷积为一个等腰梯形。

从以上图形卷积的计算过程可以清楚地看到，卷积积分包括信号的反转、平移、乘积、再积分这 4 个过程，在此过程中关键是确定积分区间与被积函数表达式。卷积结果 $y(t)$ 的起点等于 $f(t)$ 和 $h(t)$ 的起点之和；$y(t)$ 的终点等于 $f(t)$ 和 $h(t)$ 的终点之和。若卷积的两个信号不含有冲激信号或其各阶导数，则卷积的结果必定为一个连续函数，不会出现间断点。此外，反转信号时，尽可能反转较简单的信号，以简化运算过程。

利用卷积的定义，通过信号的函数解析式进行卷积时，对于一些基本信号可以通过查表直接得到，避免直接积分过程的重复与繁杂的计算。常用信号卷积积分表见表 2-3。当然，在利用解析式进行求解信号卷积时，可以利用卷积的一些特性来简化运算。

表 2-3 常用信号的卷积积分

$f_1(t)$	$f_2(t)$	$f_1(t) * f_2(t)$
$\varepsilon(t)$	$\varepsilon(t)$	$t\varepsilon(t)$
$e^{-\alpha t}\varepsilon(t)$	$\varepsilon(t)$	$\dfrac{1}{\alpha}(1-e^{-\alpha t})\varepsilon(t)$
$e^{-\alpha t}\varepsilon(t)$	$e^{-\beta t}\varepsilon(t)$	$\dfrac{1}{\beta-\alpha}(e^{-\alpha t}-e^{-\beta t})\varepsilon(t),\ \beta\neq\alpha$
$e^{-\alpha t}\varepsilon(t)$	$e^{-\alpha t}\varepsilon(t)$	$te^{-\alpha t}\varepsilon(t)$
$t\varepsilon(t)$	$\varepsilon(t)$	$\dfrac{1}{2}t^2\varepsilon(t)$

2.3.3 卷积积分的性质

卷积积分是一种数学运算,它有许多重要的性质(或运算规则),灵活地运用它们能简化卷积运算。

表 2-4 归纳了卷积的主要性质,设 $f(t) = f_1(t) * f_2(t) = \int_{-\infty}^{+\infty} f_1(\tau)f_2(t-\tau)d\tau$。

表 2-4 卷积积分的性质

性质名称	性 质 内 容
代数运算	满足交换律、分配律、结合律: $f_1(t) * f_2(t) = f_2(t) * f_1(t)$ $f_1(t) * [f_2(t)+f_3(t)] = f_1(t) * f_2(t) + f_1(t) * f_3(t)$ $[f(t) * f_1(t)] * f_2(t) = f(t) * [f_1(t) * f_2(t)]$
卷积的微分	$\dfrac{d[f_1(t)*f_2(t)]}{dt} = \dfrac{df_1(t)}{dt} * f_2(t) = f_1(t) * \dfrac{df_2(t)}{dt}$
卷积的积分	$\int_{-\infty}^{t}[f_1(\tau)*f_2(\tau)]d\tau = [\int_{-\infty}^{t}f_1(\tau)d\tau]*f_2(t) = f_1(t)*[\int_{-\infty}^{t}f_2(\tau)d\tau]$
卷积的微积分	$f_1(t) * f_2(t) = \int_{-\infty}^{t}f_1(\tau)d\tau * \dfrac{df_2(t)}{dt} = \dfrac{df_1(t)}{dt} * \int_{-\infty}^{t}f_2(\tau)d\tau$ 注意:前提条件 $f_1(-\infty)=f_2(-\infty)=0$
卷积的延迟	$f_1(t-t_1) * f_2(t-t_2) = f_1(t-t_1-t_2) * f_2(t) = f_1(t) * f_2(t-t_1-t_2)$ $= f(t-t_1-t_2)$
奇异信号卷积	$f(t) * \delta(t) = f(t)$ $f(t) * \varepsilon(t) = \int_{-\infty}^{t}f(\tau)d\tau$ $f(t) * \delta^{(n)}(t) = f^{(n)}(t)$

(续)

性质名称	性质内容
常用信号卷积	$\varepsilon(t) * \varepsilon(t) = t\varepsilon(t)$ $e^{\alpha t}\varepsilon(t) * \varepsilon(t) = \dfrac{1}{\alpha}(e^{\alpha t}-1)\varepsilon(t)$ 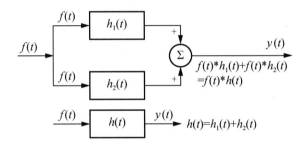

【证明交换律】

交换律说明两信号的卷积积分与次序无关。

分配律表明，子系统级联时，总系统的冲激响应等于各子系统冲激响应之和，如图 2.8 所示。

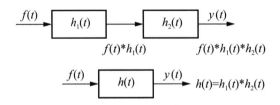

图 2.8 卷积的分配律

结合律表明，子系统级联时，总的冲激响应等于子系统冲激响应的卷积，如图 2.9 所示。

图 2.9 卷积的结合律

卷积积分中最简单的情况是两个函数之一是冲激函数，利用冲激函数的采样性质和卷积运算的交换律可得式(2-91)，表明某函数与冲激函数的卷积就是它本身。

$$f(t) * \delta(t) = \delta(t) * f(t) = f(t) \qquad (2-91)$$

将这个重要性质进一步推广，可得

$$f(t) * \delta(t-t_1) = \delta(t-t_1) * f(t) = f(t-t_1) \qquad (2-92)$$

如令式(2-92)中 $f(t) = \delta(t-t_2)$，则有

$$\delta(t-t_1) * \delta(t-t_2) = \delta(t-t_2) * \delta(t-t_1) = \delta(t-t_1-t_2) \qquad (2-93)$$

此外还有
$$f(t-t_1) * \delta(t-t_2) = f(t-t_2) * \delta(t-t_1) = f(t-t_1-t_2) \tag{2-94}$$
若
$$f(t) = f_1(t) * f_2(t)$$
则
$$f_1(t-t_1) * f_2(t-t_2) = f_1(t-t_2) * f_2(t-t_1) = f(t-t_1-t_2) \tag{2-95}$$

式(2-95)表明，如激励 $f_1(t)$ 作用于冲激响应为 $h(t) = f_2(t)$ 的系统的零状态响应 $y_{zs}(t) = f(t)$，那么延时 t_1 的激励作用于冲激响应延时为 t_2 的系统，与延时为 t_2 的激励作用于冲激响应延时为 t_1 的系统，其零状态响应相同，其延时为 $t_1 + t_2$。

例 2.14 计算卷积积分 $\varepsilon(t+3) * \varepsilon(t-5)$。

解 按照卷积定义式
$$\varepsilon(t+3) * \varepsilon(t-5) = \int_{-\infty}^{\infty} \varepsilon(\tau+3)\varepsilon(t-\tau-5) d\tau$$

考虑到 $\tau < -3$，$\varepsilon(\tau+3) = 0$；$\tau > t-5$，$\varepsilon(t-\tau-5) = 0$，故上式可写为
$$\varepsilon(t+3) * \varepsilon(t-5) = \int_{-3}^{t-5} d\tau = t-2$$

由于积分上限大于下限，故上式适用于 $t-5 \geq -3$ 的区间，即有
$$\varepsilon(t+3) * \varepsilon(t-5) = (t-2)\varepsilon(t-2)$$

也可直接利用 $\varepsilon(t) * \varepsilon(t) = t\varepsilon(t)$，再利用式(2-95)，可得
$$\varepsilon(t+3) * \varepsilon(t-5) = \varepsilon(t) * \varepsilon(t) * \delta(t+3-5) = t\varepsilon(t) * \delta(t-2) = (t-2)\varepsilon(t-2)$$

可见计算结果相同。

例 2.15 $f_1(t)$、$f_2(t)$ 如图 2.10 所示，求 $f_1(t) * f_2(t)$。

解
$$f_1(t) = 2\varepsilon(t) - 2\varepsilon(t-1)$$
$$f_2(t) = \varepsilon(t+1) - \varepsilon(t-1)$$
$$f_1(t) * f_2(t) = 2\varepsilon(t) * \varepsilon(t+1) - 2\varepsilon(t) * \varepsilon(t-1) - 2\varepsilon(t-1) * \varepsilon(t+1) + 2\varepsilon(t-1) * \varepsilon(t-1)$$

由于
$$\varepsilon(t) * \varepsilon(t) = t\varepsilon(t)$$

根据时移特性，有
$$f_1(t) * f_2(t) = 2(t+1)\varepsilon(t+1) - 2(t-1)\varepsilon(t-1) - 2t\varepsilon(t) + 2(t-2)\varepsilon(t-2)$$

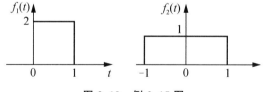

图 2.10 例 2.15 图

例 2.16 图 2.11(a)画出了周期为 T 的周期性单位冲激函数序列，可称为梳状函数，它可用 $\delta_T(t)$ 表示(有些文献用 $comp_T(t)$ 表示)，它可写为
$$\delta_T(t) = \sum_{m=-\infty}^{\infty} \delta(t-mT) \tag{2-96}$$

式中，m 为整数。函数 $f_0(t)$ 如图 2.11(b)所示，试求 $f(t) = f_0(t) * \delta_T(t)$。

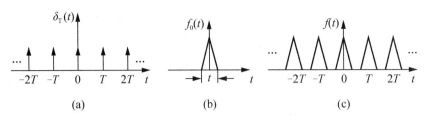

图 2.11 $\delta_T(t)$ 与 $f_0(t)$ 的卷积

解 根据卷积运算的分配律，并应用式(2-92)可得

$$f(t) = f_0(t) * \delta_T(t) = f_0(t) * \Big[\sum_{m=-\infty}^{\infty} \delta(t-mT)\Big]$$

$$= \sum_{m=-\infty}^{\infty} [f_0(t) * \delta(t-mT)] = \sum_{m=-\infty}^{\infty} f_0(t-mT)$$

如果 $f_0(t)$ 的波形（假定其宽度 $\tau < T$）如图 2.11(b)所示，那么 $f_0(t)$ 与 $\delta_T(t)$ 卷积的波形就如图 2.11(c)所示。由图可见，$f_0(t) * \delta_T(t)$ 也是周期为 T 的周期信号，它在每个周期内的波形与 $f_0(t)$ 相同。

例 2.17 $f_1(t)$ 如图 2.12 所示，$f_2(t) = e^{-t}\varepsilon(t)$，求 $f_1(t) * f_2(t)$。

解
$$f_1(t) * f_2(t) = f_1'(t) * f_2^{(-1)}(t)$$
$$f_1'(t) = \delta(t) - \delta(t-2)$$
$$\int_{-\infty}^{t} e^{-\tau}\varepsilon(\tau)d\tau = \Big[\int_0^t e^{-\tau}d\tau\Big]\varepsilon(t) = -e^{-\tau}\Big|_0^t \cdot \varepsilon(t) = (1-e^{-t})\varepsilon(t)$$
$$f_1(t) * f_2(t) = (1-e^{-t})\varepsilon(t) - [1-e^{-(t-2)}]\varepsilon(t-2)$$

图 2.12 例 2.17 中的 $f_1(t)$

例 2.18 求图 2.13 中函数 $f_1(t)$ 与 $f_2(t)$ 的卷积。

解 直接求 $f_1(t)$ 与 $f_2(t)$ 的卷积将比较复杂，如果根据卷积的微积分性质，卷积为

$$f_1(t) * f_2(t) = f_1'(t) * f_2^{(-1)}(t)$$
$$= 2\delta(t-1) * f_2^{(-1)}(t) - 2\delta(t-3) * f_2^{(-1)}(t)$$
$$= 2f_2^{(-1)}(t-1) - 2f_2^{(-1)}(t-3)$$

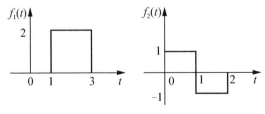

图 2.13 例 2.18 图

其过程如图 2.14 所示。

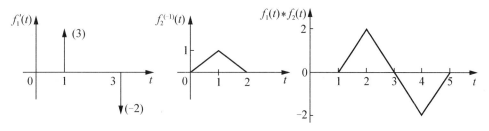

图 2.14 $f_1(t)$ 与 $f_2(t)$ 的卷积运算

2.4 线性时不变离散系统的响应

离散系统分析与连续系统分析在许多方面是相互平行的，它们有许多类似之处。连续系统可用微分方程描述，离散系统可用差分方程描述。差分方程与微分方程的求解方法在很大程度上是相互对应的。

【差分与差分方程的定义】

2.4.1 迭代法

由于描述离散时间系统的差分方程是具有递推关系的代数方程，若已知初始状态和激励，则可以利用迭代法求得差分方程的数值解。

例 2.19 若描述某系统的差分方程为
$$y(k)+3y(k-1)+2y(k-2)=f(k)$$
已知初始条件 $y(0)=0$，$y(1)=2$，激励 $f(k)=2^k\varepsilon(k)$，求 $y(k)$。

解 将差分方程中除 $y(k)$ 以外的各项都移到等号右端，得
$$y(k)=-3y(k-1)-2y(k-2)+f(k)$$
$$k=2 \quad y(2)=-3y(1)-2y(0)+f(2)=-2$$
$$k=3 \quad y(3)=-3y(2)-2y(1)+f(3)=10$$
$$k=4 \quad y(4)=-3y(3)-2y(2)+f(4)=-10$$
$$\vdots$$

可见，用迭代法求解差分方程思路清楚，便于用计算机求解。

例 2.20 已知描述某一阶离散时间线性时不变系统的线性常系数差分方程为
$$y(k)-0.5y(k-1)=\varepsilon(k), \quad k \geqslant 0$$
且已知初始状态 $y(-1)=1$，用迭代法求解差分方程。

解 将差分方程写成
$$y(k)=\varepsilon(k)+0.5y(k-1)$$
代入初始状态，可求得
$$y(0)=\varepsilon(0)+0.5y(-1)=1+0.5\times1=1.5$$
类似地，依次迭代可得

$$y(1) = u(1) + 0.5y(0) = 1 + 0.5 \times 1.5 = 1.75$$
$$y(2) = u(2) + 0.5y(1) = 1 + 0.5 \times 1.75 = 1.875$$
$$\vdots$$

n 阶离散系统(差分方程),已知 n 个初始状态 $\{y(-1), y(-2), \cdots, y(-n)\}$ 和输入时,可用式(2-97)迭代计算系统的输出。

$$y(k) = -\sum_{i=1}^{n} a_i y(k-i) + \sum_{j=0}^{m} b_j f(k-j) \tag{2-97}$$

用迭代法求解差分方程思路清楚,便于编写计算程序,能得到方程的数值解,但不易得到解析形式的解。与连续时间线性时不变系统一样,离散时间线性时不变系统的完全响应也可以看成是初始状态与输入激励分别单独作用于系统产生的响应叠加。其中,由初始状态单独作用产生的输出响应称为零输入响应,记为 $y_{zi}(k)$;而由输入激励单独作用产生的输出响应称为零状态响应,记为 $y_{zs}(k)$。因此,有 $y(k) = y_{zi}(k) + y_{zs}(k)$,即系统的完全响应 $y(k)$ 为零输入响应 $y_{zi}(k)$ 与零状态响应 $y_{zs}(k)$ 之和。

2.4.2 经典法

如果单输入单输出的线性时不变系统的激励为 $f(k)$,其全响应为 $y(k)$,那么描述该系统激励 $f(k)$ 与响应 $y(k)$ 之间的数学模型是 n 阶常系数线性差分方程,可以写为

$$y(k) + a_{n-1} y(k-1) + \cdots + a_0 y(k-n) = b_m f(k) + \cdots + b_0 f(k-m) \tag{2-98}$$

与微分方程经典解类似,$y(k) = y_h(k) + y_p(k)$。

齐次解:由特征根确定。

特解:由方程中激励信号的形式确定。

齐次方程:

$$\sum_{i=0}^{n} a_i y(k-i) = 0 \tag{2-99}$$

特征方程:

$$a_0 + a_1 r^{-1} + \cdots + a_{n-1} r^{-(n-1)} + a_n r^{-n} = 0$$

或

$$a_0 r^n + a_1 r^{n-1} + \cdots + a_{n-1} r + a_n = 0 \tag{2-100}$$

特征方程的根称为特征根,有 n 个特征根 $r_i (i = 1, 2, \cdots, n)$。根据特征根的不同情况,齐次解具有不同形式。

齐次解的具体求法如下。

(1) 当特征根是不等的实根 $r_1, r_2, \cdots, r_n$ 时,齐次解的形式为

$$y_h(k) = C_1 r_1^k + C_2 r_2^k + \cdots + C_n r_n^k \tag{2-101}$$

(2) 当特征根是 n 重实根 r 时,齐次解的形式为

$$y_h(k) = C_1 r^k + C_2 k r^k + \cdots + C_n k^{n-1} r^k \tag{2-102}$$

(3) 当特征根是共轭复根 $r_{1,2} = a \pm jb = \rho e^{\pm j\Omega_0}$ 时,齐次解的形式为

$$y_h(k) = C_1 \rho^k \cos k\Omega_0 + C_2 \rho^k \sin k\Omega_0 \tag{2-103}$$

特解的具体求法如下。

根据激励信号的形式确定特解的形式,例如

$$\left.\begin{array}{l}f(k)=a^k(a \text{ 不是特征根}) \Rightarrow y_p[k]=Aa^k \\ f(k)=a^k(a \text{ 是特征根}) \Rightarrow y_p[k]=Aka^k \\ f(k)=k^n \Rightarrow y_p[k]=A_n k^n+A_{n-1} k^{n-1}+\cdots+A_1 k+A_0 \\ f(k)=a^k k^n \Rightarrow y_p[k]=a^k(A_n k^n+A_{n-1} k^{n-1}+\cdots+A_1 k+A_0)\end{array}\right\} \quad (2-104)$$

例 2.21 系统方程 $y(k)+4y(k-1)+4y(k-2)=f(k)$，已知初始条件 $y(0)=0$，$y(1)=-1$；激励 $f(k)=2^k$，$k \geq 0$。求方程的全解。

解 特征方程为

$$\lambda^2+4\lambda+4=0$$

可解得特征根 $\lambda_1=\lambda_2=-2$，其齐次解

$$y_h(k)=(C_1 k+C_2)(-2)^k$$

特解为

$$y_p(k)=P(2)^k, \quad k \geq 0$$

代入题中差分方程得

$$P(2)^k+4P(2)^{k-1}+4P(2)^{k-2}=f(k)=2^k$$

解得 $P=1/4$，所以得特解

$$y_p(k)=2^{k-2}, \quad k \geq 0$$

故全解为

$$y(k)=y_h+y_p=(C_1 k+C_2)(-2)^k+2^{k-2}, \quad k \geq 0$$

代入初始条件解得

$$C_1=1, \quad C_2=-1/4$$

2.4.3 线性时不变离散系统的零输入响应

当系统的输入激励为零时，仅由系统的初始状态引起的响应称为零输入响应，用 $y_{zi}(k)$ 表示。

零输入响应的求法：当激励为零时，式(2-98)右端为零。根据齐次方程的特征根写出齐次解的形式，再由初始状态可确定零输入响应。

齐次解形式：$C(\lambda)^k$，C 由初始状态定（相当于 0_- 的条件）。

例 2.22 若描述某离散系统的差分方程为

$$y(k)+3y(k-1)+2y(k-2)=f(k)+f(k-1) \quad (2-105)$$

已知 $f(k)=(-2)^k \varepsilon(k)$，初始条件 $y(0)=y(1)=0$，求该系统的零输入响应。

解 零输入响应 $y_{zi}(k)$，即当 $f(k)=0$ 时的解，应满足方程

$$y(k)+3y(k-1)+2y(k-2)=0 \quad (2-106)$$

特征根为 $\lambda^2+3\lambda+2=0$ 的根，即 $\lambda_1=-2$，$\lambda_2=-1$。

零状态响应可写为

$$y_{zi}(k)=C_1(-2)^k+C_2(-1)^k \quad (2-107)$$

根据初始条件，利用迭代法求得 $y(-1)$，$y(-2)$，式(2-105)可写为

$$y(k-2)=-\frac{1}{2}y(k)-\frac{3}{2}y(k-1)+\frac{1}{2}f(k)+\frac{1}{2}f(k-1)$$

解得 $y(-1)=-1/2$，$y(-2)=5/4$，代入式(2-107)中，可求得
$$C_1=-3, C_2=2$$
所以零输入响应为
$$y_{zi}(k)=-3(-2)^k+2(-1)^k$$

2.4.4 线性时不变离散系统的零状态响应

当系统的初始状态为零时，仅由激励所产生的系统输出称为零状态响应，记为 $y_{zs}(k)$。初始状态为 0，即 $y_{zs}(-1)=y_{zs}(-2)=\cdots=0$。在零状态下，式(2-98)仍是非齐次方程。

零状态响应的求法：齐次解+特解。

例 2.23 离散系统方程为
$$y(k)+3y(k-1)+2y(k-2)=f(k)$$
已知激励 $f(k)=2^k$，$k\geqslant 0$，初始状态 $y(-1)=0$，$y(-2)=1/2$，求系统的零输入响应、零状态响应，以及全响应。

解 (1) $y_{zi}(k)$ 满足方程
$$y_{zi}(k)+3y_{zi}(k-1)+2y_{zi}(k-2)=0$$
$$y_{zi}(-1)=y(-1)=0, y_{zi}(-2)=y(-2)=1/2$$
首先递推求出初始值 $y_{zi}(0)$，$y_{zi}(1)$：
$$y_{zi}(k)=-3y_{zi}(k-1)-2y_{zi}(k-2)$$
$$y_{zi}(0)=-3y_{zi}(-1)-2y_{zi}(-2)=-1$$
$$y_{zi}(1)=-3y_{zi}(0)-2y_{zi}(-1)=3$$
特征根为 $\lambda_1=-1$，$\lambda_2=-2$，解为
$$y_{zi}(k)=C_{zi1}(-1)^k+C_{zi2}(-2)^k$$
将初始值代入，并解得
$$C_{zi1}=1, C_{zi2}=-2$$
$$y_{zi}(k)=(-1)^k-2(-2)^k, k\geqslant 0$$
(2) 零状态响应 $y_{zs}(k)$ 满足
$$y_{zs}(k)+3y_{zs}(k-1)+2y_{zs}(k-2)=f(k)$$
$$y_{zs}(-1)=y_{zs}(-2)=0$$
递推求初始值 $y_{zs}(0)$，$y_{zs}(1)$：
$$y_{zs}(k)=-3y_{zs}(k-1)-2y_{zs}(k-2)+2^k, k\geqslant 0$$
$$y_{zs}(0)=-3y_{zs}(-1)-2y_{zs}(-2)+1=1$$
$$y_{zs}(1)=-3y_{zs}(0)-2y_{zs}(-1)+2=-1$$
分别求出齐次解和特解，得
$$y_{zs}(k)=C_{zs}(-1)^k+C_{zs}(-2)^k+y_p(k)$$
$$=C_{zs1}(-1)^k+C_{zs2}(-2)^k+(1/3)2^k$$
代入初始值求得
$$C_{zs1}=-1/3, C_{zs2}=1$$
$$y_{zs}(k)=-(-1)^k/3+(-2)^k+(1/3)2^k, k\geqslant 0$$

(3) 全响应为

$$y(k) = y_{zi}(k) + y_{zs}(k)$$
$$= (-1)^k - 2(-2)^k - (-1)^k/3 + (-2)^k + (1/3)2^k, \quad k \geq 0$$

2.5 离散系统的单位序列响应

单位序列定义为

$$\delta(k) \stackrel{\text{def}}{=} \begin{cases} 1, & k=0 \\ 0, & k \neq 0 \end{cases} \tag{2-108}$$

它只在 $k=0$ 处取值为 1，而在其余各点均为零，如图 2.15(a)所示。单位序列也称为单位样值(或采样)序列或单位脉冲序列。它是离散系统分析中最简单的，也是最重要的序列之一。它在离散时间系统中的作用类似于冲激函数 $\delta(t)$ 在连续时间系统中的作用，因此在不致发生误解的情况下也可称其为单位冲激序列。但是，作为连续时间信号的 $\delta(t)$ 可理解为脉宽趋近于零，幅度趋于无限大的信号；而离散时间信号 $\delta(k)$，其幅度在 $k=0$ 时为有限值，其值为 1。

图 2.15 $\delta(k)$ 与 $\delta(k-i)$ 的图形

若将 $\delta(k)$ 平移 i 位，如图 2.15(b)所示(图中 $i>0$)，得

$$\delta(k-i) \stackrel{\text{def}}{=} \begin{cases} 1, & k=i \\ 0, & k \neq i \end{cases} \tag{2-109}$$

由于 $\delta(k-i)$ 只在 $k=i$ 时其值为 1，而取其他 k 值时为零，故有

$$f(k)\delta(k-i) = f(i)\delta(k-i) \tag{2-110}$$

式(2-110)也可称为 $\delta(k)$ 的采样性质。

单位阶跃序列定义为

$$\varepsilon(k) \stackrel{\text{def}}{=} \begin{cases} 0, & k<0 \\ 1, & k \geq 0 \end{cases} \tag{2-111}$$

它在 $k<0$ 的各点为零，在 $k \geq 0$ 的各点为 1，如图 2.16(a)所示。它类似于连续时间信号中的单位阶跃信号 $\varepsilon(t)$。但应注意，$\varepsilon(t)$ 在 $t=0$ 处发生跃变，在此点常常不予定义(或定义为 1/2)；而单位阶跃信号 $\varepsilon(k)$ 在 $k=0$ 处定义为 1。

若将 $\varepsilon(k)$ 平移 i 位，得

$$\varepsilon(k-i) \stackrel{\text{def}}{=} \begin{cases} 0, & k<i \\ 1, & k \geq i \end{cases} \tag{2-112}$$

如图 2.16(b)所示(图中 $i>0$)。

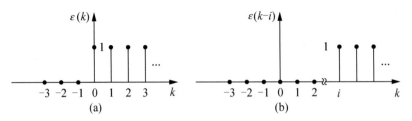

图 2.16　$\varepsilon(k)$ 与 $\varepsilon(k-i)$ 的图形

若有序列

$$f(k)=\begin{cases}2^k, & k\geqslant 2\\ 0, & k<2\end{cases}$$

那么，利用移位的阶跃序列可将 $f(k)$ 表示为

$$f(k)=2^k\varepsilon(k-2)$$

不难看出，单位序列 $\delta(k)$ 与单位阶跃序列 $\varepsilon(k)$ 之间的关系是

$$\delta(k)=\varepsilon(k)-\varepsilon(k-1) \tag{2-113}$$

$$\varepsilon(k)=\sum_{i=-\infty}^{k}\delta(i) \tag{2-114}$$

式中，令 $i=k-j$，则当 $i=-\infty$ 时，$j=\infty$；当 $i=k$ 时，$j=0$，故式(2-114)可写为

$$\varepsilon(k)=\sum_{i=-\infty}^{k}\delta(i)=\sum_{j=\infty}^{0}\delta(k-j)=\sum_{j=0}^{\infty}\delta(k-j)$$

即 $\varepsilon(k)$ 也可写为

$$\varepsilon(k)=\sum_{j=0}^{\infty}\delta(k-j) \tag{2-115}$$

当线性时不变离散系统的激励为单位序列 $\delta(k)$ 时，系统的零状态响应称为单位序列响应（或单位样值响应、单位采样响应），用 $h(k)$ 表示。它的作用与连续系统中的冲激响应 $h(t)$ 相类似。求解系统的单位序列响应可用求解差分方程法。

由于单位序列 $\delta(k)$ 仅在 $k=0$ 处等于 1，而在 $k>0$ 时为零，因而在 $k>0$ 时，系统的单位序列响应与该系统的零输入响应的函数形式相同。这样就将求单位序列响应的问题转化为求差分方程齐次解的问题，而 $k=0$ 处的值 $h(0)$ 可按零状态的条件由差分方程确定。

例 2.24　若离散系统的差分方程为

$$y(k)-0.5y(k-1)=f(k),\ k\geqslant 0 \tag{2-116}$$

求系统的单位序列响应 $h(k)$。

解　单位序列响应 $h(k)$ 满足方程

$$h(k)-0.5h(k-1)=\delta(k),\ k\geqslant 0 \tag{2-117}$$

对于因果系统，有 $\delta(-1)=0 \Rightarrow h(-1)=0$，由迭代法，有

$$h(0)=\delta(0)+0.5h(-1)=1+0=1$$
$$h(1)=\delta(1)+0.5h(0)=0+0.5\times 1=0.5$$
$$h(2)=\delta(2)+0.5h(1)=0+0.5\times 0.5=0.5^2$$
$$\vdots$$

迭代法求系统的单位脉冲响应不易得出解析形式的解。为了能够给出解析解，可采用等

效初始条件法。对于因果系统，单位序列瞬时作用后，其输入变为0，此时描述系统的差分方程为齐次方程，而单位序列对系统的瞬时作用则转化为系统的等效初始条件，这样就将问题转化为求解齐次方程，由此即可得到$h(k)$的解析解。单位脉冲序列的等效初始条件可以根据差分方程的零状态条件$y(-1)=0,\cdots,y(-n)=0$递推求出。下面举例说明这种方法。

例 2.25 若离散时间系统的差分方程为
$$y(k)+3y(k-1)+2y(k-2)=f(k) \quad (2-118)$$
求系统的单位序列响应$h(k)$。

解 单位序列响应$h(k)$满足方程
$$h(k)+3h(k-1)+2h(k-2)=\delta(k) \quad (2-119)$$

（1）求等效初始条件。

由$h(-1)=h(-2)=0$可推出等效初始条件
$$h(0)=\delta(0)-3h(-1)-2h(-2)=1$$
$$h(1)=\delta(1)-3h(0)-2h(-1)=-3$$

选择初始条件的基本原则是必须将$\delta(k)$的作用体现在初始条件中。

（2）求方程的齐次解。

特征根为$r_1=-1$, $r_2=-2$，设齐次解为
$$h(k)=C_1(-1)^k+C_2(-2)^k$$

代入等效初始条件，得$C_1=-1$, $C_2=2$。因此，系统的单位序列响应为
$$h(k)=-(-1)^k+2(-2)^k, \quad k\geqslant 0 \quad (2-120)$$

例 2.26 已知某离散时间系统的差分方程为
$$y(k)-y(k-1)-2y(k-2)=f(k) \quad (2-121)$$
求单位序列响应$h(k)$。

解 根据$h(k)$的定义有
$$h(k)-h(k-1)-2h(k-2)=\delta(k)$$
$$h(-1)=h(-2)=0$$

（1）递推求初始值$h(0)$和$h(1)$。
$$h(k)=h(k-1)+2h(k-2)+\delta(k)$$
$$h(0)=h(-1)+2h(-2)+\delta(0)=1$$
$$h(1)=h(0)+2h(-1)+\delta(1)=1$$

（2）求$h(k)$。

对于$k>0$, $h(k)$满足齐次方程
$$h(k)-h(k-1)-2h(k-2)=0$$

特征方程
$$(\lambda+1)(\lambda-2)=0$$
$$h(k)=C_1(-1)^k+C_2(2)^k, \quad k>0$$
$$h(0)=C_1+C_2=1, \quad h(1)=-C_1+2C_2=1$$

解得
$$C_1=1/3, \quad C_2=2/3$$

$$h(k) = (1/3)(-1)^k + (2/3)(2)^k, \quad k \geq 0$$

或写为

$$h(k) = [(1/3)(-1)^k + (2/3)(2)^k] \varepsilon(k) \tag{2-122}$$

例 2.27 离散时间系统方程为

$$y(k) - y(k-1) - 2y(k-2) = f(k) - f(k-2) \tag{2-123}$$

求单位序列响应 $h(k)$。

解 $h(k)$ 满足

$$h(k) - h(k-1) - 2h(k-2) = \delta(k) - \delta(k-2) \tag{2-124}$$

令只有 $\delta(k)$ 作用时,系统的单位序列响应 $h_1(k)$,它满足

$$h_1(k) - h_1(k-1) - 2h_1(k-2) = \delta(k) \tag{2-125}$$

根据线性时不变性:

$$h(k) = h_1(k) - h_1(k-2)$$
$$= [(1/3)(-1)^k + (2/3)(2)^k] \varepsilon(k) - [(1/3)(-1)^{k-2} + \left(\frac{2}{3}\right)(2)^{k-2}] \varepsilon(k-2)$$

当线性时不变离散系统的激励为单位阶跃序列 $\varepsilon(k)$ 时,系统的零状态响应称为单位阶跃响应或阶跃响应,用 $g(k)$ 表示。若已知系统的差分方程,那么利用经典法可以求得系统的单位阶跃响应 $g(k)$。此外,由式(2-114)、式(2-115)可知

$$\varepsilon(k) = \sum_{i=-\infty}^{k} \delta(i) = \sum_{j=0}^{\infty} \delta(k-j) \tag{2-126}$$

若已知系统的单位序列响应 $h(k)$,根据 LTI 系统的线性性质和移位不变性,系统的阶跃响应为

$$g(k) = \sum_{j=-\infty}^{k} h(i) = \sum_{j=0}^{\infty} h(k-j) \tag{2-127}$$

类似地,由于

$$\delta(k) = \varepsilon(k) - \varepsilon(k-1) \tag{2-128}$$

若已知系统的阶跃响应为 $g(k)$,那么系统的单位序列响应为

$$h(k) = g(k) - g(k-1) \tag{2-129}$$

2.6 序列卷积和

本节讨论线性时不变离散系统对任意输入的零状态响应。离散时间信号卷积和是计算离散时间线性时不变系统零状态响应的有力工具,同连续时间信号卷积积分一样重要,下面将详细介绍卷积和的计算与性质。

2.6.1 卷积和的定义

在连续时间线性时不变系统中将激励信号分解为一系列冲激函数,求出各冲激函数单独作用于系统时的冲激响应,然后将这些响应相加就得到系统对于该激励信号的零状态响

应。这个相加的过程表现为求卷积积分。在线性时不变离散系统中，可用与上述大致相同的方法进行分析。由于离散信号本身是一个序列，因此，激励信号分解为单位序列的工作很容易完成。如果系统的单位序列响应为已知，那么也不难求得这个单位序列单独作用于系统的响应。将这些响应相加就得到系统对于该激励信号的零状态响应，这个相加过程表现为求卷积和。

1. 序列的时域分解

任意离散时间序列 $f(k)(k=\cdots,-2,-1,0,1,2,\cdots)$，如图 2.17 所示，可以表示为

$$f(k) = \cdots + f(-1)\delta(k+1) + f(0)\delta(k) + f(1)\delta(k-1) + f(2)\delta(k-2)$$
$$+ \cdots + f(i)\delta(k-i) + \cdots$$
$$= \sum_{i=-\infty}^{\infty} f(i)\delta(k-i) \quad (2-130)$$

图 2.17 离散时间序列

2. 任意序列作用下的零状态响应

线性时不变系统对于任何激励的零状态响应是激励 $f(k)$ 与系统单位序列响应 $h(k)$ 的卷积和，其求解过程如图 2.18 所示。

$$y_{zs}(k) = \sum_{i=-\infty}^{\infty} f(i)h(k-i) = f(k) * h(k) \quad (2-131)$$

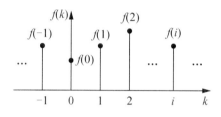

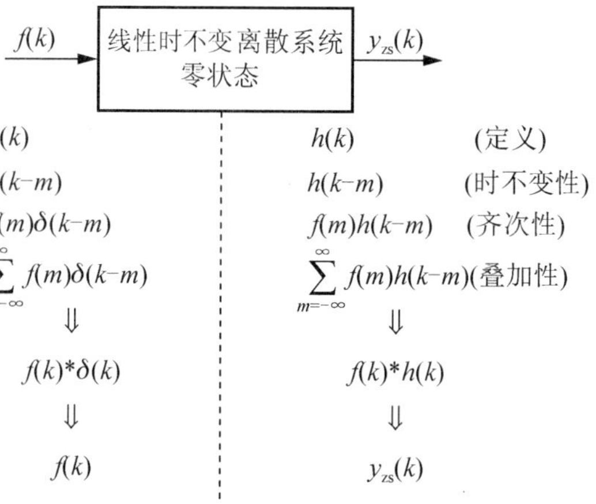

图 2.18 零状态响应的求解基本过程

3. 卷积和的一般定义

已知定义在区间$(-\infty,\infty)$上的两个函数$f_1(k)$和$f_2(k)$，则定义和

$$f(k) = \sum_{i=-\infty}^{\infty} f_1(i) f_2(k-i) \qquad (2-132)$$

为$f_1(k)$和$f_2(k)$的卷积和，简称卷积，记为

$$f(k) = f_1(k) * f_2(k) \qquad (2-133)$$

注意：求和是在虚设的变量i下进行的，i为求和变量，k为参变量。结果仍为k的函数。

2.6.2 卷积和的图解

【卷积的过程】

计算卷积和时，正确地选定参变量k的适用区域以及确定响应的求和上限和下限是十分关键的步骤，这可借助于作图的方法解决。作图法也是求简单序列卷积和的有效方法。

用作图法计算序列$f_1(k)$与$f_2(k)$的卷积和的步骤如下。

(1) 换元：k换为i→得$f_1(i)$，$f_2(i)$。
(2) 反转平移：由$f_2(i)$反转→$f_2(-i)$右移k→$f_2(k-i)$。
(3) 乘积：$f_1(i) f_2(k-i)$。
(4) 求和：i从$-\infty$到∞对乘积项求和。

注意：k为参变量。

下面举例说明卷积和的计算方法。

例 2.28 有两个序列

$$f_1(k) = \begin{cases} k+1, & k=0,1,2 \\ 0, & \text{其余} \end{cases}$$

$$f_2(k) = \begin{cases} 1, & k=0,1,2,3 \\ 0, & \text{其余} \end{cases}$$

求二序列的卷积和$f(k) = f_1(k) * f_2(k)$。

解 将序列$f_1(k)$、$f_2(k)$的自变量换为i，序列$f_1(i)$和$f_2(i)$的图形如图2.19(a)和图2.19(b)所示。将$f_2(i)$反转后，得$f_2(-i)$，如图2.19(c)所示。

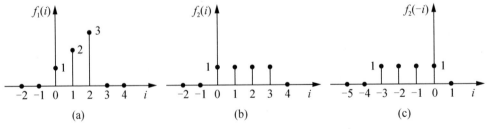

图 2.19 例 2.28 图

由于$f_1(k)$、$f_2(k)$都是因果信号，可逐次令$k=\cdots,-1,0,1,2,\cdots$，计算乘积，并求各乘积之和。其计算过程如图2.20所示。

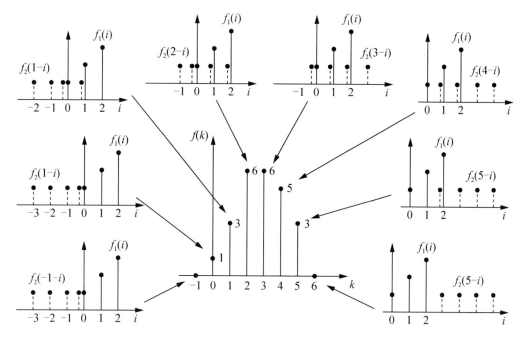

图 2.20　例 2.28 卷积和的计算过程

当 $k<0$ 时
$$f(k) = f_1(k) * f_2(k) = 0$$

当 $k=0$ 时
$$f(0) = \sum_{i=0}^{0} f_1(i) f_2(0-i) = f_1(0) f_2(0) = 1$$

当 $k=1$ 时
$$f(1) = \sum_{i=0}^{1} f_1(i) f_2(1-i) = f_1(0) f_2(1) + f_1(1) f_2(0) = 3$$

如此，依次可得
$$f(2) = f_1(0)f_2(2) + f_1(1)f_2(1) + f_1(2)f_2(0) = 6$$
$$f(3) = f_1(0)f_2(3) + f_1(1)f_2(2) + f_1(2)f_2(1) + f_1(3)f_2(0) = 6$$
$$\vdots$$

计算结果如图 2.20 所示。

2.6.3　卷积和的列表法

利用下述列表法计算卷积和更加简便。

设两个 $f(k)$ 和 $h(k)$ 都是因果序列，则其卷积和为
$$y(k) = f(k) * h(k) = \sum_{n=0}^{k} f(n) \cdot h(k-n), k \geqslant 0$$

当 $k=0$ 时
$$y(0) = f(0)h(0)$$

当 $k=1$ 时

【序列卷积和】

$$y(1)=f(0)h(1)+f(1)h(0)$$

当 $k=2$ 时

$$y(2)=f(2)h(0)+f(1)h(1)+f(0)h(2)$$

$$\vdots$$

列表法：将 $h(k)$ 的值顺序排成一行，将 $f(k)$ 的值顺序排成一列，行与列的交叉点记入相应 $f(k)$ 与 $h(k)$ 的乘积。不难看出，对角斜线上各数值就是 $f(n)h(n-k)$ 的值，对角斜线上各数值的和就是 $y(k)$ 各项的值，求和符号内 $f(i)$ 的序号 i 与 $h(k-i)$ 的序号 $k-i$ 之和恰好等于 k。值得注意的是，列表法只适用于两个有限长序列的卷积，如图 2.21 所示。于是可以求出 $y(k)=\{y(0),y(1),y(2),\cdots\}$。

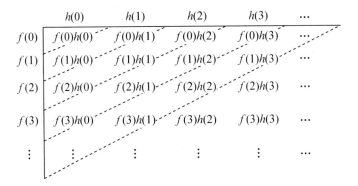

图 2.21　求卷积和的序列阵表

例 2.29　计算 $f(k)$ 和 $h(k)$ 的卷积和，其中

$$f(k)=\{1,2,\overset{\downarrow}{0},3,2\},\quad h(k)=\{1,\overset{\downarrow}{4},2,3\}$$

解　根据列表法有图 2.22，所以

$$y(k)=\{1,6,10,\overset{\downarrow}{10},20,14,13,6\}$$

列表法适用于有限长序列卷积，$y_{zs}(k)$ 的元素个数如何求？

$f(k)$ 序列：$n_1 \leqslant k \leqslant n_2$

$h(k)$ 序列：$n_3 \leqslant k \leqslant n_4$

则 $y_{zs}(k)$ 序列：$(n_1+n_3) \leqslant k \leqslant (n_2+n_4)$

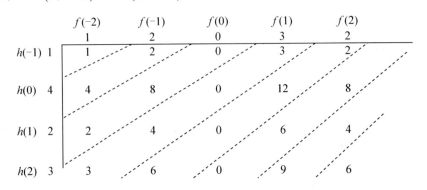

图 2.22　列表法求解例 2.29 用表

例如，$f(k)$：$0 \leqslant k \leqslant 3$　4个元素

$h(k)$：$0 \leqslant k \leqslant 4$　5个元素

$y_{zs}(k)$：$0 \leqslant k \leqslant 7$　8个元素

2.6.4 卷积和的性质

表2-5归纳了卷积和的主要性质，设 $f(k)=f_1(k)*f_2(k)=\sum_{m=-\infty}^{\infty}f_1(m)f_2(k-m)$。

表 2-5 卷积和的主要性质

性　　质	性 质 内 容
代数运算	满足交换律、结合律、分配律
卷积和的差分	$\nabla[f_1(k)*f_2(k)] = [\nabla f_1(k)]*f_2(k)=f_1(k)*[\nabla f_2(k)]$
卷积和的差分、累加	$\sum_{m=-\infty}^{k}[f_1(m)*f_2(m)]=[\sum_{m=-\infty}^{k}f_1(m)]*f_2(k)=f_1(k)*[\sum_{m=-\infty}^{k}f_2(m)]$ 注意：前提条件 $f_1(-\infty)=f_2(-\infty)=0$
卷积和的延迟	$f_1(k-k_1)*f_2(k-k_2)=f_1(k-k_1-k_2)*f_2(k)$ $=f_1(k)*f_2(k-k_1-k_2)=f(k-k_1-k_2)$
奇异信号卷积和	$f(k)*\delta(k)=f(k)$，$f(k)*\delta(k-k_0)=f(k-k_0)$ $f(k)*\varepsilon(k)=\sum_{m=-\infty}^{k}f(m)$
常用信号卷积和	$\varepsilon(k)*\varepsilon(k)=(k+1)\varepsilon(k)$

例 2.30 复合系统中 $h_1(k)=\varepsilon(k)$，$h_2(k)=\varepsilon(k-5)$，求复合系统的单位序列响应 $h(k)$。

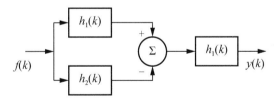

图 2.23　例 2.30 复合系统示意图

解　根据 $h(k)$ 的定义，有

$$h(k)=[\delta(k)*h_1(k)-\delta(k)*h_2(k)]*h_1(k)$$
$$=[h_1(k)-h_2(k)]*h_1(k)$$
$$=h_1(k)*h_1(k)-h_2(k)*h_1(k)$$
$$=\varepsilon(k)*\varepsilon(k)-\varepsilon(k-5)*\varepsilon(k)$$
$$=(k+1)\varepsilon(k)-(k+1-5)\varepsilon(k-5)$$
$$=(k+1)\varepsilon(k)-(k-4)\varepsilon(k-5)$$

例 2.31 用位移特性计算 $f(k)$ 和 $h(k)$ 的卷积和，其中

$$f(k)=\{1,0,\overset{\downarrow}{2},4\},\quad h(k)=\{1,\overset{\downarrow}{4},5,3\}$$

解 $f(k)$ 可用单位序列表示为

$$f(k)=\delta(k+2)+2\delta(k)+4\delta(k-1)$$

利用位移特性

$$f(k)*h(k)=\{\delta(k+2)+2\delta(k)+4\delta(k-1)\}*h(k)$$
$$=h(k+2)+2h(k)+4h(k-1)$$

因此，有

$$y(k)=f(k)*h(k)=\{1,4,7,\overset{\downarrow}{15},26,26,12\}$$

小　结

本章首先介绍了如何使用经典时域分析方法求解连续时间线性时不变系统零输入响应、零状态响应，以及全响应，引入了冲激响应概念，并利用卷积积分求解连续时间线性时不变系统的零状态响应；然后介绍了如何使用经典时域分析方法求解离散时间线性时不变系统的零输入响应、零状态响应，以及全响应；引入了单位序列响应概念，并利用卷积和求解离散时间线性时不变系统的零状态响应。

习　题　二

2.1　已知描述系统的微分方程和初始状态如下，试求其零输入响应。

(1) $y''(t)+5y'(t)+6y(t)=f(t)$，$y(0_-)=1$，$y'(0_-)=-1$

(2) $y''(t)+2y'(t)+5y(t)=f(t)$，$y(0_-)=2$，$y'(0_-)=-2$

(3) $y''(t)+2y'(t)+y(t)=f(t)$，$y(0_-)=2$，$y'(0_-)=1$

2.2　已知描述系统的微分方程和初始状态如下，试求其 0_+ 初始值。

(1) $y''(t)+3y'(t)+2y(t)=f(t)$，$y(0_-)=1$，$y'(0_-)=1$，$f(t)=\varepsilon(t)$

(2) $y''(t)+4y'(t)+3y(t)=f''(t)+f(t)$，$y(0_-)=2$，$y'(0_-)=-2$，$f(t)=\delta(t)$

2.3　已知描述系统的微分方程和初始状态如下，试求其零输入响应、零状态响应和完全响应。

(1) $y''(t)+4y'(t)+3y(t)=f(t)$，$y(0_-)=y'(0_-)=1$，$f(t)=\varepsilon(t)$

(2) $y''(t)+2y'(t)+2y(t)=f'(t)$，$y(0_-)=0$，$y'(0_-)=1$，$f(t)=\varepsilon(t)$

2.4　如图 2.24 所示的电路，$L=0.2\mathrm{H}$，$C=1\mathrm{F}$，$R=0.5\Omega$，输出为 $i_L(t)$，求其冲激响应和阶跃响应。

2.5　描述系统的方程为

$$y''(t)+2y'(t)=f'(t)-f(t)$$

求其冲激响应和阶跃响应。

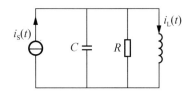

图 2.24 题 2.4 图

2.6 各函数波形如图 2.25 所示，试求下列卷积，并画出波形图。

(1) $f_1(t) * f_2(t)$ (2) $f_1(t) * f_3(t)$ (3) $f_1(t) * f_2(t) * f_2(t)$

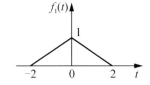 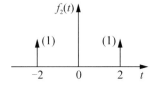 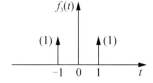

图 2.25 题 2.6 图

2.7 求下列函数的卷积积分 $f_1(t) * f_2(t)$。

(1) $f_1(t) = t\varepsilon(t)$，$f_2(t) = \varepsilon(t)$ (2) $f_1(t) = f_2(t) = e^{-2t}\varepsilon(t)$

(3) $f_1(t) = t\varepsilon(t)$，$f_2(t) = e^{-2t}\varepsilon(t)$ (4) $f_1(t) = t\varepsilon(t-1)$，$f_2(t) = \varepsilon(t+3)$

2.8 已知 $f_1(t) = t\varepsilon(t)$，$f_2(t) = \varepsilon(t) - \varepsilon(t-2)$，求 $y(t) = f_1(t) * f_2(t-1) * \delta'(t-2)$。

2.9 某线性时不变系统的输入信号 $f(t)$ 和其零状态响应 $y_{zs}(t)$ 的波形如图 2.26 所示。

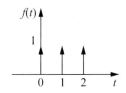 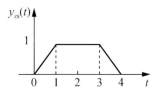

图 2.26 题 2.9 图

(1) 求该系统的冲激响应 $h(t)$。

(2) 用积分器、加法器和延时器 ($T=1s$) 构成该系统。

2.10 试求图 2.27 所示系统的冲激响应。

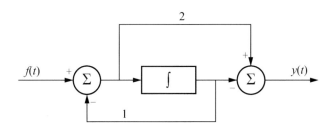

图 2.27 题 2.10 图

2.11 如图 2.28 所示的系统，它由几个子系统组合而成，各个子系统的冲激响应分别为
$$h_a(t)=\delta(t-1)$$
$$h_b(t)=\varepsilon(t)-\varepsilon(t-3)$$
求复合系统的冲激响应 $h(t)$。

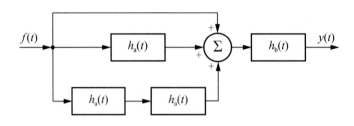

图 2.28　题 2.11 图

2.12 如图 2.29 所示的系统，它由几个子系统所组成，各子系统的冲激响应分别为
$$h_1(t)=\varepsilon(t)（积分器）$$
$$h_2(t)=\delta(t-1)（单位延时）$$
$$h_3(t)=-\delta(t)（倒相器）$$
求复合系统的冲激响应。

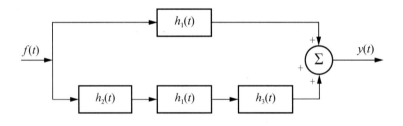

图 2.29　题 2.12 图

2.13 求下列齐次差分方程的解。
(1) $y(k)-0.5y(k-1)=0$，$y(0)=1$
(2) $y(k)+3y(k-1)=0$，$y(1)=1$

2.14 求下列差分方程所描述的线性时不变离散系统的零输入响应。
(1) $y(k)+3y(k-1)+2y(k-2)=f(k)$
　　$y(-1)=0$，$y(-2)=1$
(2) $y(k)+y(k-2)=f(k-2)$
　　$y(-1)=-2$，$y(-2)=-1$

2.15 求下列差分方程所描述的线性时不变离散系统的零输入响应、零状态响应和全响应。
(1) $y(k)-2y(k-1)=f(k)$
　　$f(k)=2\varepsilon(k)$，$y(-1)=-1$

(2) $y(k)+2y(k-1)=f(k)$
$f(k)=(3k+4)\varepsilon(k)$,$y(-1)=-1$

2.16 求下列差分方程所描述的离散系统的单位序列响应。

(1) $y(k)+2y(k-1)=f(k-1)$

(2) $y(k)+y(k-1)+\dfrac{1}{4}y(k-2)=f(k)$

2.17 求图 2.30 所示系统的单位序列响应。

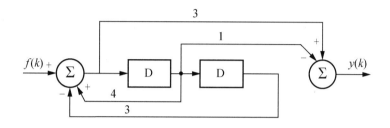

图 2.30 题 2.17 图

2.18 几个序列的图形如图 2.31 所示,求下列卷积和。

(1) $f_1(k)*f_2(k)$ (2) $f_2(k)*f_3(k)$ (3) $(f_2(k)-f_1(k))*f_3(k)$

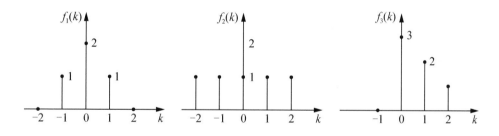

图 2.31 题 2.18 图

2.19 求图 2.32 所示系统的单位序列响应和阶跃响应。

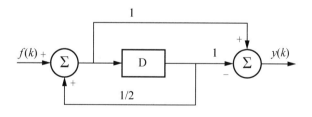

图 2.32 题 2.19 图

2.20 图 2.33 所示离散系统由两个子系统级联组成,已知 $h_1(k)=2\cos\dfrac{k\pi}{4}$,$h_2(k)=a^k\varepsilon(k)$,激励 $f(k)=\delta(k)-a\delta(k-1)$,求该系统的零状态响应 $y_{zs}(k)$。(提示:利用卷积和的结合律和交换律可以简化运算)

图 2.33 题 2.20 图

2.21 图 2.34 所示的复合系统由 3 个子系统组成，它们的单位序列响应分别为 $h_1(k)=\varepsilon(k), h_2(k)=\varepsilon(k-5)$，求符合系统的单位序列响应。

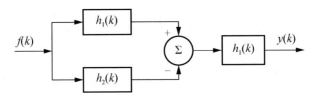

图 2.34 题 2.21 图

第 3 章 傅里叶变换与系统的频域分析

在连续时间系统的时域分析中,讨论了以冲激函数为基本信号,将任意输入信号分解为一系列冲激函数的叠加,从而系统的零状态响应等于输入信号与系统冲激响应的卷积积分。

本章主要讨论连续傅里叶变换和连续系统的频域分析,将以正弦函数或虚指数函数 $e^{j\omega t}$ 为基本信号,任意输入信号可分解为一系列不同频率的正弦函数或虚指数函数之和(对于周期信号)或积分(对于非周期信号)。系统分析使用的独立变量是频率(角频率),故称为频域分析(或傅里叶分析)。

1822 年,法国数学家傅里叶(J. Fourier,1768—1830)在研究热传导理论时发表了《热的分析理论》,提出并证明了将周期函数展开为正弦级数的原理,奠定了傅里叶级数的理论基础。经过一百多年的研究,频域分析法已经成为信号分析与系统设计不可缺少的重要工具。它不仅应用于电子工程及无线电技术领域之中,而且在物理学、声学、光学、结构动力学、数论、组合数学、概率论、统计学、信号处理、密码学、海洋学、通信等领域也都有着广泛的应用。

教学要求

掌握傅里叶系数的计算方法;了解周期信号的奇偶性、谐波性与傅里叶系数的关系。熟记常用信号的傅里叶变换;深入理解傅里叶变换的主要性质;理解采样定理;掌握从采样信号中不失真地恢复原信号的条件;理解幅频特性及相频特性的意义、冲激响应与频响函数的关系;理解不失真传输条件的含义。

重点与难点

1. 周期信号

(1) 傅里叶级数。

(2) 周期信号的频谱。

(3) 周期信号的功率。

2. 非周期信号

(1) 傅里叶变换。

(2) 傅里叶变换的性质。

(3) 周期信号傅里叶变换。

(4) 采样定理。

3. 线性时不变系统的频域分析

(1) 幅频特性及相频特性的求法。

(2) 理解不失真传输条件的含义。

3.1 信号在正交函数集中的分解

如同空间矢量可以分解为正交矢量，在信号空间也可以找到若干个相互正交的基本信号，使得信号空间中任意信号均可表示成它们的线性组合。

3.1.1 正交函数集

定义在 (t_1, t_2) 区间的两个函数 $\varphi_1(t)$ 和 $\varphi_2(t)$，若满足两函数的内积为 0，即

$$\int_{t_1}^{t_2} \varphi_1(t) \varphi_2(t) \mathrm{d}t = 0$$

则称 $\varphi_1(t)$ 和 $\varphi_2(t)$ 在区间 (t_1, t_2) 内正交。正交是直观概念中垂直的推广，垂直一般而言是正交在几何学中的反映。简单起见，函数正交也可以理解为函数之间有垂直的关系。

若 n 个函数 $\varphi_1(t)$，$\varphi_2(t)$，$\cdots$，$\varphi_n(t)$ 构成一个函数集，当这些函数在区间 (t_1, t_2) 内满足

$$\int_{t_1}^{t_2} \varphi_i(t) \varphi_j(t) \mathrm{d}t = \begin{cases} 0, & i \neq j \\ K_i \neq 0, & i = j \end{cases} \tag{3-1}$$

式中，K_i 为常数，则称此函数集为在区间 (t_1, t_2) 的正交函数集。在区间 (t_1, t_2) 内相互正交的 n 个函数构成正交信号空间。

如果在正交函数集 $\{\varphi_1(t), \varphi_2(t), \cdots, \varphi_n(t)\}$ 之外，不存在函数 $\varphi(t)(\neq 0)$ 满足

$$\int_{t_1}^{t_2} \varphi(t) \varphi_i(t) \mathrm{d}t = 0, i = 1, 2, \cdots, n \tag{3-2}$$

则称此函数集为完备正交函数集。

三角函数集 $\{1, \cos \Omega t, \cos 2\Omega t, \cdots, \cos m\Omega t, \cdots, \sin \Omega t, \sin 2\Omega t, \cdots, \sin n\Omega t, \cdots\}$ 在区间 $(t_0, t_0+T)\left(T = \dfrac{2\pi}{\Omega}\right)$ 内是完备的正交函数集。这是因为

$$\int_{t_0}^{t_0+T} \cos m\Omega t \cos n\Omega t \, \mathrm{d}t = \begin{cases} 0, m \neq n \\ \dfrac{T}{2}, m = n \neq 0 \\ T, m = n = 0 \end{cases} \tag{3-3}$$

$$\int_{t_0}^{t_0+T} \sin m\Omega t \sin n\Omega t \, dt = \begin{cases} 0, m \neq n \\ \dfrac{T}{2}, m = n \neq 0 \end{cases} \quad (3-4)$$

$$\int_{t_0}^{t_0+T} \sin m\Omega t \cos n\Omega t \, dt = 0, \text{对所有的 } m \text{ 和 } n \quad (3-5)$$

即三角函数集满足式(3-1)，因而是正交函数集。至于其完备性这里不进行讨论。

集合 $\{\sin \Omega t, \sin 2\Omega t, \cdots, \sin n\Omega t, \cdots\}$ 在区间 $(t_0, t_0+T)\left(T=\dfrac{2\pi}{\Omega}\right)$ 内也是正交函数集，但它不是完备的，因为还有许多函数，如 $\cos \Omega t$, $\cos 2\Omega t$, … 也与此集合中的函数正交。

如果是复函数集，正交是指若复函数集 $\{\varphi_i(t), i=1, 2, \cdots, n\}$ 在区间 (t_1, t_2) 内满足

$$\int_{t_1}^{t_2} \varphi_i(t)\varphi_j^*(t) \, dt = \begin{cases} 0, i \neq j \\ K_i, i = j \end{cases} \quad (3-6)$$

则称此复函数集为正交函数集。式中，$\varphi_j^*(t)$ 为函数 $\varphi_j(t)$ 的共轭复数。

由欧拉公式可知，虚指数函数集 $\{e^{jn\Omega t}, n=0, \pm 1, \pm 2, \cdots\}$ 在区间 $(t_0, t_0+T)\left(T=\dfrac{2\pi}{\Omega}\right)$ 内也构成完备的正交函数集。它在区间 (t_0, t_0+T) 内满足

$$\int_{t_0}^{t_0+T} e^{jm\Omega t}(e^{jn\Omega t})^* \, dt = \int_{t_0}^{t_0+T} e^{j(m-n)\Omega t} \, dt = \begin{cases} 0, m \neq n \\ T, m = n \end{cases} \quad (3-7)$$

此外，沃尔什(Walsh)函数集、小波(Wavelet)函数集也可构成完备的正交函数集。

3.1.2 信号的正交分解

设 n 个函数 $\varphi_1(t), \varphi_2(t), \cdots, \varphi_n(t)$ 在区间 (t_1, t_2) 构成一个正交函数空间。将任意函数 $f(t)$ 用这 n 个正交函数的线性组合来近似，可表示为

$$f(t) \approx C_1\varphi_1(t) + C_2\varphi_2(t) + \cdots + C_n\varphi_n(t) = \sum_{j=1}^{n} C_j\varphi_j(t) \quad (3-8)$$

这里的问题是：如何选择各系数 C_j 使 $f(t)$ 与近似函数之间误差在区间 (t_1, t_2) 内为最小，即取得最佳近似。这里的"误差最小"不是指平均误差最小，因为在平均误差最小甚至为零时，也可能有较大的正误差和负误差在平均过程中相互抵消，以致不能正确反映两函数的近似程度。通常选择误差的均方值(或称方均值、均方误差)最小。均方值用符号 $\overline{\varepsilon^2}$ 表示：

$$\overline{\varepsilon^2} = \frac{1}{t_2-t_1} \int_{t_1}^{t_2} \left[f(t) - \sum_{j=1}^{n} C_j\varphi_j(t)\right]^2 dt \quad (3-9)$$

在 $j=1, 2, \cdots, i, \cdots, n$ 中，为求得使均方误差最小的第 i 个系数 C_i，必须使

$$\frac{\partial \overline{\varepsilon^2}}{\partial C_i} = \frac{\partial}{\partial C_i} \int_{t_1}^{t_2} \left[f(t) - \sum_{j=1}^{n} C_j\varphi_j(t)\right]^2 dt = 0 \quad (3-10)$$

展开式(3-10)中的被积函数并求导。因为序号不同的正交函数相乘的各项，其积分为零，而且所有不包含 C_i 的各项对 C_i 求导也等于零，所以式(3-10)中只有两项不为零，写为

$$\frac{\partial}{\partial C_i} \int_{t_1}^{t_2} [-2C_i f(t)\varphi_i(t) + C_i^2 \varphi_i^2(t)] dt = 0$$

交换微分与积分次序得

$$-2\int_{t_1}^{t_2} f(t)\varphi_i(t) dt + 2C_i \int_{t_1}^{t_2} \varphi_i^2(t) dt = 0$$

于是求得系数

$$C_i = \frac{\int_{t_1}^{t_2} f(t)\varphi_i(t) dt}{\int_{t_1}^{t_2} \varphi_i^2(t) dt} = \frac{1}{K_i} \int_{t_1}^{t_2} f(t)\varphi_i(t) dt \tag{3-11}$$

式中

$$K_i = \int_{t_1}^{t_2} \varphi_i^2(t) dt \tag{3-12}$$

式(3-11)就是满足最小均方误差条件下,式(3-8)中各系数 C_i 的求解式。此时,$f(t)$ 能获得最佳近似。

将按式(3-11)求得的系数 C_i 代入式(3-9),得最佳近似条件下的均方值为

$$\overline{\varepsilon^2} = \frac{1}{t_2 - t_1} \int_{t_1}^{t_2} \left[f(t) - \sum_{j=1}^{n} C_j \varphi_j(t)\right]^2 dt$$

$$= \frac{1}{t_2 - t_1} \left[\int_{t_1}^{t_2} f^2(t) dt + \sum_{j=1}^{n} C_j^2 \int_{t_1}^{t_2} \varphi_j^2(t) dt - 2\sum_{j=1}^{n} C_j \int_{t_1}^{t_2} f(t)\varphi_j(t) dt\right]$$

考虑到 $\int_{t_1}^{t_2} \varphi_j^2(t) dt = K_j$,$C_j = \frac{1}{K_j} \int_{t_1}^{t_2} f(t)\varphi_j(t) dt$,得

$$\overline{\varepsilon^2} = \frac{1}{t_2 - t_1} \left[\int_{t_1}^{t_2} f^2(t) dt + \sum_{j=1}^{n} C_j^2 K_j - 2\sum_{j=1}^{n} C_j^2 K_j\right] \tag{3-13}$$

$$= \frac{1}{t_2 - t_1} \left[\int_{t_1}^{t_2} f^2(t) dt - \sum_{j=1}^{n} C_j^2 K_j\right]$$

利用式(3-13)可直接求得在给定项数 n 条件下的最小均方值。

由式(3-13)可见,在用正交函数去近似 $f(t)$ 时,所取的项数越多,即 n 越大,则均方误差越小。当 $n \to \infty$ 时(为完备正交函数集),$\overline{\varepsilon^2} = 0$。此时有

$$\int_{t_1}^{t_2} f^2(t) dt = \sum_{j=1}^{\infty} C_j^2 K_j \tag{3-14}$$

式(3-14)称为帕斯瓦尔(Parseval)方程。

如果信号 $f(t)$ 是电压或电流,那么式(3-14)等号左端是信号在 (t_1, t_2) 区间的能量,等号右端是在 (t_1, t_2) 区间各正交分量的能量之和。式(3-14)表明:在区间 (t_1, t_2) 信号 $f(t)$ 所含能量恒等于 $f(t)$ 在完备正交函数集中分解的各正交分量能量的总和。

这样,当 $n \to \infty$ 时,式(3-8)可写为

$$f(t) = \sum_{j=1}^{\infty} C_j \varphi_j(t) \tag{3-15}$$

即函数 $f(t)$ 在区间 (t_1, t_2) 可分解为无穷多项正交函数之和。

第3章 傅里叶变换与系统的频域分析

3.2 周期信号的傅里叶级数

由 3.1 节中式(3-15)可知，周期信号 $f(t)$ 在区间 (t_0, t_0+T) 可以展开成在完备正交函数空间中的无穷级数。如果完备的正交函数集是三角函数集或指数函数集，那么，周期信号所展开的无穷级数就分别称为"三角形式的傅里叶级数"或"指数形式的傅里叶级数"，统称傅里叶级数。

需要指出，只有当周期信号满足狄里赫利(Dirichlet)条件，即在一个周期内满足以下两点。

(1) 连续或只有有限个第一类间断点。

(2) 只有有限个极大值或极小值点。

这样才能展开成傅里叶级数。一般来说，实际工程中所使用的周期信号都满足狄里赫利条件，均可展为傅里叶级数。

【傅里叶级数的起源】

3.2.1 三角形式的傅里叶级数

【三角傅里叶级数】

设周期信号 $f(t)$，其周期为 T，角频率 $\Omega = \dfrac{2\pi}{T}$，若满足狄里赫利条件，则 $f(t)$ 可分解为如下三角函数形式的傅里叶级数。

$$f(t) = \frac{a_0}{2} + a_1\cos\Omega t + a_2\cos 2\Omega t + \cdots + b_1\sin\Omega t + b_2\sin 2\Omega t + \cdots$$

$$= \frac{a_0}{2} + \sum_{n=1}^{\infty} a_n\cos n\Omega t + \sum_{n=1}^{\infty} b_n\sin n\Omega t \qquad (3-16)$$

式(3-16)中的系数 a_n 和 b_n 称为傅里叶系数，其计算公式分别为

$$a_n = \frac{2}{T}\int_{-\frac{T}{2}}^{\frac{T}{2}} f(t)\cos n\Omega t\,\mathrm{d}t, \quad n=0,1,2,\cdots \qquad (3-17)$$

$$b_n = \frac{2}{T}\int_{-\frac{T}{2}}^{\frac{T}{2}} f(t)\sin n\Omega t\,\mathrm{d}t, \quad n=1,2,\cdots \qquad (3-18)$$

式中，T 为 $f(t)$ 的周期，$\Omega = \dfrac{2\pi}{T}$ 为 $f(t)$ 的角频率。式(3-17)和式(3-18)中的积分上下限也可取 0 到 T。积分上下限是取 $-\dfrac{T}{2}$ 到 $\dfrac{T}{2}$ 还是 0 到 T，可根据 $f(t)$ 的函数形式(或波形)以怎样求解系数简便来确定。由式(3-17)和式(3-18)可见，傅里叶系数 a_n 和 b_n 都是关于 n (或 $n\Omega$)的函数。其中，a_n 是关于 n (或 $n\Omega$)的偶函数，即 $a_{-n} = a_n$；而 b_n 是关于 n (或 $n\Omega$)的奇函数，即 $b_{-n} = -b_n$。

将式(3-16)中同频率的余弦函数项和正弦函数项合并为带有初相位的余弦函数项，则三角形式的傅里叶级数可改写为如下形式

$$f(t) = \frac{A_0}{2} + A_1\cos(\Omega t + \varphi_1) + A_2\cos(2\Omega t + \varphi_2) + \cdots$$

$$= \frac{A_0}{2} + \sum_{n=1}^{\infty} A_n\cos(n\Omega t + \varphi_n) \qquad (3-19)$$

式中

$$A_0 = a_0 \\ A_n = \sqrt{a_n^2 + b_n^2}, \quad n = 1, 2, \cdots \\ \varphi_n = -\arctan\left(\frac{b_n}{a_n}\right)$$ (3-20)

反过来，如将式(3-19)的形式化为式(3-16)，则又可得

$$a_0 = A_0 \\ a_n = A_n \cos \varphi_n, \quad n = 1, 2, \cdots \\ b_n = -A_n \sin \varphi_n$$ (3-21)

由式(3-20)可见，A_n 是关于 n（或 $n\Omega$）的偶函数，即 $A_{-n} = A_n$；而 φ_n 是关于 n（或 $n\Omega$）的奇函数，即 $\varphi_{-n} = -\varphi_n$。

式(3-19)是傅里叶级数三角函数形式的另一种表示式，它表明任何满足狄里赫利条件的周期信号可以分解为直流和许多余弦分量之和。其中第一项 $\frac{A_0}{2}$ 是常数项，它是周期信号 $f(t)$ 中所包含的直流分量，也是 $f(t)$ 在一个周期内的平均值；式中第二项 $A_1 \cos(\Omega t + \varphi_1)$ 称为基波或一次谐波，它的角频率与原周期信号相同；式中第三项 $A_2 \cos(2\Omega t + \varphi_2)$ 称为二次谐波，它的角频率是基波角频率的两倍；依此类推，还有三次、四次、……谐波。一般而言，$A_n \cos(n\Omega t + \varphi_n)$ 称为 n 次谐波。式(3-19)表明，周期信号可以分解为各次谐波分量之和（直流分量可看成是零次谐波）。

例 3.1 将图 3.1 所示的周期方波信号 $f(t)$ 展开为傅里叶级数。

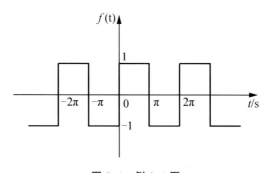

图 3.1　例 3.1 图

解　由图可知，该周期信号 $f(t)$ 的周期为 $T = 2\pi(\text{s})$，角频率 $\Omega = \frac{2\pi}{T} = 1(\text{rad/s})$。根据式(3-17)和式(3-18)可得

$$a_n = \frac{2}{T} \int_{-\frac{T}{2}}^{\frac{T}{2}} f(t) \cos n\Omega t \, dt$$

$$= \frac{1}{\pi} \int_{-\pi}^{0} (-1) \cdot \cos nt \, dt + \frac{1}{\pi} \int_{0}^{\pi} 1 \cdot \cos nt \, dt$$

$$= \frac{1}{\pi} \cdot \frac{1}{n} [-\sin nt]_{-\pi}^{0} + \frac{1}{\pi} \cdot \frac{1}{n} [\sin nt]_{0}^{\pi}$$

$$= 0 \quad (n = 0, 1, 2, \cdots)$$

$$b_n = \frac{2}{T}\int_{-\frac{T}{2}}^{\frac{T}{2}} f(t)\sin n\Omega t\, dt$$

$$= \frac{1}{\pi}\int_{-\pi}^{0}(-1)\cdot\sin nt\, dt + \frac{1}{\pi}\int_{0}^{\pi} 1\cdot\sin nt\, dt$$

$$= \frac{1}{\pi}\cdot\frac{1}{n}[\cos nt]_{-\pi}^{0} + \frac{1}{\pi}\cdot\frac{1}{n}[-\cos nt]_{0}^{\pi}$$

$$= \frac{2}{n\pi}[1-\cos n\pi]$$

$$= \frac{2}{n\pi}[1-(-1)^n] = \begin{cases} 0, & n=2,4,6,\cdots \\ \dfrac{4}{n\pi}, & n=1,3,5,\cdots \end{cases}$$

代入式(3-16)可得，$f(t)$的傅里叶级数展开式为

$$f(t) = \frac{4}{\pi}\left[\sin t + \frac{1}{3}\sin 3t + \frac{1}{5}\sin 5t + \frac{1}{7}\sin 7t + \cdots\right] \tag{3-22}$$

由此可知它只含一、三、五、……奇次谐波分量，其各分量如图 3.2 所示。

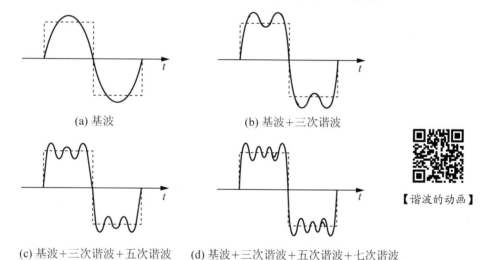

(a) 基波　　(b) 基波+三次谐波

(c) 基波+三次谐波+五次谐波　　(d) 基波+三次谐波+五次谐波+七次谐波

图 3.2　方波的谐波叠加过程

图 3.2 画出了用各次谐波叠加合成图 3.1 所示周期方波的过程情况。由图 3.2 可见，所用谐波分量越多，合成波形越接近于原方波信号。还可以看出，频率较低的谐波其振幅较大，它们是组成方波信号的主体；而频率较高的高次谐波振幅较小，它们主要影响合成波形的陡峭程度。

从图 3.2 还可以看出如下现象：合成波形所含谐波分量越多，合成波形中的尖峰越靠近间断点，但尖峰幅度并未明显减小。无论 n 取得多大(只要不是无限大)，该峰值趋于一个常数，约等于跳变值的 8.95%，并从间断点开始以起伏振荡的形式逐渐衰减下去。这种现象称为吉伯斯(Gibbs)现象。

3.2.2　波形的对称性与谐波特性

若周期信号 $f(t)$ 的波形具有某些对称特性，那么，其傅里叶级数中某些系数将等于

零,从而其谐波特性将变得简单。波形的对称性有两类。一类是整周期对称,如偶函数和奇函数;另一类是半周期对称,如奇谐函数和偶谐函数。前者的傅里叶级数展开式中只含有余弦项或正弦项;而后者的傅里叶级数展开式中只含有奇次谐波项或偶次谐波项。

1. $f(t)$ 为偶函数

若函数 $f(t)$ 是时间 t 的偶函数,即 $f(-t)=f(t)$,则其波形关于纵坐标轴对称,如图 3.3 所示。

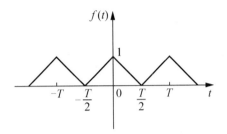

图 3.3 偶函数举例

当 $f(t)$ 是 t 的偶函数时,则式(3-17)、式(3-18)中的被积函数 $f(t)\cos n\Omega t$ 是 t 的偶函数,而 $f(t)\sin n\Omega t$ 是 t 的奇函数。当被积函数为偶函数时,在一个周期内的积分等于其在半个周期内积分再乘以 2;而当被积函数为奇函数时,在一个周期内积分为 0。于是,级数中的系数为

$$\left.\begin{array}{l} a_n = \dfrac{4}{T}\int_0^{\frac{T}{2}} f(t)\cos n\Omega t \, \mathrm{d}t, \; n=0,1,2,\cdots \\ b_n = 0, \; n=1,2,\cdots \end{array}\right\} \quad (3-23)$$

因此,偶函数的傅里叶级数中不含有正弦分量,只可能含有直流分量和余弦分量。需要注意的是,并不是所有的偶函数都存在直流分量。波形是否含有直流分量可以从波形直观地判断:以横坐标轴为界,其波形的上下面积若相等,则无直流分量,否则有直流分量。

2. $f(t)$ 为奇函数

若函数 $f(t)$ 是时间 t 的奇函数,即 $f(-t)=-f(t)$,则其波形关于原点对称,如图 3.4 所示。

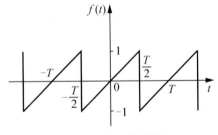

图 3.4 奇函数举例

当 $f(t)$ 是 t 的奇函数时,则式(3-17)、式(3-18)中的被积函数 $f(t)\cos n\Omega t$ 是 t 的奇函数,而 $f(t)\sin n\Omega t$ 是 t 的偶函数。于是,级数中的系数为

$$\left.\begin{aligned}&a_n = 0, \; n = 0,1,2,\cdots \\ &b_n = \frac{4}{T}\int_0^{\frac{T}{2}} f(t)\sin n\Omega t\,\mathrm{d}t, \; n = 1,2,\cdots \end{aligned}\right\} \quad (3-24)$$

因此，奇函数的傅里叶级数中不含有直流分量和余弦分量，只可能含有正弦分量。

实际上，任意函数 $f(t)$ 都可以分解为奇函数和偶函数两部分，即

$$f(t) = f_{\mathrm{od}}(t) + f_{\mathrm{ev}}(t)$$

式中，$f_{\mathrm{od}}(t)$ 为奇函数，满足 $f_{\mathrm{od}}(-t) = -f_{\mathrm{od}}(t)$，$f_{\mathrm{ev}}(t)$ 为偶函数，满足 $f_{\mathrm{ev}}(-t) = f_{\mathrm{ev}}(t)$。

由于 $f(-t) = f_{\mathrm{od}}(-t) + f_{\mathrm{ev}}(-t) = -f_{\mathrm{od}}(t) + f_{\mathrm{ev}}(t)$，所以有

$$\left.\begin{aligned}&f_{\mathrm{od}}(t) = \frac{f(t) - f(-t)}{2} \\ &f_{\mathrm{ev}}(t) = \frac{f(t) + f(-t)}{2}\end{aligned}\right\} \quad (3-25)$$

图 3.5 所示是一个周期锯齿波信号的奇、偶函数分解。

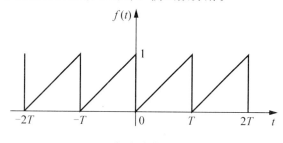

(a) 锯齿波信号

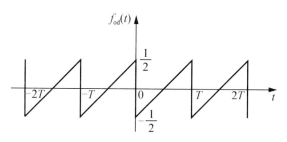

(b) 分解出的奇函数

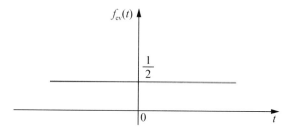

(c) 分解出的偶函数

图 3.5　锯齿波信号的奇、偶函数分解

3. $f(t)$ 为奇谐函数

如果函数 $f(t)$ 的波形沿时间轴向左或向右平移半个周期后,与原波形相对于时间轴对称,即满足 $f\left(t\pm\dfrac{T}{2}\right)=-f(t)$,如图 3.6 所示,则称这种函数为半波对称函数或奇谐函数。

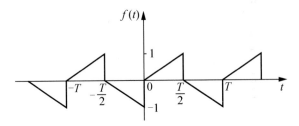

图 3.6 奇谐函数举例

对于奇谐函数,其傅里叶系数为

$$a_0 = \frac{2}{T}\int_{-\frac{T}{2}}^{\frac{T}{2}} f(t)\mathrm{d}t = \frac{2}{T}\left[\int_{-\frac{T}{2}}^{0} f(t)\mathrm{d}t + \int_{0}^{\frac{T}{2}} f(t)\mathrm{d}t\right]$$

$$= \frac{2}{T}\left[\int_{0}^{\frac{T}{2}} f\left(t-\frac{T}{2}\right)\mathrm{d}t + \int_{0}^{\frac{T}{2}} f(t)\mathrm{d}t\right]$$

注意到

$$f\left(t-\frac{T}{2}\right)=-f(t)$$

因此

$$a_0 = \frac{2}{T}\left[-\int_{0}^{\frac{T}{2}} f(t)\mathrm{d}t + \int_{0}^{\frac{T}{2}} f(t)\mathrm{d}t\right] = 0 \tag{3-26}$$

$$a_n = \frac{2}{T}\int_{-\frac{T}{2}}^{\frac{T}{2}} f(t)\cos n\Omega t\,\mathrm{d}t = \frac{2}{T}\left[\int_{-\frac{T}{2}}^{0} f(t)\cos n\Omega t\,\mathrm{d}t + \int_{0}^{\frac{T}{2}} f(t)\cos n\Omega t\,\mathrm{d}t\right]$$

$$= \frac{2}{T}\left[\int_{0}^{\frac{T}{2}} f\left(t-\frac{T}{2}\right)\cos n\Omega\left(t-\frac{T}{2}\right)\mathrm{d}t + \int_{0}^{\frac{T}{2}} f(t)\cos n\Omega t\,\mathrm{d}t\right]$$

注意到

$$f\left(t-\frac{T}{2}\right)=-f(t)$$

$$\cos n\Omega\left(t-\frac{T}{2}\right)=\begin{cases}\cos n\Omega t, & n=2,4,6,\cdots \\ -\cos n\Omega t, & n=1,3,5,\cdots\end{cases}$$

可求出

$$a_n = \begin{cases} 0, & n=2,4,6,\cdots \\ \dfrac{4}{T}\displaystyle\int_{0}^{\frac{T}{2}} f(t)\cos n\Omega t\,\mathrm{d}t, & n=1,3,5,\cdots \end{cases} \tag{3-27}$$

同理可求出

$$b_n = \begin{cases} 0, & n = 2, 4, 6, \cdots \\ \dfrac{4}{T}\int_0^{\frac{T}{2}} f(t)\sin n\Omega t\, \mathrm{d}t, & n = 1, 3, 5, \cdots \end{cases} \qquad (3-28)$$

因此，奇谐函数的傅里叶级数中只含有奇次谐波分量，而不含有直流及偶次谐波分量。

4. $f(t)$ 为偶谐函数

与奇谐函数相对应，如果函数 $f(t)$ 的波形沿时间轴向左或向右平移半个周期后，与原波形完全重合，即满足 $f\left(t \pm \dfrac{T}{2}\right) = f(t)$，则称这种函数为半周期重叠函数或偶谐函数。偶谐函数的一个例子是经过全波整流后的电流，如图 3.7 所示。

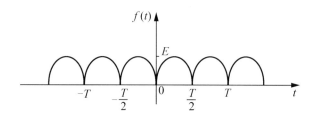

图 3.7 偶谐函数举例

偶谐函数实际上是周期为 $\dfrac{T}{2}$ 的函数，其基波角频率是 $2\pi / \dfrac{T}{2} = 2 \cdot \dfrac{2\pi}{T} = 2\Omega$。因此，按以 T 为周期，即以 $\Omega = \dfrac{2\pi}{T}$ 为基波角频率进行谐波分析，当然就不会存在奇次谐波分量。因此，偶谐函数的傅里叶级数中只可能含有直流分量和偶次谐波分量。

了解了周期信号的奇、偶性和奇谐、偶谐等对称性后，就可以对一些波形的谐波分量迅速地做出判断，并便于迅速计算出傅里叶系数。

例 3.2 将图 3.8(a)所示周期信号展开为三角形式的傅里叶级数。

解 由图 3.8(a)可以看出 $f(t)$ 为偶谐函数，因此它的傅里叶级数中只包含直流分量与偶次谐波分量。并且从图 3.8(a)易观察发现，若将 $f(t)$ 沿纵坐标轴向下平移 $\dfrac{1}{2}$（即从 $f(t)$ 中去掉直流分量 $\dfrac{1}{2}$）后，便成为图 3.8(b)中的 $f_1(t)$。很显然，$f_1(t)$ 是奇函数，$f_1(t)$ 的傅里叶级数中只包含正弦分量。综合以上分析可知，$f(t)$ 的傅里叶级数中只含有直流分量和偶次正弦分量。易知

$$a_0 = \dfrac{1}{2}$$

$$a_n = 0, \quad n = 1, 2, 3, \cdots$$

$$b_n = 0, \quad n = 1, 3, 5, \cdots$$

由式(3-24)并应用部分积分法得

$$b_n = \frac{4}{T}\int_0^{\frac{T}{2}} f(t)\sin n\Omega t\, dt$$

$$= \frac{4}{T}\int_0^{\frac{T}{2}} \left(\frac{2}{T}t - \frac{1}{2}\right)\sin n\Omega t\, dt$$

$$= \frac{4}{T}\int_0^{\frac{T}{2}} \frac{2}{T}t\sin n\Omega t\, dt - \frac{2}{T}\int_0^{\frac{T}{2}}\sin n\Omega t\, dt$$

$$= -\frac{8}{T^2}\int_0^{\frac{T}{2}} \frac{1}{n\Omega}t\, d(\cos n\Omega t) + \frac{2}{T}\left.\frac{\cos n\Omega t}{n\Omega}\right|_0^{\frac{T}{2}}$$

$$= -\frac{8}{T^2 n\Omega}(t\cdot\cos n\Omega t)\Big|_0^{\frac{T}{2}} - \frac{-8}{T^2 n\Omega}\int_0^{\frac{T}{2}}\cos n\Omega t\, dt + 0$$

$$= -\frac{2}{n\pi} - 0 + 0 = -\frac{2}{n\pi},\ n = 2,4,6,\cdots$$

故 $f(t)$ 三角形式的傅里叶级数展开式为

$$f(t) = \frac{1}{2} - \frac{2}{\pi}\left[\frac{1}{2}\sin 2\Omega t + \frac{1}{4}\sin 4\Omega t + \frac{1}{6}\sin 6\Omega t + \frac{1}{8}\sin 8\Omega t + \cdots\right] \quad (3-29)$$

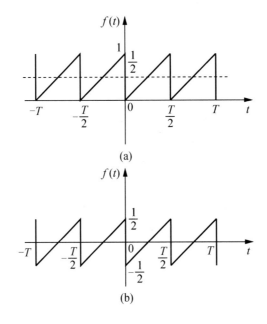

图 3.8　例 3.2 图

3.2.3　指数形式的傅里叶级数

若周期信号 $f(t)$（周期为 T，角频率 $\Omega = \dfrac{2\pi}{T}$）满足狄里赫利条件，则它也可以展开成指数形式的傅里叶级数。

指数形式的傅里叶级数可由三角形式的傅里叶级数推出。根据欧拉公式

$$\cos x = \frac{e^{jx} + e^{-jx}}{2}$$

式(3-19)可以改写为

$$f(t) = \frac{A_0}{2} + \sum_{n=1}^{\infty} \frac{A_n}{2}[e^{j(n\Omega t+\varphi_n)} + e^{-j(n\Omega t+\varphi_n)}]$$

$$= \frac{A_0}{2} + \frac{1}{2}\sum_{n=1}^{\infty} A_n e^{j\varphi_n} e^{jn\Omega t} + \frac{1}{2}\sum_{n=1}^{\infty} A_n e^{-j\varphi_n} e^{-jn\Omega t}$$

将上式中第三项的 n 用 $-n$ 代换，并考虑到 $A_{-n}=A_n$，$\varphi_{-n}=-\varphi_n$，则上式可写为

$$f(t) = \frac{A_0}{2} + \frac{1}{2}\sum_{n=1}^{\infty} A_n e^{j\varphi_n} e^{jn\Omega t} + \frac{1}{2}\sum_{n=-1}^{-\infty} A_{-n} e^{-j\varphi_{-n}} e^{jn\Omega t}$$

$$= \frac{A_0}{2} + \frac{1}{2}\sum_{n=1}^{\infty} A_n e^{j\varphi_n} e^{jn\Omega t} + \frac{1}{2}\sum_{n=-1}^{-\infty} A_n e^{j\varphi_n} e^{jn\Omega t}$$

如将上式中的 A_0 写成 $A_0 e^{j\varphi_0} e^{j0\Omega t}$（其中 $\varphi_0=0$），则上式可写为

$$f(t) = \frac{1}{2}\sum_{n=-\infty}^{\infty} A_n e^{j\varphi_n} e^{jn\Omega t} \tag{3-30}$$

令复数量 $\frac{1}{2}A_n e^{j\varphi_n} = |F_n|e^{j\varphi_n} = F_n$，称其为复傅里叶系数，简称傅里叶系数，其模为 $|F_n|$，辐角为 φ_n，则可得傅里叶级数的指数形式为

$$f(t) = \sum_{n=-\infty}^{\infty} F_n e^{jn\Omega t} \tag{3-31}$$

根据式(3-21)，式(3-31)中傅里叶系数

$$F_n = \frac{1}{2}A_n e^{j\varphi_n} = \frac{1}{2}(A_n\cos\varphi_n + jA_n\sin\varphi_n) = \frac{1}{2}(a_n - jb_n) \tag{3-32}$$

将式(3-17)和式(3-18)代入式(3-32)，可得

$$F_n = \frac{1}{T}\int_{-\frac{T}{2}}^{\frac{T}{2}} f(t)\cos n\Omega t\,dt - j\frac{1}{T}\int_{-\frac{T}{2}}^{\frac{T}{2}} f(t)\sin n\Omega t\,dt$$

$$= \frac{1}{T}\int_{-\frac{T}{2}}^{\frac{T}{2}} f(t)(\cos n\Omega t - j\sin n\Omega t)\,dt \tag{3-33}$$

$$= \frac{1}{T}\int_{-\frac{T}{2}}^{\frac{T}{2}} f(t) e^{-jn\Omega t}\,dt, \quad n=0,\pm 1,\pm 2,\cdots$$

同样地，式(3-33)中的积分上下限也可以取 0 到 T。

由式(3-32)还可求得三角形式的傅里叶级数和指数形式的傅里叶级数系数之间的关系

$$\left.\begin{aligned} F_0 &= A_0/2 = a_0/2 \\ |F_n| &= \frac{1}{2}A_n = \frac{1}{2}\sqrt{a_n^2+b_n^2}, \quad n=\pm 1, \pm 2, \cdots \\ \varphi_n &= \arctan\left(-\frac{b_n}{a_n}\right) \end{aligned}\right\} \tag{3-34}$$

由式(3-34)可见，$|F_n|$ 是关于 n（或 $n\Omega$）的偶函数，即 $|F_{-n}|=|F_n|$；而 φ_n 是关于 n（或 $n\Omega$）的奇函数，即 $\varphi_{-n}=-\varphi_n$。

式(3-31)表明，任意周期信号可分解为许多不同频率的虚指数信号($e^{jn\Omega t}$)之和，其各分量的复振幅为 F_n。

例 3.3 求图 3.9 所示周期信号的指数形式傅里叶级数。

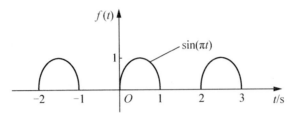

图 3.9 例 3.3 图

解 由图可知，该周期信号的周期 $T=2s$，角频率 $\Omega=\dfrac{2\pi}{T}=\pi(\text{rad/s})$，且有

$$f(t) = \begin{cases} \sin \pi t, & 0<t<1 \\ 0, & -1<t<0 \end{cases}$$

根据式(3-33)，可得

$$\begin{aligned}F_n &= \frac{1}{T}\int_{-\frac{T}{2}}^{\frac{T}{2}} f(t)e^{-jn\Omega t}dt \\ &= \frac{1}{2}\int_{-1}^{1} f(t)e^{-jn\pi t}dt \\ &= \frac{1}{2}\int_{0}^{1} \sin(\pi t)e^{-jn\pi t}dt \\ &= \frac{1+e^{-jn\pi}}{2\pi(1-n^2)}, \quad n=0,\pm1,\pm2,\cdots\end{aligned}$$

故

$$f(t) = \sum_{n=-\infty}^{\infty} F_n e^{jn\Omega t} = \sum_{n=-\infty}^{\infty} \frac{1+e^{-jn\pi}}{2\pi(1-n^2)} e^{jn\Omega t} \tag{3-35}$$

3.2.4 周期信号的平均功率

周期信号一般是功率信号，其平均功率定义为它在 1Ω 电阻上消耗的平均功率，即

$$P = \frac{1}{T}\int_{-\frac{T}{2}}^{\frac{T}{2}} f^2(t)dt \tag{3-36}$$

式中，积分上下限也可以取 0 到 T。

将式(3-16)表示的三角形式的傅里叶级数展开式代入式(3-36)，得

$$P = \frac{1}{T}\int_{-\frac{T}{2}}^{\frac{T}{2}} \left\{\frac{a_0}{2} + \sum_{n=1}^{\infty}(a_n\cos n\Omega t + b_n\sin n\Omega t)\right\}^2 dt \tag{3-37}$$

将式(3-37)中的被积函数展开，在展开式中具有 $\cos n\Omega t$ 形式的余弦项和具有 $\sin n\Omega t$ 形式的正弦项，在一个周期内的积分都等于零；具有 $\cos n\Omega t\cos m\Omega t$ 形式的项和 $\sin n\Omega t\sin m\Omega t$ 形式的项[参见式(3-3)和式(3-4)]，当 $m\neq n$ 时，其积分为零，当 $m=n\neq 0$ 时，其积分值为 $\dfrac{T}{2}$；具有 $\cos n\Omega t\sin m\Omega t$ 形式的项[参见式(3-5)]，其积分都为零。因此，式(3-37)的积分结果为

第3章 傅里叶变换与系统的频域分析

$$P = \left(\frac{a_0}{2}\right)^2 + \frac{1}{2}\sum_{n=1}^{\infty}(a_n^2 + b_n^2) \tag{3-38}$$

根据各种形式的傅里叶系数之间的关系，式(3-38)又可改写为

$$P = \left(\frac{A_0}{2}\right)^2 + \sum_{n=1}^{\infty}\frac{1}{2}A_n^2 = |F_0|^2 + 2\sum_{n=1}^{\infty}|F_n|^2 = \sum_{n=-\infty}^{\infty}|F_n|^2 \tag{3-39}$$

式(3-38)和式(3-39)称为帕斯瓦尔恒等式。它表明，周期信号的平均功率等于其所分解出的直流分量功率与各次谐波功率之和。

例 3.4 试求周期信号 $f(t) = 1 - \frac{1}{2}\cos\left(\frac{\pi}{4}t - \frac{2\pi}{3}\right) + \frac{1}{4}\sin\left(\frac{\pi}{3}t - \frac{\pi}{6}\right)$ 的平均功率。

解 按式(3-39)计算 $f(t)$ 的平均功率为

$$P = 1^2 + \frac{1}{2}\times\left(\frac{1}{2}\right)^2 + \frac{1}{2}\times\left(\frac{1}{4}\right)^2 = \frac{37}{32}(\text{W})$$

3.3 周期信号的频谱

3.3.1 周期信号频谱简介

如前所述，任意满足狄里赫利条件的周期信号均可展开为式(3-16)和式(3-19)所示的三角形式的傅里叶级数，或式(3-31)所示的指数形式的傅里叶级数。这样的一种数学表示式，虽然能完整而准确地表示信号分解的结果，但往往不够直观，不能一目了然。为了能既方便又直观地表示一个信号中含有哪些频率分量、各分量所占的比重怎样，就需要采用一种称为频谱图的表示方法。从广义上说，信号的某种特征量随信号频率变化的关系称为信号的频谱，所画出的图形就称为信号的频谱图。

周期信号的频谱是指周期信号中各分量的幅值、相位随频率的变化关系。根据式(3-19)所示的傅里叶级数的三角形式将各次谐波的振幅 A_n 与 ω 的关系和各次谐波的初相角 φ_n 与 ω 的关系分别画在以 ω 为横轴的平面上得到的两个线图，如图 3.10(a)、图 3.10(c)所示，分别称为幅度频谱图(简称幅度谱)和相位频谱图(简称相位谱)。图中每条竖线代表该频率分量的幅度或初相角，称为谱线。在幅度谱中，连接各谱线顶点的曲线(如图中虚线所示)称为包络线，它反映了各分量幅度随频率变化的情况。因为 $n \geq 0$，所以称这种频谱为单边谱。

类似地，也可按式(3-31)所示的傅里叶级数的指数形式，将各虚指数函数的幅度 $|F_n|$ 与 ω 的关系和各虚指数函数的初相角 φ_n 与 ω 的关系画在以 ω 为横轴的平面上，如图 3.10(b)、图 3.10(d)所示，由于 $-\infty < n < \infty$，所以分别称为双边幅度谱和双边相位谱。在双边谱图中，由于 $|F_n|$ 是关于 n 的偶函数，φ_n 是关于 n 的奇函数，所以双边幅度谱呈偶对称，而双边相位谱呈奇对称。由于 F_n 一般是复函数，所以这种频谱也称为复数频谱(简称复频谱)。实际上，若 F_n 为实数，那么也可用 F_n 的正负来表示相位为 0 或 π 而直接画 F_n 与 ω 的关系，即将幅度谱和相位谱画在一张图上(图 3.14)。

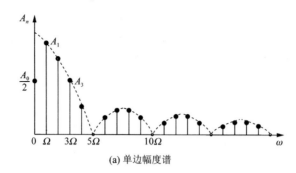
(a) 单边幅度谱

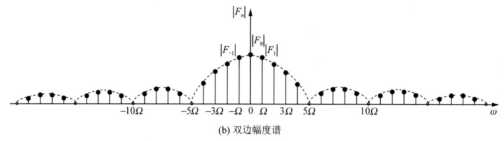
(b) 双边幅度谱

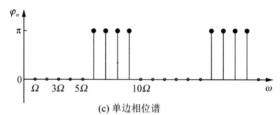
(c) 单边相位谱

【采样信号的频谱】

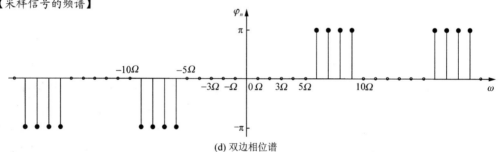
(d) 双边相位谱

图 3.10 周期信号的频谱图示

例 3.5 周期信号 $f(t)=1-\dfrac{1}{2}\cos\left(\dfrac{\pi}{4}t-\dfrac{2\pi}{3}\right)+\dfrac{1}{4}\sin\left(\dfrac{\pi}{3}t-\dfrac{\pi}{6}\right)$，试求该周期信号的基波周期 T、基波角频率 Ω，并画出它的单边频谱图。

解 首先按式（3-19）将 $f(t)$ 改写成傅里叶级数三角形式的标准式，即

$$f(t)=1+\frac{1}{2}\cos\left(\frac{\pi}{4}t-\frac{2\pi}{3}+\pi\right)+\frac{1}{4}\cos\left(\frac{\pi}{3}t-\frac{\pi}{6}-\frac{\pi}{2}\right) \tag{3-40}$$

显然，1 是该信号的直流分量。$\dfrac{1}{2}\cos\left(\dfrac{\pi}{4}t+\dfrac{\pi}{3}\right)$ 的周期 $T_1=8\mathrm{s}$，$\dfrac{1}{4}\cos\left(\dfrac{\pi}{3}t-\dfrac{2\pi}{3}\right)$ 的周期 $T_2=6\mathrm{s}$，所以 $f(t)$ 的周期 $T=24\mathrm{s}$，基波角频率 $\Omega=2\pi/T=\pi/12\,(\mathrm{rad/s})$。

由此可画出如图 3.11 所示的 $f(t)$ 的单边幅度谱、单边相位谱。

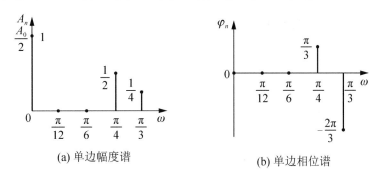

(a) 单边幅度谱　　(b) 单边相位谱

图 3.11　例 3.5 图

例 3.6　试画出周期信号 $f(t)=1+\sin\omega_1 t+2\cos\omega_1 t+\cos\left(2\omega_1 t+\dfrac{\pi}{4}\right)$ 的双边频谱图。

解　将 $f(t)$ 根据欧拉公式整理成式(3-31)所示的傅里叶级数指数形式的标准式，即

$$f(t)=1+\frac{1}{2j}(e^{j\omega_1 t}-e^{-j\omega_1 t})+\frac{2}{2}(e^{j\omega_1 t}+e^{-j\omega_1 t})+\frac{1}{2}[e^{\left(2j\omega_1 t+\frac{\pi}{4}\right)}+e^{-\left(2jn\omega_1 t+\frac{\pi}{4}\right)}]$$

$$=1+\left(1+\frac{1}{2j}\right)e^{j\omega_1 t}+\left(1-\frac{1}{2j}\right)e^{-j\omega_1 t}+\frac{1}{2}e^{j\frac{\pi}{4}}e^{j2\omega_1 t}+\frac{1}{2}e^{-j\frac{\pi}{4}}e^{-j2\omega_1 t}$$

$$=\sum_{n=-2}^{2}F_n e^{jn\omega_1 t}$$

$$(3-41)$$

由此可知

$$F_0=1,\ F_1=\left(1+\frac{1}{2j}\right)=1.12e^{-j0.15\pi},\ F_{-1}=\left(1-\frac{1}{2j}\right)=1.12e^{j0.15\pi}$$

$$F_2=\frac{1}{2}e^{j\frac{\pi}{4}},\ F_{-2}=\frac{1}{2}e^{-j\frac{\pi}{4}}$$

故 $f(t)$ 的双边幅度谱、双边相位谱如图 3.12 所示。

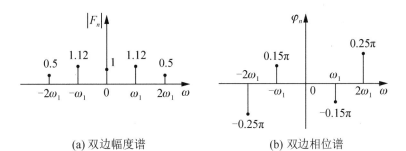

(a) 双边幅度谱　　(b) 双边相位谱

图 3.12　例 3.6 图

通过例 3.5 和例 3.6 可以看出，任何周期信号的频谱都具有如下特点。

(1) 离散性：谱线是离散的而不是连续的，这种频谱称为离散频谱。

(2) 谐波性：谱线只出现在基波角频率 Ω 的整数倍上。

(3) 收敛性：幅度谱的谱线高度随着 $n\to\infty$ 而逐渐衰减为零。

3.3.2 周期矩形脉冲信号的频谱

周期矩形脉冲信号是一种典型的周期信号，其频谱分析应用广泛。下面以它为例来具体讨论周期信号频谱的特点。设周期矩形脉冲信号 $f(t)$ 的幅度为 1，脉冲宽度为 τ，周期为 T，如图 3.13 所示。

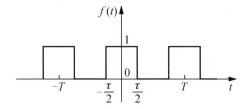

【傅里叶时域尺度变换】

图 3.13 周期矩形脉冲信号

根据式(3-33)可以求得其复傅里叶系数

$$F_n = \frac{1}{T}\int_{-\frac{T}{2}}^{\frac{T}{2}} f(t) e^{-jn\Omega t} dt = \frac{1}{T}\int_{-\frac{\tau}{2}}^{\frac{\tau}{2}} f(t) e^{-jn\Omega t} dt = \frac{1}{T} \cdot \left. \frac{e^{-jn\Omega t}}{-jn\Omega} \right|_{-\frac{\tau}{2}}^{\frac{\tau}{2}}$$

$$= \frac{2}{T} \cdot \frac{\sin\frac{n\Omega\tau}{2}}{n\Omega} = \frac{\tau}{T} \cdot \frac{\sin\frac{n\Omega\tau}{2}}{\frac{n\Omega\tau}{2}} = \frac{\tau}{T} \cdot \frac{\sin\frac{n\pi\tau}{T}}{\frac{n\pi\tau}{T}}, \quad n=0,\pm 1,\pm 2,\cdots \quad (3-42)$$

若令

$$\mathrm{Sa}(x) \stackrel{\text{def}}{=} \frac{\sin x}{x} \quad (3-43)$$

称其为采样函数，可知 $\mathrm{Sa}(x)$ 是关于 x 的偶函数，当 $x\to 0$ 时，$\mathrm{Sa}(x)=1$。

引入采样函数后，式(3-42)可以写为

$$F_n = \frac{\tau}{T}\mathrm{Sa}\left(\frac{n\Omega\tau}{2}\right) = \frac{\tau}{T}\mathrm{Sa}\left(\frac{n\pi\tau}{T}\right), \quad n=0,\pm 1,\pm 2,\cdots \quad (3-44)$$

由于 F_n 为实数，因此可将幅度谱与相位谱合画成一个频谱图。图 3.14 画出了 $T=5\tau$ 的周期矩形脉冲信号的频谱。

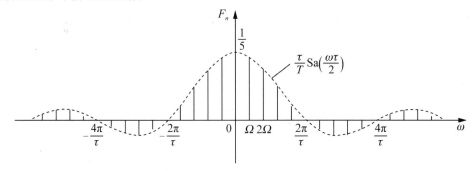

图 3.14 周期矩形脉冲信号的频谱($T=5\tau$)

从图 3.14 所示的频谱图中可以看出以下特点。

(1) 周期矩形脉冲信号的频谱具有一般周期信号频谱的特点。它们的频谱都是离散的，谱线只出现在基波角频率 Ω 的整数倍角频率(即各次谐波角频率)上；相邻谱线的间隔为 $\Omega(=\frac{2\pi}{T})$，与周期 T 成反比，T 越大，谱线越密集，反之越稀疏；谱线高度(各次谐波的振幅)具有收敛性，总趋势减小，当谐波次数无限增大时，谱线高度将趋近于无穷小。

(2) 周期矩形脉冲信号的频谱，其各谱线的幅度包络线按采样函数 $\mathrm{Sa}\left(\frac{\omega\tau}{2}\right)$ 的规律变化。在 $\frac{\omega\tau}{2}=m\pi(m=\pm1, \pm2, \cdots)$ 各处，即 $\omega=\frac{2m\pi}{\tau}$ 的各处，包络为零。

(3) 周期矩形脉冲信号的频谱，角频率 ω 从 0 到第一个零点之间，或任意两个相邻零点之间的谱线数目是由信号的脉宽和周期的比值来决定的。图 3.14 所示的频谱对应的是 $T=5\tau$ 时的情况。由于 $\omega=\frac{2\pi}{\tau}$ 是第一个零点处的角频率，而相邻谱线的间隔 $\Omega=\frac{2\pi}{T}$，所以角频率 ω 在 $\left[0, \frac{2\pi}{\tau}\right]$ 之间共有 $\dfrac{\frac{2\pi}{\tau}}{\Omega}=\frac{T}{\tau}=5$ 个谱线间隔，6 根谱线。因此可以推出，若 $n=\frac{T}{\tau}$，则角频率 ω 从 0 到第一个零点之间或任意两个相邻零点之间(包含两个边界频率点)的谱线数目就为 $n+1$。

(4) 周期矩形脉冲信号的频谱包含无穷多条谱线。也就是说，它可以分解成无穷多个频率分量。由于各分量的幅度随频率的增高而减小，它的主要能量(平均功率)集中在第一个零点($\omega=\frac{2\pi}{\tau}$ 或 $f=\frac{1}{\tau}$)之内。在允许一定失真的条件下，只需传送频率较低的那些分量就够了。通常将 $0\leqslant\omega\leqslant\frac{2\pi}{\tau}(0\leqslant f\leqslant\frac{1}{\tau})$ 这段频率范围称为周期矩形脉冲信号的频带宽度或带宽，记为 B_ω 或 B_f，有

$$B_\omega=\frac{2\pi}{\tau} \tag{3-45}$$

$$B_f=\frac{1}{\tau} \tag{3-46}$$

由式(3-45)和式(3-46)可知，频带宽度与脉冲宽度 τ 成反比关系。这种信号的频带宽度与时间宽度成反比的性质称为时频展缩特性，在后面的 3.5 节中将更详细地讨论它。

顺便指出，对于其他一般的周期信号，通常将幅度下降为 $0.1|F_n|_{\max}$ 的频率区间定义为频带宽度。

(5) 当周期矩形脉冲信号的周期 T 一定，而脉冲宽度 τ 改变时，相邻谱线的间隔保持不变。脉冲宽度越窄，第一个零点处的频率越高，即信号的带宽越宽，两零点之间的谱线数目越多，并且频谱的幅度也相应减小。图 3.15 画出了周期相同、脉冲宽度不同的矩形脉冲信号及其频谱。

(6) 当周期矩形脉冲信号的脉冲宽度 τ 一定，而周期 T 改变时，谱线包络线的零点所在位置保持不变。当周期增长时，相邻谱线的间隔将减小，频谱变密，频谱的幅度也将相应减小。图 3.16 画出了脉冲宽度相同、周期不同的矩形脉冲信号及其频谱。

如果周期 T 无限增长(这时就成为非周期信号),那么,相邻谱线的间隔将趋近于零,各频率分量的幅度也将趋近于无穷小,周期信号的离散频谱就过渡为非周期信号的连续频谱。

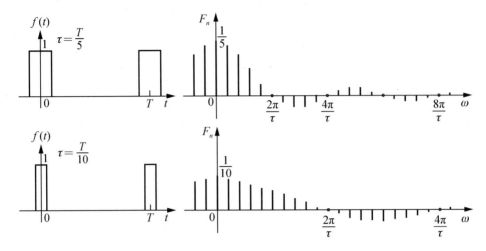

图 3.15　脉冲宽度与频谱的关系

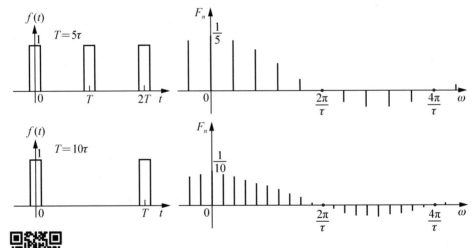

图 3.16　周期与频谱的关系

【离散信号周期到非周期变化】

3.4　非周期信号的频谱

3.4.1　傅里叶变换

当周期矩形脉冲信号的周期 T 趋近于无穷大时,就由周期信号转化为非周期信号。对周期信号而言,其频谱是离散谱,相邻谱线的间隔 $\Omega = \dfrac{2\pi}{T}$。当周期信号的周期 T 趋近于无穷大时,相邻谱线的间隔将趋于无限小,这时就由周期信号的离散频谱变成了非周期信号的连续频谱。同时由式(3-44)可知,各频率分

【连续周期到非周期】

量的幅度也将趋于无穷小，不过，这些无穷小量之间相对大小仍有区别。这样就不能再用 F_n 来表示非周期信号的频谱。为了描述非周期信号的频谱特性，有必要引入一个新的概念。令

$$F(\mathrm{j}\omega) = \lim_{T \to \infty} \frac{F_n}{1/T} = \lim_{T \to \infty} F_n T \tag{3-47}$$

由式(3-47)可知，$F(\mathrm{j}\omega)$ 表示单位频带的复频谱，因此称 $F(\mathrm{j}\omega)$ 为频谱密度函数，这就如同将单位体积内的质量定义为物体的质量密度一样。

由式(3-33)和式(3-31)可得

$$F_n T = \int_{-\frac{T}{2}}^{\frac{T}{2}} f(t) \mathrm{e}^{-\mathrm{j}n\Omega t} \mathrm{d}t \tag{3-48}$$

$$f(t) = \sum_{n=-\infty}^{\infty} F_n T \mathrm{e}^{\mathrm{j}n\Omega t} \frac{1}{T} \tag{3-49}$$

考虑到当周期 $T \to \infty$，$\Omega \to$ 无穷小，故 Ω 可记为 $\mathrm{d}\omega$，$\frac{1}{T} = \frac{\Omega}{2\pi}$ 可记为 $\frac{\mathrm{d}\omega}{2\pi}$，由于 $\Omega \to$ 无穷小，$n\Omega$ 由离散变量变成了连续变量，可记为 ω，同时求和转变为积分。于是，式(3-48)和式(3-49)变成

$$F(\mathrm{j}\omega) = \lim_{T \to \infty} F_n T \stackrel{\text{def}}{=} \int_{-\infty}^{\infty} f(t) \mathrm{e}^{-\mathrm{j}\omega t} \mathrm{d}t \tag{3-50}$$

$$f(t) \stackrel{\text{def}}{=} \frac{1}{2\pi} \int_{-\infty}^{\infty} F(\mathrm{j}\omega) \mathrm{e}^{\mathrm{j}\omega t} \mathrm{d}\omega \tag{3-51}$$

式(3-50)称为傅里叶正变换(积分)，式(3-51)称为傅里叶逆变换(逆变换)，两式合称为傅里叶变换对，它们也可简记为

$$f(t) \leftrightarrow F(\mathrm{j}\omega) \tag{3-52}$$

或

$$F(\mathrm{j}\omega) = \mathscr{F}[f(t)] \tag{3-53}$$

$$f(t) = \mathscr{F}^{-1}[F(\mathrm{j}\omega)] \tag{3-54}$$

$F(\mathrm{j}\omega)$ 称为 $f(t)$ 的傅里叶变换，$f(t)$ 称为 $F(\mathrm{j}\omega)$ 的傅里叶逆变换或原函数。式(3-51)表明，非周期信号可看作是由众多不同频率的虚指数分量 $\mathrm{e}^{\mathrm{j}\omega t}$ 所组成的。

如果上述变换中的自变量不用角频率 ω 而用频率 f，根据 $\omega = 2\pi f$，式(3-50)和式(3-51)可写为

$$F(\mathrm{j}f) \stackrel{\text{def}}{=} \int_{-\infty}^{\infty} f(t) \mathrm{e}^{-\mathrm{j}2\pi f t} \mathrm{d}t \tag{3-55}$$

$$f(t) \stackrel{\text{def}}{=} \int_{-\infty}^{\infty} F(\mathrm{j}\omega) \mathrm{e}^{\mathrm{j}2\pi f t} \mathrm{d}f \tag{3-56}$$

一般地，频谱密度函数 $F(\mathrm{j}\omega)$ 是关于 ω 的复函数，它可写为

$$F(\mathrm{j}\omega) = |F(\mathrm{j}\omega)| \mathrm{e}^{\mathrm{j}\varphi(\omega)} \tag{3-57}$$

式中，$|F(\mathrm{j}\omega)|$ 是频谱密度函数的模，它表示信号 $f(t)$ 中各频率分量的相对大小。而由式(3-51)可知，各频率分量的实际幅度是 $\frac{|F(\mathrm{j}\omega)| \mathrm{d}\omega}{2\pi}$，它是一无穷小量，因此非周期信号的频谱不能再用幅度表示，而要改用密度函数来表示。$\varphi(\omega)$ 是频谱密度函数的辐角，它表示信号 $f(t)$ 中各频率分量的相位关系。可以证明(见 3.5 节)，若 $f(t)$ 是实函数，则

$|F(j\omega)|$ 是关于 ω 的偶函数,即 $|F(-j\omega)|=|F(j\omega)|$;而 $\varphi(\omega)$ 是关于 ω 的奇函数,即 $\varphi(-\omega)=-\varphi(\omega)$。与周期信号的频谱类似,将 $|F(j\omega)|\sim\omega$ 和 $\varphi(\omega)\sim\omega$ 的关系曲线分别称为非周期信号的幅度频谱图(简称幅度谱)和相位频谱图(简称相位谱),它们都是角频率 ω 的连续函数。

与周期信号一样,也可将式(3-51)改写成三角函数形式,即

$$f(t) = \frac{1}{2\pi}\int_{-\infty}^{\infty} F(j\omega)e^{j\omega t}d\omega = \frac{1}{2\pi}\int_{-\infty}^{\infty}|F(j\omega)|e^{j[\omega t+\varphi(\omega)]}d\omega$$

$$= \frac{1}{2\pi}\int_{-\infty}^{\infty}|F(j\omega)|\cos[\omega t+\varphi(\omega)]d\omega + \frac{1}{2\pi}\int_{-\infty}^{\infty}|F(j\omega)|\sin[\omega t+\varphi(\omega)]d\omega$$

因为 $|F(j\omega)|$ 是 ω 的偶函数,而 $\varphi(\omega)$ 是 ω 的奇函数,所以上式第一个积分的被积函数是偶函数;第二个积分的被积函数是奇函数,积分值应为零,故有

$$f(t) = \frac{1}{\pi}\int_{0}^{\infty}|F(j\omega)|\cos[\omega t+\varphi(\omega)]d\omega \tag{3-58}$$

可见,非周期信号与周期信号一样,也可以分解为许多不同频率的正、余弦分量。所不同的是,由于非周期信号的周期趋于无穷大,基波角频率趋于无穷小,所以它包含了从零到无限高的所有频率分量。

应当指出,前面推导傅里叶变换的过程并未遵循严格的数学步骤。实际上,傅里叶变换需要满足一定的条件才能存在,而这种条件类似于傅里叶级数的狄里赫利条件。可以证明,信号 $f(t)$ 的傅里叶变换存在的充分条件是在无限区间内绝对可积,即

$$\int_{-\infty}^{\infty}|f(t)|dt < \infty \tag{3-59}$$

但这并非必要条件。当引入广义函数的概念后,许多不满足绝对可积条件的信号(如周期信号、阶跃函数、符号函数等)也能进行傅里叶变换。

3.4.2 典型非周期信号的傅里叶变换

1. 矩形脉冲信号(门函数)

已知矩形脉冲信号的表达式为

$$g_\tau(t) = \begin{cases} 1, & |t| \leq \frac{\tau}{2} \\ 0, & |t| > \frac{\tau}{2} \end{cases} \tag{3-60}$$

式中,τ 为脉冲宽度,它的傅里叶变换为

$$F(j\omega) = \int_{-\tau/2}^{\tau/2} e^{-j\omega t}dt = \frac{e^{-j\omega\frac{\tau}{2}} - e^{j\omega\frac{\tau}{2}}}{-j\omega} = \frac{2\sin\frac{\omega\tau}{2}}{\omega} = \tau\text{Sa}\left(\frac{\omega\tau}{2}\right) \tag{3-61}$$

从而

$$|F(j\omega)| = \tau\left|\text{Sa}\left(\frac{\omega\tau}{2}\right)\right| \tag{3-62}$$

$$\varphi(\omega) = \begin{cases} 0, & \frac{4n\pi}{\tau} < |\omega| < \frac{2(2n+1)\pi}{\tau} \\ \pm\pi, & \frac{2(2n+1)\pi}{\tau} < |\omega| < \frac{2(2n+2)\pi}{\tau} \end{cases}, \quad n=0,1,2,\cdots \tag{3-63}$$

因为 $F(j\omega)$ 是实函数,通常用一条 $F(j\omega)$ 曲线就能同时表示幅度频谱 $|F(j\omega)|$ 和相位频谱 $\varphi(\omega)$,如图 3.17 所示。

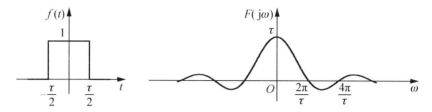

图 3.17 矩形脉冲信号的波形及频谱

由图 3.17 可见,虽然矩形脉冲信号在时域中集中于有限的范围内,但是它的频谱却以 $\mathrm{Sa}\left(\dfrac{\omega\tau}{2}\right)$ 的规律变化,分布在无限宽的频率范围上,而其信号能量则主要集中于 $\omega=0\sim\dfrac{2\pi}{\tau}$(或 $f=0\sim\dfrac{1}{\tau}$)频率范围内。因而,通常认为这种信号占有频率范围(即频带宽度)B_ω 近似为 $\dfrac{2\pi}{\tau}$(或 B_f 近似为 $\dfrac{1}{\tau}$),即

$$B_\omega \approx \frac{2\pi}{\tau} \text{(或 } B_f \approx \frac{1}{\tau}\text{)} \tag{3-64}$$

2. 单边指数函数

已知单边指数信号的表达式为

$$f(t)=\begin{cases} \mathrm{e}^{-\alpha t}, & t\geqslant 0 \\ 0, & t<0 \end{cases} \tag{3-65}$$

式中,$\alpha>0$,它的傅里叶变换为

$$F(j\omega)=\int_0^\infty \mathrm{e}^{-\alpha t}\mathrm{e}^{-j\omega t}\mathrm{d}t=-\frac{1}{\alpha+j\omega}\mathrm{e}^{-(\alpha+j\omega)t}\bigg|_0^\infty=\frac{1}{\alpha+j\omega} \tag{3-66}$$

从而

$$|F(j\omega)|=\frac{1}{\sqrt{\alpha^2+\omega^2}} \tag{3-67}$$

$$\varphi(\omega)=-\arctan\frac{\omega}{\alpha} \tag{3-68}$$

单边指数信号的波形 $f(t)$、幅度谱 $|F(j\omega)|$ 和相位谱 $\varphi(\omega)$ 如图 3.18 所示。

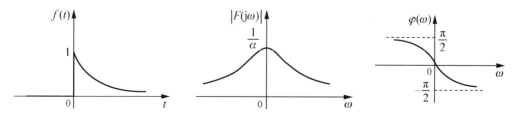

图 3.18 单边指数信号的波形及频谱

3. 双边指数函数

已知双边指数信号的表达式为

$$f(t) = e^{-\alpha|t|}, \quad -\infty < t < \infty \tag{3-69}$$

式中，$\alpha > 0$，它的傅里叶变换为

$$F(j\omega) = \int_{-\infty}^{0} e^{\alpha t} e^{-j\omega t} dt + \int_{0}^{\infty} e^{-\alpha t} e^{-j\omega t} dt = \frac{1}{\alpha - j\omega} + \frac{1}{\alpha + j\omega} = \frac{2\alpha}{\alpha^2 + \omega^2} \tag{3-70}$$

从而

$$|F(j\omega)| = \frac{2\alpha}{\alpha^2 + \omega^2} \tag{3-71}$$

$$\varphi(\omega) = 0 \tag{3-72}$$

双边指数信号的波形 $f(t)$、频谱 $F(j\omega)$ 如图 3.19 所示。

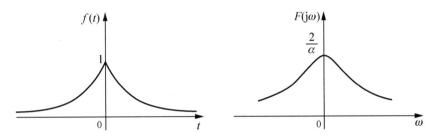

图 3.19 双边指数信号的波形及频谱

4. 冲激函数

利用冲激函数的采样性质，可得单位冲激函数 $\delta(t)$ 的傅里叶变换为

$$F(j\omega) = \int_{-\infty}^{\infty} \delta(t) e^{-j\omega t} dt = 1 \tag{3-73}$$

可见，单位冲激函数的频谱等于常数，也就是说，在整个频率范围内频谱是均匀分布的。因此，这种频谱通常称为"均匀谱"或"白色谱"。

单位冲激函数和它的频谱 $F(j\omega)$ 如图 3.20 所示。

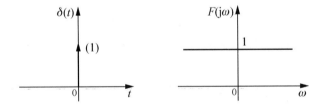

图 3.20 单位冲激函数的波形及频谱

5. 冲激偶函数

利用冲激偶函数的性质，可得冲激偶函数 $\delta'(t)$ 的傅里叶变换为

$$F(j\omega) = \int_{-\infty}^{\infty} \delta'(t) e^{-j\omega t} dt = -\frac{d}{dt} e^{-j\omega t} \Big|_{t=0} = j\omega \quad (3-74)$$

同理可得 $\delta^{(n)}(t)$ 的傅里叶变换为

$$F(j\omega) = \int_{-\infty}^{\infty} \delta^{(n)}(t) e^{-j\omega t} dt = (-1)^n \frac{d^n}{dt^n} e^{-j\omega t} \Big|_{t=0} = (j\omega)^n \quad (3-75)$$

6. 直流信号

有一些信号不满足绝对可积这一充分条件，如直流信号 1、阶跃函数 $\varepsilon(t)$ 等，但其傅里叶变换却存在。这些信号的傅里叶变换直接用定义式不易求解，可通过下面的方法来求解。

可构造一函数序列 $\{f_n(t)\}$ 逼近 $f(t)$，即

$$f(t) = \lim_{n \to \infty} f_n(t) \quad (3-76)$$

式中，$f_n(t)$ 满足绝对可积条件，并且 $\{f_n(t)\}$ 的傅里叶变换所形成的序列 $\{F_n(j\omega)\}$ 是极限收敛的，则可定义 $f(t)$ 的傅里叶变换 $F(j\omega)$ 为

$$F(j\omega) = \lim_{n \to \infty} F_n(j\omega) \quad (3-77)$$

这样定义的傅里叶变换也称为广义傅里叶变换。

为了求解直流信号 1 的傅里叶变换，先构造双边指数函数序列

$$f_\alpha(t) = e^{-\alpha|t|}, \quad \alpha > 0 \quad (3-78)$$

显然

$$f(t) = 1 = \lim_{\alpha \to 0} f_\alpha(t) \quad (3-79)$$

由于双边指数序列 $f_\alpha(t)$ 的傅里叶变换为

$$F_\alpha(j\omega) = \frac{2\alpha}{\alpha^2 + \omega^2} \quad (3-80)$$

故直流信号 1 的傅里叶变换 $F(j\omega)$ 为

$$F(j\omega) = \lim_{\alpha \to 0} F_\alpha(j\omega) = \lim_{\alpha \to 0} \frac{2\alpha}{\alpha^2 + \omega^2} = \begin{cases} 0, & \omega \neq 0 \\ \infty, & \omega = 0 \end{cases} \quad (3-81)$$

由式(3-81)可知，直流信号 1 的傅里叶变换 $F(j\omega)$ 是一个冲激函数，其强度按下式计算：

$$\lim_{\alpha \to 0} \int_{-\infty}^{\infty} \frac{2\alpha}{\alpha^2 + \omega^2} d\omega = \lim_{\alpha \to 0} \int_{-\infty}^{\infty} \frac{2}{1+\left(\frac{\omega}{\alpha}\right)^2} d\frac{\omega}{\alpha} = \lim_{\alpha \to 0} 2\arctan \frac{\omega}{\alpha} = 2\pi \quad (3-82)$$

因此，直流信号 1 的傅里叶变换为

$$F(j\omega) = 2\pi\delta(\omega) \quad (3-83)$$

直流信号 1 的傅里叶变换还可以通过下面的方法来求解。

已经知道 $\delta(t) \leftrightarrow 1$，将其代入傅里叶逆变换定义式，有

$$\frac{1}{2\pi} \int_{-\infty}^{\infty} e^{j\omega t} d\omega = \delta(t) \quad (3-84)$$

将式(3-84)中 $\omega \to t, t \to -\omega$，得

$$\frac{1}{2\pi} \int_{-\infty}^{\infty} e^{-j\omega t} dt = \delta(-\omega) \quad (3-85)$$

式(3-85)也可写为

$$\int_{-\infty}^{\infty} e^{-j\omega t} dt = 2\pi\delta(-\omega) = 2\pi\delta(\omega) \tag{3-86}$$

式(3-86)的左端是求直流信号1的傅里叶变换,由此可知直流信号1的傅里叶变换为$2\pi\delta(\omega)$。

直流信号1和它的频谱$F(j\omega)$如图3.21所示。

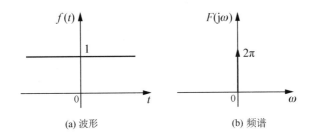

(a) 波形　　　　　　　　　　(b) 频谱

图 3.21　直流信号 1 的波形及频谱

7. 符号函数

符号函数$\mathrm{sgn}(t)$定义为

$$\mathrm{sgn}(t) = \begin{cases} -1, & t<0 \\ 1, & t>0 \end{cases} \tag{3-87}$$

虽然符号函数不满足绝对可积条件,但它的傅里叶变换却存在。可以构造如下双边指数衰减函数序列(其波形见图3.22)

$$f_\alpha(t) = \begin{cases} -e^{\alpha t}, & t<0 \\ e^{-\alpha t}, & t>0 \end{cases} \quad \alpha>0 \tag{3-88}$$

而

$$\mathrm{sgn}(t) = \lim_{\alpha \to 0} f_\alpha(t) \tag{3-89}$$

由于$f_\alpha(t)$的傅里叶变换为

$$F_\alpha(j\omega) = \frac{1}{\alpha + j\omega} - \frac{1}{\alpha - j\omega} = -\frac{j2\omega}{\alpha^2 + \omega^2} \tag{3-90}$$

因此符号函数的傅里叶变换$F(j\omega)$为

$$F(j\omega) = \lim_{\alpha \to 0} F_\alpha(j\omega) = \lim_{\alpha \to 0} \left(-\frac{j2\omega}{\alpha^2 + \omega^2}\right) = \frac{2}{j\omega} \tag{3-91}$$

从而

$$|F(j\omega)| = \frac{2}{|\omega|} \tag{3-92}$$

$$\varphi(\omega) = \begin{cases} -\dfrac{\pi}{2}, & \omega>0 \\ \dfrac{\pi}{2}, & \omega<0 \end{cases} \tag{3-93}$$

符号函数的波形、幅度谱$|F(j\omega)|$和相位谱$\varphi(\omega)$如图3.22所示。

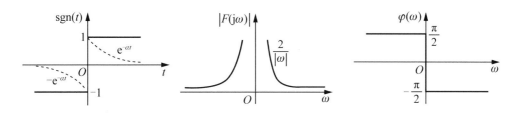

图 3.22 符号函数的波形及频谱

8. 阶跃函数

单位阶跃函数 $\varepsilon(t)$ 也不满足绝对可积条件,但其傅里叶变换同样存在。可以利用符号函数和直流信号的傅里叶变换来求单位阶跃函数的傅里叶变换。单位阶跃函数可表示为

$$\varepsilon(t)=\frac{1}{2}+\frac{1}{2}\operatorname{sgn}(t) \qquad (3-94)$$

因此,其傅里叶变换为

$$F(\mathrm{j}\omega)=\pi\delta(\omega)+\frac{1}{\mathrm{j}\omega} \qquad (3-95)$$

从而

$$|F(\mathrm{j}\omega)|=\pi\delta(\omega)+\frac{1}{|\omega|} \qquad (3-96)$$

$$\varphi(\omega)=\begin{cases}-\dfrac{\pi}{2}, & \omega>0 \\ \dfrac{\pi}{2}, & \omega<0\end{cases} \qquad (3-97)$$

单位阶跃函数的波形、幅度谱 $|F(\mathrm{j}\omega)|$ 和相位谱 $\varphi(\omega)$ 如图 3.23 所示。

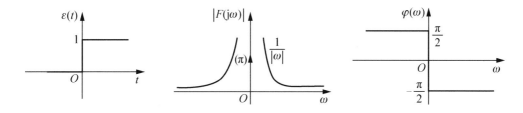

图 3.23 单位阶跃函数的波形及频谱

单位阶跃函数 $\varepsilon(t)$ 的频谱在 $\omega=0$ 处存在一个强度为 π 的冲激函数,这是因为 $\varepsilon(t)$ 中含有直流分量而产生的。此外,由于单位阶跃函数 $\varepsilon(t)$ 不是纯直流信号,它在 $t=0$ 处有跳变,因此在它的频谱中还出现了其他频率分量。

熟悉了以上这些常用信号的傅里叶变换,对进一步掌握信号与系统的频域分析将会带来很大方便。

常见函数的频谱见表 3-1。

表 3-1 常见函数的频谱

门函数	$g_\tau(t)$	$\tau\mathrm{Sa}(\omega t/2)$
单边指数函数	$f(t)=\begin{cases}-\mathrm{e}^{-at}, & t\geqslant 0\\ 0, & t<0\end{cases}$	$1/(\alpha+\mathrm{j}\omega)$
双边指数函数	$f(t)=\mathrm{e}^{-\alpha\mid t\mid},-\infty<t<+\infty$	$2\alpha/(\alpha^2+\omega^2)$
冲激函数	$\delta(t)$	1
冲激偶函数	$\delta^n(t)$	$(\mathrm{j}\omega)^n$
直流信号	1	$2\pi\delta(\omega)$
符号函数	$\mathrm{Sgn}(t)=\begin{cases}-1, & t<0\\ 1, & t>0\end{cases}$	$2/\mathrm{j}\omega$
阶跃函数	$\varepsilon(t)$	$\pi\delta(\omega)+1/\mid\omega\mid$

3.5 傅里叶变换的性质

式(3-50)和式(3-51)表示的傅里叶变换对建立了时间函数与频谱函数之间的对应关系。其中，一个函数确定之后，另一个函数随之被唯一地确定。这也就是说，信号可以在时域中通过时间函数 $f(t)$ 完整地表示出来，也可以在频域中通过频谱函数 $F(\mathrm{j}\omega)$ 完整地表示出来。本节将讨论傅里叶变换的性质，即信号在时域中进行某种运算后在频域中发生的变化，或者反过来，在频域中进行某种运算后在时域中发生的变化。熟悉这些性质将给信号分析研究工作带来方便。

3.5.1 线性

若
$$f_1(t)\leftrightarrow F_1(\mathrm{j}\omega),\ f_2(t)\leftrightarrow F_2(\mathrm{j}\omega),$$
则对任意常数 a 和 b，有
$$af_1(t)+bf_2(t)\leftrightarrow aF_1(\mathrm{j}\omega)+bF_2(\mathrm{j}\omega) \tag{3-98}$$

线性性质表明信号的频谱等于各单独信号的频谱之和。由傅里叶变换的定义式容易证明上述结论。显然，也适用于多个信号的情况。

证：
$$\begin{aligned}F[af_1(t)+bf_2(t)]&=\int_{-\infty}^{\infty}[af_1(t)+bf_2(t)]\mathrm{e}^{-\mathrm{j}\omega t}\mathrm{d}t\\ &=\int_{-\infty}^{\infty}af_1(t)\mathrm{e}^{-\mathrm{j}\omega t}\mathrm{d}t+\int_{-\infty}^{\infty}bf_2(t)\mathrm{e}^{-\mathrm{j}\omega t}\mathrm{d}t\end{aligned}$$

3.5.2 奇偶虚实性

通常遇到的实际信号都是实信号，即它们是时间的实函数。若 $f(t)$ 是实函数，那么根据 $e^{-j\omega t}=\cos\omega t-j\sin\omega t$，式(3-50)可写为

$$F(j\omega)=\int_{-\infty}^{\infty}f(t)e^{-j\omega t}dt=\int_{-\infty}^{\infty}f(t)[\cos\omega t-j\sin\omega t]dt$$
$$=\int_{-\infty}^{\infty}f(t)\cos\omega t\,dt-j\int_{-\infty}^{\infty}f(t)\sin\omega t\,dt \quad (3-99)$$
$$=R(\omega)+jX(\omega)=|F(j\omega)|e^{j\varphi(\omega)}$$

式中，频谱函数的实部和虚部分别为

$$\left.\begin{array}{l}R(\omega)=\int_{-\infty}^{\infty}f(t)\cos\omega t\,dt\\X(\omega)=-\int_{-\infty}^{\infty}f(t)\sin\omega t\,dt\end{array}\right\} \quad (3-100)$$

频谱函数的模和辐角分别为

$$\left.\begin{array}{l}|F(j\omega)|=\sqrt{R^2(\omega)+X^2(\omega)}\\\varphi(\omega)=\arctan\left[\dfrac{X(\omega)}{R(\omega)}\right]\end{array}\right\} \quad (3-101)$$

由式(3-100)可知，由于 $\cos(-\omega t)=\cos\omega t$，$\sin(-\omega t)=-\sin\omega t$，故 $R(\omega)$ 是 ω 的偶函数，$X(\omega)$ 是 ω 的奇函数，即

$$\left.\begin{array}{l}R(-\omega)=R(\omega)\\X(-\omega)=-X(\omega)\end{array}\right\} \quad (3-102)$$

进而由式(3-101)可知，$|F(j\omega)|$ 是 ω 的偶函数，$\varphi(\omega)$ 是 ω 的奇函数，即

$$\left.\begin{array}{l}|F(-j\omega)|=|F(j\omega)|\\\varphi(-\omega)=-\varphi(\omega)\end{array}\right\} \quad (3-103)$$

进一步，若 $f(t)$ 是实、偶函数，则由式(3-100)还可以看出，$f(t)\sin\omega t$ 是 t 的奇函数，$f(t)\cos\omega t$ 是 t 的偶函数，因此有

$$\left.\begin{array}{l}X(\omega)=0\\F(j\omega)=R(\omega)=2\int_{0}^{\infty}f(t)\cos\omega t\,dt\end{array}\right\} \quad (3-104)$$

此时，$F(j\omega)$ 等于 $R(\omega)$，它是 ω 的实、偶函数。

相反地，若 $f(t)$ 是实、奇函数，则由式(3-100)可知，$f(t)\sin\omega t$ 是 t 的偶函数，$f(t)\cos\omega t$ 是 t 的奇函数，因此有

$$\left.\begin{array}{l}R(\omega)=0\\F(j\omega)=jX(\omega)=-j2\int_{0}^{\infty}f(t)\sin\omega t\,dt\end{array}\right\} \quad (3-105)$$

此时，$F(j\omega)$ 等于 $jX(\omega)$，它是 ω 的虚、奇函数。

此外，若 $f(t)$ 是实函数，由式(3-101)可求得 $f(-t)$ 的傅里叶变换为

$$F[f(-t)]=\int_{-\infty}^{\infty}f(-t)e^{-j\omega t}dt \quad (3-106)$$

令 $\tau=-t$，得

$$F[f(-t)]=\int_{\infty}^{-\infty}f(\tau)e^{j\omega\tau}d(-\tau)=\int_{-\infty}^{\infty}f(\tau)e^{-j(-\omega)\tau}d\tau=F(-j\omega) \qquad (3-107)$$

考虑到 $R(\omega)$ 是 ω 的偶函数，$X(\omega)$ 是 ω 的奇函数，故

$$F(-j\omega)=R(-\omega)+jX(-\omega)=R(\omega)-jX(\omega)=F^*(j\omega) \qquad (3-108)$$

式中，$F^*(j\omega)$ 是 $F(j\omega)$ 的共轭复数，因此 $f(-t)$ 的傅里叶变换

$$F[f(-t)]=F(-j\omega)=F^*(j\omega) \qquad (3-109)$$

将以上结论归纳总结如下。

若 $f(t)$ 是实函数，且设

$$f(t)\leftrightarrow F(j\omega)=R(\omega)+jX(\omega)=|F(j\omega)|e^{j\varphi(\omega)}$$

则有

(1) $R(-\omega)=R(\omega)$，$X(-\omega)=-X(\omega)$，$|F(-j\omega)|=|F(j\omega)|$，$\varphi(-\omega)=-\varphi(\omega)$

$$(3-110)$$

(2) $\qquad f(-t)\leftrightarrow F(-j\omega)=F^*(j\omega) \qquad (3-111)$

(3) 若 $f(-t)=f(t)$，则

$$X(\omega)=0,\quad F(j\omega)=R(\omega) \qquad (3-112)$$

(4) 若 $f(-t)=-f(t)$，则

$$R(\omega)=0,\quad F(j\omega)=jX(\omega) \qquad (3-113)$$

对于 $f(t)$ 是虚函数的情况，也可类似地推出以下结论。

(1) $R(-\omega)=-R(\omega)$，$X(-\omega)=X(\omega)$，$|F(-j\omega)|=|F(j\omega)|$，$\varphi(-\omega)=-\varphi(\omega)$。

$$(3-114)$$

(2) $f(-t)\leftrightarrow F(-j\omega)=-F^*(j\omega)$。 $\qquad (3-115)$

此外，无论 $f(t)$ 为实函数还是虚函数，都具有以下性质。

$$\begin{aligned} f(-t)&\leftrightarrow F(-j\omega) \\ f^*(t)&\leftrightarrow F^*(-j\omega) \\ f^*(-t)&\leftrightarrow F^*(j\omega) \end{aligned} \qquad (3-116)$$

读者可以自己来证明。

3.5.3 对称性

若

$$f(t)\leftrightarrow F(j\omega)$$

则

$$F(jt)\leftrightarrow 2\pi f(-\omega) \qquad (3-117)$$

对称性表明，与信号 $f(t)$ 的频谱函数 $F(j\omega)$ 形式相同的时间函数 $F(jt)$ 的频谱为 $2\pi f(-\omega)$，这里的 $f(-\omega)$ 与原信号 $f(t)$ 有相同的形式。证明如下。

傅里叶逆变换定义式为

$$f(t)=\frac{1}{2\pi}\int_{-\infty}^{\infty}F(j\omega)e^{j\omega t}d\omega$$

将上式中 $t \to -t$ 得

$$f(-t) = \frac{1}{2\pi}\int_{-\infty}^{\infty} F(j\omega) e^{-j\omega t} d\omega$$

将上式中 $t \to \omega$，$\omega \to t$，得

$$f(-\omega) = \frac{1}{2\pi}\int_{-\infty}^{\infty} F(jt) e^{-j\omega t} dt$$

或

$$2\pi f(-\omega) = \int_{-\infty}^{\infty} F(jt) e^{-j\omega t} dt$$

上式表明，时间函数 $F(jt)$ 的傅里叶变换为 $2\pi f(-\omega)$，即式(3-117)。

例如，时域冲激函数 $\delta(t)$ 的傅里叶变换为常数 $1(-\infty<\omega<\infty)$，由对称性可得，时域的常数 $1(-\infty<t<\infty)$ 的傅里叶变换为 $2\pi\delta(-\omega)$，由于 $\delta(\omega)$ 是 ω 的偶函数，故有

$$\delta(t) \leftrightarrow 1$$
$$1 \leftrightarrow 2\pi\delta(\omega)$$

这与式(3-83)的结果相同。

例 3.7 求采样函数 $Sa(t) = \frac{\sin t}{t}$ 的频谱函数。

解 由式(3-61)知矩形脉冲信号的傅里叶变换

$$g_\tau(t) \leftrightarrow \tau Sa\left(\frac{\omega\tau}{2}\right)$$

显然，对于 $\tau=2$，幅度为 1 的矩形脉冲信号有

$$\frac{1}{2}g_2(t) \leftrightarrow Sa(\omega)$$

利用对称性得

$$Sa(t) \leftrightarrow \pi g_2(-\omega) = \pi g_2(\omega) \tag{3-118}$$

函数 $Sa(t)$ 的波形及其频谱如图 3.24 所示。

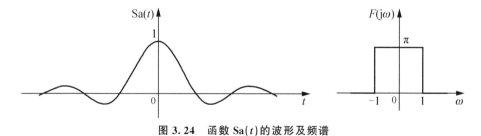

图 3.24 函数 $Sa(t)$ 的波形及频谱

例 3.8 求函数 t 和 $\frac{1}{t}$ 的频谱函数。

解 (1)求函数 t 的频谱函数。由于

$$\delta'(t) \leftrightarrow j\omega$$

由对称性和冲激偶的奇函数特点可得

$$jt \leftrightarrow 2\pi\delta'(-\omega) = -2\pi\delta'(\omega)$$

又由线性性质得出

$$t \leftrightarrow j2\pi\delta'(\omega) \tag{3-119}$$

（2）求函数 $\dfrac{1}{t}$ 的频谱函数。由于

$$\mathrm{sgn}(t) \leftrightarrow \dfrac{2}{j\omega}$$

由对称性和符号函数的奇函数特点可得

$$\dfrac{2}{jt} \leftrightarrow 2\pi\mathrm{sgn}(-\omega) = -2\pi\mathrm{sgn}(\omega)$$

又由线性性质得出

$$\dfrac{1}{t} \leftrightarrow -j\pi\mathrm{sgn}(\omega) \tag{3-120}$$

例 3.9 求函数 $f(t) = \dfrac{1}{1+t^2}$ 的频谱函数。

解 由于 $e^{-\alpha|t|} \leftrightarrow \dfrac{2\alpha}{\alpha^2+\omega^2}$，当 $\alpha=1$ 时，有

$$e^{-|t|} \leftrightarrow \dfrac{2}{1+\omega^2}$$

由对称性得

$$\dfrac{2}{1+t^2} \leftrightarrow 2\pi e^{-|\omega|}$$

又由线性性质得

$$f(t) = \dfrac{1}{1+t^2} \leftrightarrow \pi e^{-|\omega|} \tag{3-121}$$

3.5.4 尺度变换特性

若

$$f(t) \leftrightarrow F(j\omega)$$

则

$$f(at) \leftrightarrow \dfrac{1}{|a|} F\left(j\dfrac{\omega}{a}\right) \tag{3-122}$$

其中，a 为非零实常数。尺度变换性质可证明如下。

根据傅里叶变换的定义式有

$$\mathscr{F}[f(at)] = \int_{-\infty}^{\infty} f(at) e^{-j\omega t} dt$$

令 $\tau = at$，当 $a>0$ 时

$$\mathscr{F}[f(at)] = \int_{-\infty}^{\infty} f(\tau) e^{-j\omega \frac{\tau}{a}} \dfrac{1}{a} d\tau = \dfrac{1}{a} F\left(j\dfrac{\omega}{a}\right)$$

当 $a<0$ 时

$$\mathscr{F}[f(at)] = \int_{\infty}^{-\infty} f(\tau) e^{-j\omega \frac{\tau}{a}} \dfrac{1}{a} d\tau = -\int_{-\infty}^{\infty} f(\tau) e^{-j\omega \frac{\tau}{a}} \dfrac{1}{a} d\tau = -\dfrac{1}{a} F\left(j\dfrac{\omega}{a}\right)$$

综合以上两种情况，即得式(3-122)。

当 $a=-1$ 时，式(3-122)变成

$$f(-t) \leftrightarrow F(-j\omega)$$

这正是式(3-109)。

尺度变换特性表明，信号在时域中压缩($a>1$)等效于在频域中扩展；反之，信号在时域中扩展($a<1$)则等效于在频域中压缩。对于 $a=-1$ 的特例，它说明信号在时域中沿纵轴反褶等效于在频域中频谱也沿纵轴反褶。上述结论是不难理解的，因为信号的波形压缩 a 倍，信号随时间变化就加快 a 倍，所以它所包含的频率分量增加 a 倍，也就是说，频谱展宽 a 倍。根据能量守恒原理，各频率分量的大小必然减小 a 倍。图 3.25 以矩形脉冲信号及其频谱为例直观地说明了这种尺度变换特性。从图中可见，矩形脉冲信号的持续时间与信号的占有频带成反比，这与前面分析周期矩形脉冲信号频谱时的情况是一致的。因此可知，如果要压缩信号的持续时间，就不得不以展宽频带为代价，而如果要压缩信号的频带宽度，则又不得不以增加信号的持续时间为代价。这就是通信中时长与带宽的矛盾，或者通信速度与信道容量的矛盾。

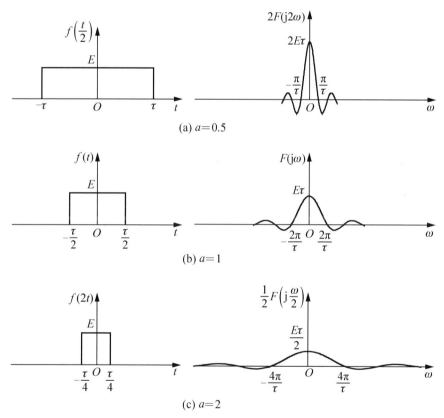

图 3.25 尺度变换特性的举例说明

例 3.10 求函数 $f(t)=\dfrac{1}{1-jt}$ 的频谱函数。

解 由于

$$e^{-t}\varepsilon(t) \leftrightarrow \frac{1}{j\omega+1}$$

由对称性得

$$\frac{1}{jt+1} \leftrightarrow 2\pi e^{\omega}\varepsilon(-\omega)$$

又由尺度变换特性得

$$\frac{1}{-jt+1} \leftrightarrow 2\pi e^{-\omega}\varepsilon(\omega) \tag{3-123}$$

3.5.5 时移特性

若

$$f(t) \leftrightarrow F(j\omega)$$

则

$$f(t \pm t_0) \leftrightarrow e^{\pm j\omega t_0} F(j\omega) \tag{3-124}$$

式中，t_0 为实常数。时移特性表明信号 $f(t)$ 在时域中沿时间轴右移(或左移) t_0 等效于在频域中频谱乘以因子 $e^{-j\omega t_0}$ (或 $e^{j\omega t_0}$)。也就是，说信号移位后，其幅度谱不变，而相位谱附加 $-\omega t_0$ (或 ωt_0)。证明如下。

根据傅里叶变换的定义式有

$$F[f(t-t_0)] = \int_{-\infty}^{\infty} f(t-t_0) e^{-j\omega t} dt$$

令 $\tau = t - t_0$，那么

$$F[f(t-t_0)] = \int_{-\infty}^{\infty} f(\tau) e^{-j\omega\tau} e^{-j\omega t_0} d\tau$$
$$= e^{-j\omega t_0} F(j\omega)$$

同理可得

$$F[f(t+t_0)] = e^{j\omega t_0} F(j\omega)$$

不难证明，如果信号既有时移又有尺度变换，则有

$$F[f(at-t_0)] = F\left\{f\left[a\left(t-\frac{t_0}{a}\right)\right]\right\} = \frac{1}{|a|} e^{-j\frac{\omega}{a} t_0} F\left(j\frac{\omega}{a}\right) \tag{3-125}$$

例 3.11 求图 3.26(a)中函数 $f(t)$ 的频谱。

解 图 3.26(a)中函数 $f(t)$ 可以看成是图 3.26(b)中函数 $f_1(t)$ 和图 3.26(c)中函数 $f_2(t)$ 叠加构成的，即

$$f(t) = f_1(t) + f_2(t)$$

由图可知

$$f_1(t) = g_6(t-5)$$
$$f_2(t) = g_2(t-5)$$

根据矩形脉冲信号的傅里叶变换及时移特性知

$$f_1(t) = g_6(t-5) \leftrightarrow 6Sa(3\omega) e^{-j5\omega}$$
$$f_2(t) = g_2(t-5) \leftrightarrow 2Sa(\omega) e^{-j5\omega}$$

又根据线性性质得

$$f(t) \leftrightarrow [6Sa(3\omega) + 2Sa(\omega)] e^{-j5\omega} \tag{3-126}$$

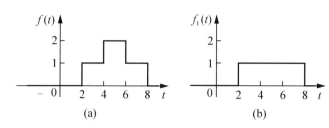
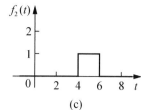

图 3.26 例 3.11 图

例 3.12 求图 3.27 所示三脉冲信号的频谱。

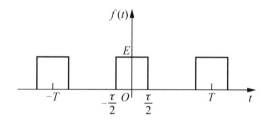

图 3.27 三脉冲信号

解 令 $f_0(t)$ 表示矩形单脉冲信号,由式(3-61)知其频谱函数 $F_0(j\omega)$ 为

$$F_0(j\omega) = E\tau \cdot \mathrm{Sa}\left(\frac{\omega\tau}{2}\right)$$

因为

$$f(t) = f_0(t) + f_0(t+T) + f_0(t-T)$$

由时移特性知,$f(t)$ 的频谱函数 $F(j\omega)$ 为

$$\begin{aligned}F(j\omega) &= F_0(j\omega)(1 + \mathrm{e}^{j\omega T} + \mathrm{e}^{-j\omega T}) \\ &= E\tau \cdot \mathrm{Sa}\left(\frac{\omega\tau}{2}\right)(1 + 2\cos \omega T)\end{aligned} \tag{3-127}$$

其频谱如图 3.28 所示。由图可见,随着脉冲个数的增多,频谱的包络线不变,带宽也不变。

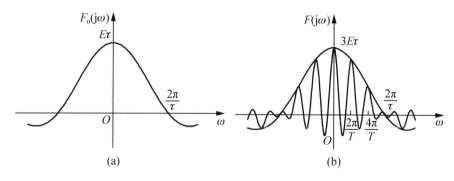

图 3.28 三脉冲信号的频谱

3.5.6 频移特性

若

$$f(t) \leftrightarrow F(j\omega)$$

则

$$e^{\pm j\omega_0 t} f(t) \leftrightarrow F[j(\omega \mp \omega_0)] \quad (3-128)$$

式中，ω_0 为实常数。频移特性表明，在时域中信号 $f(t)$ 乘以因子 $e^{j\omega_0 t}$ 对应于在频域中将频谱 $F(j\omega)$ 右移 ω_0；在时域中信号 $f(t)$ 乘以因子 $e^{-j\omega_0 t}$ 对应于在频域中将频谱 $F(j\omega)$ 左移 ω_0。证明如下。

根据傅里叶变换的定义式有

$$\begin{aligned} F[e^{j\omega_0 t} f(t)] &= \int_{-\infty}^{\infty} e^{j\omega_0 t} f(t) e^{-j\omega t} dt \\ &= \int_{-\infty}^{\infty} f(t) e^{-j(\omega-\omega_0)t} dt \\ &= F[j(\omega-\omega_0)] \end{aligned}$$

同理可得

$$F[e^{-j\omega_0 t} f(t)] = F[j(\omega+\omega_0)]$$

频移特性在通信系统中得到了广泛的应用，如调幅、变频、同步解调等过程都是在频谱搬移的基础上实现的。频谱搬移的实现原理是将信号 $f(t)$ 乘以所谓载频信号 $\cos \omega_0 t$ 或 $\sin \omega_0 t$。下面分析这种相乘作用引起的频谱搬移。

由于

$$\cos \omega_0 t = \frac{1}{2} e^{j\omega_0 t} + \frac{1}{2} e^{-j\omega_0 t}$$

$$\sin \omega_0 t = \frac{1}{2j} e^{j\omega_0 t} - \frac{1}{2j} e^{-j\omega_0 t}$$

因此有

$$f(t) \cos \omega_0 t \leftrightarrow \frac{1}{2} F[j(\omega-\omega_0)] + \frac{1}{2} F[j(\omega+\omega_0)] \quad (3-129)$$

$$f(t) \sin \omega_0 t \leftrightarrow -\frac{j}{2} F[j(\omega-\omega_0)] + \frac{j}{2} F[j(\omega+\omega_0)] \quad (3-130)$$

$f(t)$ 乘以 $\cos \omega_0 t$ 或 $\sin \omega_0 t$ 对应于频域中 $f(t)$ 的频谱 $F(j\omega)$ 一分为二，沿频率轴向左和向右各平移 ω_0。

【尺度变换与频移特性的应用】

例 3.13 求 $f(t) = e^{j3t}$ 的频谱。

解 由于

$$1 \leftrightarrow 2\pi\delta(\omega) \quad (3-131)$$

由频移特性得

$$e^{j3t} \times 1 \leftrightarrow 2\pi\delta(\omega-3) \quad (3-132)$$

例 3.14 已知矩形调幅信号 $f(t) = E g_\tau(t) \cos \omega_0 t$，其中 $g_\tau(t)$ 为矩形脉冲，脉宽为 τ，如图 3.29(a) 中虚线所示。试求其频谱函数。

解 已知矩形脉冲 $g_\tau(t)$ 的频谱 $G_\tau(j\omega)$ 为

$$G_\tau(j\omega) = \tau \mathrm{Sa}\left(\frac{\omega\tau}{2}\right)$$

$$f(t) = \frac{1}{2} E g_\tau(t)(e^{j\omega_0 t} + e^{-j\omega_0 t})$$

$f(t)$ 的频谱 $F(j\omega)$ 为

$$\begin{aligned} F(j\omega) &= \frac{1}{2} E G_\tau[j(\omega-\omega_0)] + \frac{1}{2} E G_\tau[j(\omega+\omega_0)] \\ &= \frac{E\tau}{2} \mathrm{Sa}\left[\frac{(\omega-\omega_0)\tau}{2}\right] + \frac{E\tau}{2} \mathrm{Sa}\left[\frac{(\omega+\omega_0)\tau}{2}\right] \end{aligned} \tag{3-133}$$

可见，调幅信号的频谱等于将包络线的频谱一分为二，各向左、右移载频 ω_0。矩形调幅信号的频谱 $F(j\omega)$ 如图 3.29(b)所示。

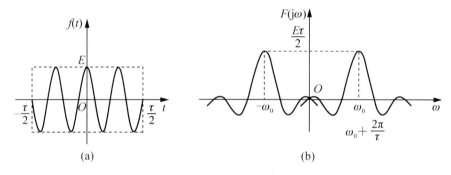

图 3.29 矩形调幅信号的波形及频谱

3.5.7 卷积定理

卷积定理是通信系统和信号处理研究领域应用最广的傅里叶变换性质之一。它描述的是两个函数在时域(或频域)中的卷积积分，对应于频域(或时域)中二者的傅里叶变换(或逆变换)应具有的关系。

1. 时域卷积定理

若

$$f_1(t) \leftrightarrow F_1(j\omega), \quad f_2(t) \leftrightarrow F_2(j\omega)$$

则

$$f_1(t) * f_2(t) \leftrightarrow F_1(j\omega)F_2(j\omega) \tag{3-134}$$

时域卷积定理表明，在时域中两个函数的卷积积分对应于频域中两个函数频谱的乘积。

2. 频域卷积定理

若

$$f_1(t) \leftrightarrow F_1(j\omega), \quad f_2(t) \leftrightarrow F_2(j\omega)$$

则

【频域卷积
定理证明】

$$f_1(t)f_2(t) \leftrightarrow \frac{1}{2\pi}F_1(j\omega) * F_2(j\omega) \quad (3-135)$$

式中

$$F_1(j\omega) * F_2(j\omega) = \int_{-\infty}^{\infty} F_1(j\eta)F_2[j(\omega-\eta)]d\eta \quad (3-136)$$

频域卷积定理表明，在时域中两个函数的乘积对应于频域中两个函数频谱的卷积积分的 $\frac{1}{2\pi}$。

时域卷积定理证明如下。

根据卷积积分的定义

$$f_1(t) * f_2(t) = \int_{-\infty}^{\infty} f_1(\tau)f_2(t-\tau)d\tau$$

其傅里叶变换为

$$F[f_1(t) * f_2(t)] = \int_{-\infty}^{\infty} \left[\int_{-\infty}^{\infty} f_1(\tau)f_2(t-\tau)d\tau\right]e^{-j\omega t}dt$$

$$= \int_{-\infty}^{\infty} f_1(\tau)\left[\int_{-\infty}^{\infty} f_2(t-\tau)e^{-j\omega t}dt\right]d\tau$$

由时移特性得

$$\int_{-\infty}^{\infty} f_2(t-\tau)e^{-j\omega t}dt = F_2(j\omega)e^{-j\omega\tau}$$

由此得

$$F[f_1(t) * f_2(t)] = \int_{-\infty}^{\infty} f_1(\tau)F_2(j\omega)e^{-j\omega\tau}d\tau$$

$$= F_2(j\omega)\int_{-\infty}^{\infty} f_1(\tau)e^{-j\omega\tau}d\tau$$

$$= F_1(j\omega)F_2(j\omega)$$

频域卷积定理的证明类似，这里不再重复。

例 3.15 求函数 $\left(\dfrac{\sin t}{t}\right)^2$ 的频谱函数。

解 由于矩形脉冲信号 $g_\tau(t)$ 与其频谱的对应关系为

$$g_\tau(t) \leftrightarrow \tau\mathrm{Sa}\left(\frac{\omega\tau}{2}\right)$$

可知

$$g_2(t) \leftrightarrow 2\mathrm{Sa}(\omega)$$

由对称性得

$$2\mathrm{Sa}(t) \leftrightarrow 2\pi g_2(-\omega) = 2\pi g_2(\omega)$$

由线性性质得

$$\mathrm{Sa}(t) \leftrightarrow \pi g_2(\omega)$$

由频域卷积定理得

$$\left(\frac{\sin t}{t}\right)^2 \leftrightarrow \frac{1}{2\pi}[\pi g_2(\omega)] * [\pi g_2(\omega)] = \frac{\pi}{2}g_2(\omega) * g_2(\omega)$$

$$= \frac{\pi}{2} g_2(\omega) * g_2(\omega) = \begin{cases} \frac{\pi}{2}\omega + \pi, & -2 \leqslant \omega \leqslant 0 \\ -\frac{\pi}{2}\omega + \pi, & 0 \leqslant \omega \leqslant 2 \\ 0, & \omega > 2 \text{ 或 } \omega < -2 \end{cases} \quad (3-137)$$

$\left(\dfrac{\sin t}{t}\right)^2$ 的频谱函数 $F(j\omega)$ 如图 3.30 所示。

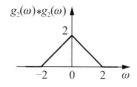 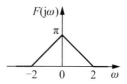

图 3.30 $\left(\dfrac{\sin t}{t}\right)^2$ 的频谱

例 3.16 求斜升函数 $r(t) = t\varepsilon(t)$ 和函数 $|t|$ 的频谱函数。

解 (1) 求 $r(t) = t\varepsilon(t)$ 的频谱函数。由式(3-119)可知

$$t \leftrightarrow j2\pi\delta'(\omega)$$

根据频域卷积定理得

$$F[t\varepsilon(t)] = \frac{1}{2\pi} F[t] * F[\varepsilon(t)] = \frac{1}{2\pi} \times j2\pi\delta'(\omega) * \left[\pi\delta(\omega) + \frac{1}{j\omega}\right]$$

$$= j\pi\delta'(\omega) * \delta(\omega) + \delta'(\omega) * \frac{1}{\omega}$$

$$= j\pi\delta'(\omega) - \frac{1}{\omega^2}$$

即

$$r(t) = t\varepsilon(t) \leftrightarrow j\pi\delta'(\omega) - \frac{1}{\omega^2} \quad (3-138)$$

(2) 求 $|t|$ 的频谱函数。由于 t 的绝对值可写为

$$|t| = t\varepsilon(t) + (-t)\varepsilon(-t) \quad (3-139)$$

对式(3-138)利用奇偶虚实特性中的式(3-111),有

$$(-t)\varepsilon(-t) \leftrightarrow -j\pi\delta'(\omega) - \frac{1}{\omega^2}$$

由线性性质得

$$|t| \leftrightarrow -\frac{2}{\omega^2} \quad (3-140)$$

【频谱搬移在频谱中的应用】

3.5.8 时域微分和积分

$f(t)$ 的导数和积分可用下述符号来表示:

$$f^{(n)}(t) = \frac{d^n f(t)}{dt^n} \quad (3-141)$$

$$f^{(-1)}(t) = \int_{-\infty}^{t} f(x)\mathrm{d}x \qquad (3-142)$$

1. 时域微分定理

若
$$f(t) \leftrightarrow F(\mathrm{j}\omega)$$
则
$$f^{(n)}(t) \leftrightarrow (\mathrm{j}\omega)^n F(\mathrm{j}\omega) \qquad (3-143)$$

时域微分定理说明，在时域中 $f(t)$ 对 t 取 n 阶导数等效于在频域中 $f(t)$ 的频谱 $F(\mathrm{j}\omega)$ 乘以 $(\mathrm{j}\omega)^n$。

2. 时域积分定理

若
$$f(t) \leftrightarrow F(\mathrm{j}\omega)$$
则
$$f^{(-1)}(t) \leftrightarrow \pi F(0)\delta(\omega) + \frac{F(\mathrm{j}\omega)}{\mathrm{j}\omega} \qquad (3-144)$$

其中
$$F(0) = F(\mathrm{j}\omega)\big|_{\omega=0} = \int_{-\infty}^{\infty} f(t)\mathrm{d}t \qquad (3-145)$$

若 $F(0)=0$，则式(3-144)为
$$f^{(-1)}(t) \leftrightarrow \frac{F(\mathrm{j}\omega)}{\mathrm{j}\omega} \qquad (3-146)$$

式(3-143)、式(3-144)可证明如下。

由于
$$f'(t) = f'(t) * \delta(t) = f(t) * \delta'(t)$$

根据时域卷积定理及 $\delta'(t) \leftrightarrow \mathrm{j}\omega$，有
$$f'(t) \leftrightarrow \mathrm{j}\omega F(\mathrm{j}\omega)$$

重复运用以上结果得式(3-143)。

由于
$$f^{(-1)}(t) = f^{(-1)}(t) * \delta(t) = f(t) * \delta^{(-1)}(t) = f(t) * \varepsilon(t)$$

根据时域卷积定理及冲激函数的采样性质，有
$$f^{(-1)}(t) \leftrightarrow F(\mathrm{j}\omega)\left[\pi\delta(\omega) + \frac{1}{\mathrm{j}\omega}\right] = \pi F(0)\delta(\omega) + \frac{F(\mathrm{j}\omega)}{\mathrm{j}\omega}$$

例 3.17 求 $f(t) = \dfrac{1}{t^2}$ 的频谱函数。

解 由于
$$\mathrm{sgn}(t) \leftrightarrow \frac{2}{\mathrm{j}\omega}$$

由对称性得

$$\frac{2}{jt} \leftrightarrow 2\pi \text{sgn}(-\omega)$$

由线性性质得

$$\frac{1}{t} \leftrightarrow -j\pi \text{sgn}(\omega)$$

由时域微分定理得

$$\frac{d}{dt}\left(\frac{1}{t}\right) \leftrightarrow -(j\omega)j\pi \text{sgn}(\omega) = \pi\omega \text{sgn}(\omega)$$

由线性性质得

$$\frac{1}{t^2} \leftrightarrow -\pi\omega \text{sgn}(\omega) = -\pi|\omega| \tag{3-147}$$

例 3.18 求图 3.31(a)中三角形脉冲信号 $f(t)$ 的频谱函数。

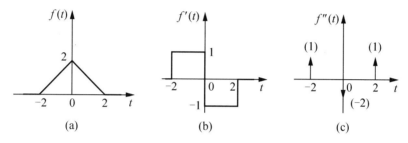

图 3.31 例 3.18 图

解 对三角形脉冲信号 $f(t)$ 求一、二阶导数如图 3.31 所示。
由图可知

$$f(t) = \int_{-\infty}^{t} \int_{-\infty}^{x} f''(y) dy dx$$

并且

$$f''(t) = \delta(t+2) - 2\delta(t) + \delta(t-2)$$

根据时移特性和时域冲激函数的傅里叶变换可得

$$f''(t) \leftrightarrow e^{j2\omega} - 2 + e^{-j2\omega}$$

又由图 3.31(b)、图 3.31(c)可知

$$\int_{-\infty}^{\infty} f'(t) dt = 0, \int_{-\infty}^{+\infty} f''(t) dt = 0$$

故根据式(3-146)得

$$f(t) \leftrightarrow \frac{F_2(j\omega)}{(j\omega)^2} = \frac{e^{j2\omega} - 2 + e^{-j2\omega}}{\omega^2} \tag{3-148}$$

这里可引出一个结论：设 $f(t) \leftrightarrow F(j\omega)$，若 $f(t)$ 是时限信号，即满足 $f(-\infty) + f(\infty) = 0$，且知 $f^{(n)}(t) \leftrightarrow F_n(j\omega)$，则有

$$f(t) \leftrightarrow \frac{F_n(j\omega)}{(j\omega)^n} \tag{3-149}$$

3.5.9 频域微分和积分

设
$$F^{(n)}(j\omega) = \frac{d^n F(j\omega)}{d\omega^n} \tag{3-150}$$

$$F^{(-1)}(j\omega) = \int_{-\infty}^{\omega} F(jx) dx \tag{3-151}$$

与之前类似，这里也隐含 $F^{(-1)}(-\infty)=0$。

1. 频域微分定理

若
$$f(t) \leftrightarrow F(j\omega)$$

则
$$(-jt)^n f(t) \leftrightarrow F^{(n)}(j\omega) \tag{3-152}$$

频域微分定理说明，在时域中 $f(t)$ 乘以 $(-jt)^n$ 等效于在频域中 $f(t)$ 的频谱 $F(j\omega)$ 对 ω 取 n 阶导数。

2. 频域积分定理

若
$$f(t) \leftrightarrow F(j\omega)$$

则
$$\pi f(0)\delta(t) + \frac{f(t)}{-jt} \leftrightarrow F^{(-1)}(j\omega) \tag{3-153}$$

式中
$$f(0) = \frac{1}{2\pi}\int_{-\infty}^{\infty} F(j\omega) d\omega \tag{3-154}$$

若 $f(0)=0$，则式(3-153)为
$$\frac{f(t)}{-jt} \leftrightarrow F^{(-1)}(j\omega) \tag{3-155}$$

频域微分定理和频域积分定理可用频域卷积定理证明，方法与时域类似，这里从略。

例 3.19 求斜升函数 $r(t)=t\varepsilon(t)$ 的频谱函数。

解 由于单位阶跃函数 $\varepsilon(t)$ 及其频谱函数为
$$\varepsilon(t) \leftrightarrow \pi\delta(\omega) + \frac{1}{j\omega}$$

可得
$$-jt\varepsilon(t) \leftrightarrow \frac{d}{d\omega}\left[\pi\delta(\omega) + \frac{1}{j\omega}\right] = \pi\delta'(\omega) - \frac{1}{j\omega^2}$$

再根据线性性质得
$$t\varepsilon(t) \leftrightarrow j\pi\delta'(\omega) - \frac{1}{\omega^2}$$

这与例 3.16 结果完全相同。

例 3.20 求积分 $\int_0^\infty \dfrac{\sin a\omega}{\omega} d\omega$。

解 由于

$$g_\tau(t) \leftrightarrow \dfrac{2\tau \sin \dfrac{\tau\omega}{2}}{\tau\omega}$$

故

$$g_{2a}(t) \leftrightarrow \dfrac{2\sin a\omega}{\omega}$$

根据傅里叶逆变换定义式得

$$g_{2a}(t) = \dfrac{1}{2\pi}\int_{-\infty}^\infty \dfrac{2\sin a\omega}{\omega} e^{j\omega t} d\omega = \dfrac{1}{\pi}\int_{-\infty}^\infty \dfrac{\sin a\omega}{\omega} e^{j\omega t} d\omega$$

当 $t=0$ 时，有

$$g_{2a}(0) = \dfrac{1}{\pi}\int_{-\infty}^\infty \dfrac{\sin a\omega}{\omega} d\omega$$

因此

$$\int_0^\infty \dfrac{\sin a\omega}{\omega} d\omega = \dfrac{\pi}{2} g_{2a}(0) = \dfrac{\pi}{2} \tag{3-156}$$

3.5.10 相关定理

1. 相关函数

为比较某信号与另一延时 τ 的信号之间的相似程度，需要引入相关函数的概念。相关函数是鉴别信号的有力工具，被广泛应用于雷达回波的识别、通信同步信号的识别等领域。相关函数又称相关积分，它与卷积的运算方法类似。

实函数 $f_1(t)$ 和 $f_2(t)$，它们之间的互相关函数定义为

$$R_{12}(\tau) = \int_{-\infty}^\infty f_1(t) f_2(t-\tau) dt = \int_{-\infty}^\infty f_1(t+\tau) f_2(t) dt \tag{3-157}$$

$$R_{21}(\tau) = \int_{-\infty}^\infty f_1(t-\tau) f_2(t) dt = \int_{-\infty}^\infty f_1(t) f_2(t+\tau) dt \tag{3-158}$$

可见，互相关函数是两信号之间时间差 τ 的函数。

需要注意，一般地

$$R_{12}(\tau) \neq R_{21}(\tau) \tag{3-159}$$

$$R_{12}(\tau) = R_{21}(-\tau) \tag{3-160}$$

$$R_{21}(\tau) = R_{12}(-\tau) \tag{3-161}$$

如果 $f_1(t)$ 与 $f_2(t)$ 是同一信号，即 $f_1(t)=f_2(t)=f(t)$，这时无须区分 R_{12} 与 R_{21}，用 $R(\tau)$ 表示，称为自相关函数，即

$$R(\tau) = \int_{-\infty}^\infty f(t) f(t-\tau) dt = \int_{-\infty}^\infty f(t+\tau) f(t) dt \tag{3-162}$$

容易看出，对自相关函数有

$$R(\tau) = R(-\tau) \tag{3-163}$$

可见，实函数 $f(t)$ 的自相关函数是时移 τ 的偶函数。

根据互相关函数的定义不难看出，互相关函数和卷积积分的关系为

$$R_{12}(t) = f_1(t) * f_2(-t) \tag{3-164}$$

2. 相关定理

若

$$f_1(t) \leftrightarrow F_1(j\omega),\quad f_2(t) \leftrightarrow F_2(j\omega),\quad f(t) \leftrightarrow F(j\omega)$$

则

$$R_{12}(\tau) \leftrightarrow F_1(j\omega) F_2(j\omega) \tag{3-165}$$

$$R_{21}(\tau) \leftrightarrow F_1(j\omega) F_2(j\omega) \tag{3-166}$$

$$R(\tau) \leftrightarrow |F_1(j\omega)|^2 \tag{3-167}$$

式(3-165)和式(3-166)表明，时域中两个信号相关函数的频谱等于其中一个信号的频谱与另一信号频谱的共轭之乘积。式(3-167)表明，自相关函数的频谱等于原信号幅度谱的平方。

式(3-165)和式(3-166)可证明如下。

$$F[R_{12}(\tau)] = F[f_1(\tau) * f_2(-\tau)] = F[f_1(\tau)] F[f_2(-\tau)]$$

由于

$$F[f_2(-\tau)] = F_2(-j\omega) = F_2(j\omega)$$

故

$$F[R_{12}(\tau)] = F_1(j\omega) F_2(j\omega)$$

同理可得

$$F[R_{21}(\tau)] = F_1(j\omega) F_2(j\omega)$$

显然，当 $f_1(t) = f_2(t) = f(t)$，有

$$R(\tau) = f(\tau) * f(-\tau) \leftrightarrow F(j\omega) F^*(j\omega) \leftrightarrow |F_1(j\omega)|^2$$

即式(3-167)也得证。

3.6 能量谱与功率谱

如前所述，信号的频谱反映了信号的幅度和相位随频率的分布情况，它在频域中描述了信号的特征。此外还可以用能量谱和功率谱来描述信号，它们反映了信号的能量或功率密度随频率的变化情况，它对于研究信号的能量(或功率)的分布，决定信号所占有频率等问题有着重要的作用。特别是对随机信号，由于无法用确定的时间函数来表示，也就无法用频谱表示，所以往往用功率谱来描述它的频率特性。

3.6.1 能量谱

信号 $f(t)$ 在 1Ω 电阻上的瞬时功率为 $|f(t)|^2$，在 $(-T,T)$ 区间能量为

$$\int_{-T}^{T} |f(t)|^2 \mathrm{d}t \tag{3-168}$$

第3章 傅里叶变换与系统的频域分析

信号的能量定义为在 $(-\infty, \infty)$ 区间上信号的能量，用字母 E 表示为

$$E \stackrel{\text{def}}{=} \int_{-\infty}^{\infty} |f(t)|^2 \, dt \qquad (3-169)$$

如果信号 $f(t)$ 是实函数，则式(3-169)可写为

$$E \stackrel{\text{def}}{=} \int_{-\infty}^{\infty} f(t)^2 \, dt \qquad (3-170)$$

如果信号能量有限，即 $0 < E < \infty$，则称信号为能量有限信号，简称能量信号，例如，矩形脉冲信号、三角脉冲信号、单边或双边指数衰减信号等。

将傅里叶逆变换定义式(3-51)代入式(3-170)得

$$E = \int_{-\infty}^{\infty} f(t) \left[\frac{1}{2\pi} \int_{-\infty}^{\infty} F(j\omega) e^{j\omega t} \, d\omega \right] dt \qquad (3-171)$$

交换积分次序得

$$E = \frac{1}{2\pi} \int_{-\infty}^{\infty} F(j\omega) \left[\int_{-\infty}^{\infty} f(t) e^{j\omega t} \, dt \right] d\omega$$

$$= \frac{1}{2\pi} \int_{-\infty}^{\infty} F(j\omega) F(-j\omega) \, d\omega$$

由式(3-111)得

$$E = \int_{-\infty}^{\infty} f(t)^2 \, dt = \frac{1}{2\pi} \int_{-\infty}^{\infty} |F(j\omega)|^2 \, d\omega \qquad (3-172)$$

式(3-172)称为帕斯瓦尔方程或能量等式。它表明，在时域中求信号的能量与在频域中用频谱密度来计算能量是一致的。

为了表征信号的能量随频率的分布情况，可以借助密度的概念，引入一个能量密度函数(简称能量频谱或能谱)。能量谱定义为单位频率的信号能量，记为 $E(\omega)$。由于在频带 df 内信号的能量为 $E(\omega)df$，因而信号在整个频率范围$(-\infty, \infty)$的总能量

$$E = \int_{-\infty}^{\infty} E(\omega) \, df = \frac{1}{2\pi} \int_{-\infty}^{\infty} E(\omega) \, d\omega \qquad (3-173)$$

比较式(3-172)和式(3-173)，可知

$$E(\omega) = |F(j\omega)|^2 \qquad (3-174)$$

由上式可知，信号的能量谱 $E(\omega)$ 是 ω 的偶函数，它只与频谱函数的模量有关，而与相位无关。能量谱 $E(\omega)$ 是单位频率的信号能量，它的单位是 J·s。

由式(3-167)和式(3-174)可知

$$R(\tau) \leftrightarrow E(\omega) \qquad (3-175)$$

式(3-175)表明，信号的能量谱 $E(\omega)$ 与其自相关函数 $R(\tau)$ 是一对傅里叶变换对。

例 3.21 求信号 $f(t) = \cos 997t \dfrac{\sin 5t}{\pi t}$ 的能量。

解 根据矩形脉冲信号的傅里叶变换及傅里叶变换的对称性，不难得出

$$\frac{\sin 5t}{\pi t} \leftrightarrow g_{10}(\omega)$$

根据傅里叶变换的频移特性得

$$2\cos 997t \frac{\sin 5t}{\pi t} \leftrightarrow g_{10}(\omega - 997) + g_{10}(\omega + 997)$$

最后根据式(3-172)得

$$E = \frac{1}{2\pi}(10+10) = \frac{10}{\pi} \qquad (3-176)$$

3.6.2 功率谱

信号 $f(t)$ 的功率定义为它在时间 $-\infty < t < \infty$ 的平均功率,用 P 表示为

$$P \stackrel{\text{def}}{=} \lim_{T \to \infty} \frac{1}{2T} \int_{-T}^{T} |f(t)|^2 \mathrm{d}t \qquad (3-177)$$

如果信号 $f(t)$ 是实函数,则式(3-177)可写为

$$P \stackrel{\text{def}}{=} \lim_{T \to \infty} \frac{1}{2T} \int_{-T}^{T} f(t)^2 \mathrm{d}t \qquad (3-178)$$

如果信号功率有限,即 $0 < P < \infty$,则称信号为功率有限信号,简称功率信号,例如,阶跃信号、周期信号等。

由信号能量和信号功率的定义可知,若信号为能量信号,则 $P=0$;若信号为功率信号,则 $E=\infty$。

功率信号的能量趋于无穷大,即 $\int_{-\infty}^{\infty} f(t)^2 \mathrm{d}t \to \infty$。为此,从 $f(t)$ 中截取 $|t| \leqslant \frac{T}{2}$ 中的一段,得到一个截尾函数 $f_T(t)$。

$$f_T(t) = \begin{cases} f(t), & |t| \leqslant \frac{T}{2} \\ 0, & |t| > \frac{T}{2} \end{cases} \qquad (3-179)$$

如果 T 是有限值,则 $f_T(t)$ 的能量也是有限的。令

$$f_T(t) \leftrightarrow F_T(\mathrm{j}\omega) \qquad (3-180)$$

由式(3-172)可知,$f_T(t)$ 的能量 E_T 可表示为

$$E_T = \int_{-\infty}^{\infty} f_T(t)^2 \mathrm{d}t = \frac{1}{2\pi} \int_{-\infty}^{\infty} |F_T(\mathrm{j}\omega)|^2 \mathrm{d}\omega \qquad (3-181)$$

由于

$$\int_{-\infty}^{\infty} f_T(t)^2 \mathrm{d}t = \int_{-\frac{T}{2}}^{\frac{T}{2}} f(t)^2 \mathrm{d}t$$

由式(3-178)和式(3-181)得 $f(t)$ 的平均功率为

$$P \stackrel{\text{def}}{=} \lim_{T \to \infty} \frac{1}{T} \int_{-\frac{T}{2}}^{\frac{T}{2}} f^2(t) \mathrm{d}t = \frac{1}{2\pi} \int_{-\infty}^{\infty} \lim_{T \to \infty} \frac{|F_T(\mathrm{j}\omega)|^2}{T} \mathrm{d}\omega \qquad (3-182)$$

当 T 增加时,$f_T(t)$ 的能量增加,$|F_T(\mathrm{j}\omega)|^2$ 也增加。当 $T \to \infty$ 时,$f_T(t) \to f(t)$,此时 $F_T(\mathrm{j}\omega)/T$ 可能趋于一极限。类似于能量密度函数,定义功率密度函数 $P(\omega)$ 为单位频率的信号功率,从而信号的平均功率为

$$P = \int_{-\infty}^{\infty} P(\omega) \mathrm{d}f = \frac{1}{2\pi} \int_{-\infty}^{\infty} P(\omega) \mathrm{d}\omega \qquad (3-183)$$

比较式(3-183)和式(3-182),可知

$$P(\omega) = \lim_{T \to \infty} \frac{|F_T(\mathrm{j}\omega)|^2}{T} \qquad (3-184)$$

由式(3-184)可见,功率谱 $P(\omega)$ 是 ω 的偶函数,它只和频谱函数的模量有关,而与相位

无关。功率谱反映了信号的功率随频率的分布情况。显然，$P(\omega)$ 曲线所覆盖的面积在数值上等于信号的总功率。$P(\omega)$ 的单位是 W·s。

若 $f_1(t)$ 和 $f_2(t)$ 是功率信号，则相关函数重新定义为

$$R_{12}(\tau) = \lim_{T \to \infty} \left[\frac{1}{T} \int_{-\frac{T}{2}}^{\frac{T}{2}} f_1(t) f_2(t-\tau) \mathrm{d}t \right] \quad (3-185)$$

$$R_{21}(\tau) = \lim_{T \to \infty} \left[\frac{1}{T} \int_{-\frac{T}{2}}^{\frac{T}{2}} f_2(t) f_1(t-\tau) \mathrm{d}t \right] \quad (3-186)$$

以及

$$R(\tau) = \lim_{T \to \infty} \left[\frac{1}{T} \int_{-\frac{T}{2}}^{\frac{T}{2}} f(t) f(t-\tau) \mathrm{d}t \right] \quad (3-187)$$

由式(3-187)可得

$$\begin{aligned} R(\tau) &= \lim_{T \to \infty} \left[\frac{1}{T} \int_{-\frac{T}{2}}^{\frac{T}{2}} f(t) f(t-\tau) \mathrm{d}t \right] \\ &= \lim_{T \to \infty} \left[\frac{1}{T} \int_{-\infty}^{\infty} f_T(t) f_T(t-\tau) \mathrm{d}t \right] \\ &= \lim_{T \to \infty} \frac{1}{T} f_T(t) * f_T(-t) \end{aligned} \quad (3-188)$$

又由于

$$f_T(t) * f_T(-t) \leftrightarrow F_T(\mathrm{j}\omega) F_T^*(\mathrm{j}\omega) = |F_T(\mathrm{j}\omega)|^2 \quad (3-189)$$

故可知

$$R(\tau) \leftrightarrow P(\omega) \quad (3-190)$$

式(3-190)表明，功率信号的功率谱函数与其自相关函数是一对傅里叶变换对。式(3-190)称为维纳-欣钦(Wiener-Khintchine)关系。由于随机信号不能用频谱表示，但是利用自相关函数可以求得其功率谱。这样就可以通过功率谱来描述随机信号的频域特性。

3.7 周期信号的傅里叶变换

在前面的讨论中已经知道，周期信号的频谱可以用傅里叶级数表示，而非周期信号的频谱则是用傅里叶变换进行表示的。本节将讨论周期信号的傅里叶变换，以及傅里叶级数与傅里叶变换之间的关系。目的是将周期信号与非周期信号的分析方法统一起来，使傅里叶变换这一工具得到更广泛的应用。

3.7.1 正、余弦函数的傅里叶变换

由于

$$1 \leftrightarrow 2\pi \delta(\omega) \quad (3-191)$$

由频移特性得

$$\mathrm{e}^{\mathrm{j}\omega_0 t} \leftrightarrow 2\pi \delta(\omega - \omega_0) \quad (3-192)$$

$$\mathrm{e}^{-\mathrm{j}\omega_0 t} \leftrightarrow 2\pi \delta(\omega + \omega_0) \quad (3-193)$$

故根据欧拉公式有

$$\cos\omega_0 t = \frac{1}{2}(e^{j\omega_0 t} + e^{-j\omega_0 t}) \leftrightarrow \pi\delta(\omega+\omega_0) + \pi\delta(\omega-\omega_0) \quad (3-194)$$

$$\sin\omega_0 t = \frac{1}{2j}(e^{j\omega_0 t} - e^{-j\omega_0 t}) \leftrightarrow -j\pi\delta(\omega-\omega_0) + j\pi\delta(\omega+\omega_0) \quad (3-195)$$

正、余弦信号的频谱如图 3.32 所示。

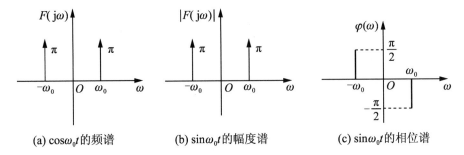

(a) $\cos\omega_0 t$ 的频谱　　(b) $\sin\omega_0 t$ 的幅度谱　　(c) $\sin\omega_0 t$ 的相位谱

图 3.32　正、余弦信号的频谱

3.7.2　一般周期信号的傅里叶变换

对于一个周期为 T 的周期函数 $f_T(t)$，其指数形式的傅里叶级数展开式为

$$f_T(t) = \sum_{n=-\infty}^{\infty} F_n e^{jn\Omega t} \quad (3-196)$$

式中，$\Omega = \dfrac{2\pi}{T}$ 为基波角频率，F_n 为傅里叶系数

$$F_n = \frac{1}{T}\int_{-\frac{T}{2}}^{\frac{T}{2}} f_T(t) e^{-jn\Omega t} dt \quad (3-197)$$

对式(3-196)两边取傅里叶变换，并利用傅里叶变换的线性性质，且考虑到 F_n 与时间 t 无关，得

$$f_T(t) = \sum_{n=-\infty}^{\infty} F_n e^{jn\Omega t} \leftrightarrow F_T(j\omega) = 2\pi \sum_{n=-\infty}^{\infty} F_n \delta(\omega - n\Omega) \quad (3-198)$$

式(3-198)表明，周期信号的傅里叶变换(频谱密度函数)是由无穷多个冲激函数组成的，这些冲激函数位于信号的各谐波角频率 $n\Omega$ 处，强度为各相应幅度 F_n 的 2π 倍。

例 3.22　周期为 T 的周期性单位冲激函数序列

$$\delta_T(t) = \sum_{m=-\infty}^{\infty} \delta(t-mT) \quad (3-199)$$

式中，m 为整数，求其傅里叶变换。

解　考虑 $\delta_T(t)$ 在 $(-T/2, T/2)$ 区间只有一个冲激函数 $\delta(t)$，由采样性质得

$$F_n = \frac{1}{T}\int_{-\frac{T}{2}}^{\frac{T}{2}} f(t) e^{-jn\Omega t} dt = \frac{1}{T} \quad (3-200)$$

由式(3-198)可得

$$\delta_T(t) \leftrightarrow \frac{2\pi}{T}\sum_{n=-\infty}^{\infty} \delta(\omega-n\Omega) = \Omega \sum_{n=-\infty}^{\infty} \delta(\omega-n\Omega) = \Omega \delta_\Omega(\omega) \quad (3-201)$$

第3章 傅里叶变换与系统的频域分析

式(3-201)表明,在时域中,周期为 T 的单位冲激函数序列 $\delta_T(t)$ 的傅里叶变换是一个在频域中周期为 Ω 的冲激序列。图 3.33 画出了 $\delta_T(t)$ 及其傅里叶变换。

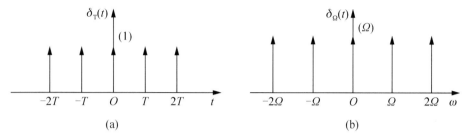

图 3.33 周期冲激函数序列及其傅里叶变换

例 3.23 周期矩形脉冲信号 $f_T(t)$ 如图 3.34(a)所示,求其傅里叶变换。

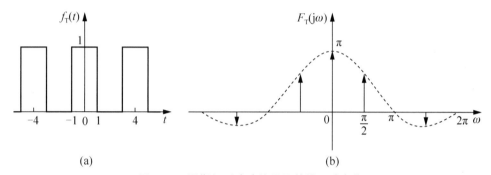

图 3.34 周期矩形脉冲信号及其傅里叶变换

解 周期信号 $f_T(t)$ 可看成是一时限非周期信号 $f_0(t)$ 的周期拓展,即

$$f_T(t) = \delta_T(t) * f_0(t) \tag{3-202}$$

根据傅里叶变换的时域卷积定理和冲激函数的采样性质有

$$F_T(j\omega) = \Omega \delta_\Omega(\omega) F_0(j\omega) = \Omega \sum_{n=-\infty}^{\infty} F_0(jn\Omega) \delta(\omega - n\Omega) \tag{3-203}$$

由图可知

$$\Omega = \frac{2\pi}{T} = \frac{\pi}{2} \tag{3-204}$$

本题可取 $f_0(t) = g_2(t)$,且有

$$f_0(t) = g_2(t) \leftrightarrow 2\text{Sa}(\omega) \tag{3-205}$$

代入式(3-203)可得

$$F_T(j\omega) = \Omega \sum_{n=-\infty}^{\infty} 2\text{Sa}(n\Omega) \delta(\omega - n\Omega) = \pi \sum_{n=-\infty}^{\infty} \text{Sa}\left(\frac{n\pi}{2}\right) \delta\left(\omega - \frac{n\pi}{2}\right) \tag{3-206}$$

式(3-206)表明,周期矩形脉冲信号的傅里叶变换是由位于各谐波角频率 $n\Omega$ 处的冲激函数所组成的,其强度的包络线形状与单脉冲信号频谱的形状相同。周期矩形脉冲信号的频谱如图 3.34(b)所示。

3.7.3 傅里叶系数与傅里叶变换的关系

式(3-198)和式(3-203)都是周期信号 $f_T(t)$ 的傅里叶变换表示式。比较这二式可知,

周期信号 $f_T(t)$ 的傅里叶系数 F_n 与其第一个周期的单脉冲信号频谱 $F_0(j\omega)$ 的关系为

$$F_n = \frac{\Omega}{2\pi} F_0(jn\Omega) = \frac{1}{T} F_0(j\omega)_{\omega=n\Omega} \tag{3-207}$$

式(3-207)表明，周期信号的傅里叶系数 F_n 等于 $F_0(j\omega)$ 在频率为 $n\Omega$ 处的值乘以 $\frac{1}{T}$。

由傅里叶系数的定义式(3-197)有

$$F_n = \frac{1}{T}\int_{-\frac{T}{2}}^{\frac{T}{2}} f(t)e^{-jn\Omega t}dt = \frac{1}{T}\int_{-\frac{T}{2}}^{\frac{T}{2}} f_0(t)e^{-jn\Omega t}dt \tag{3-208}$$

由傅里叶变换的定义式(3-50)得

$$F_0(j\omega) = \int_{-\infty}^{\infty} f_0(t)e^{-j\omega t}dt = \int_{-\frac{T}{2}}^{\frac{T}{2}} f_0(t)e^{-j\omega t}dt \tag{3-209}$$

比较式(3-208)和式(3-209)也可得到式(3-207)的结果。这表明，傅里叶变换的许多性质、定理也可用于傅里叶级数，这也是给出求周期信号傅里叶级数的另一种方法。

3.8 线性时不变系统的频域分析

频域分析是将信号分解为无穷多项不同频率的虚指数函数之和，从而将时域中求解响应的问题通过傅里叶变换或傅里叶级数转变成频域中的问题，整个分析过程是在频域内进行的。利用频域分析法可以分析系统的频率响应、滤波、采样、物理可实现等问题。

3.8.1 频率响应

设线性时不变系统的冲激响应为 $h(t)$，当激励是角频率为 ω 的虚指数函数 $e^{j\omega t}(-\infty < t < \infty)$ 时，其零状态响应为

$$y(t) = h(t) * e^{j\omega t} \tag{3-210}$$

在频域分析中，信号的定义域为 $(-\infty < t < \infty)$，而 $t = -\infty$ 时，可认为系统的状态为零，因此频域分析中的响应均是指零状态响应，常写为 $y(t)$。

根据卷积的定义得

$$y(t) = \int_{-\infty}^{\infty} h(\tau)e^{j\omega(t-\tau)}d\tau = \int_{-\infty}^{\infty} h(\tau)e^{-j\omega\tau}d\tau \cdot e^{j\omega t}$$

而上式中积分 $\int_{-\infty}^{\infty} h(\tau)e^{-j\omega\tau}d\tau$ 正好是 $h(t)$ 的傅里叶变换，记为 $H(j\omega)$，称为系统的频率响应函数或频率响应，则上式可写为

$$y(t) = H(j\omega)e^{j\omega t} \tag{3-211}$$

式(3-211)表明，当激励是幅度为1的虚指数函数 $e^{j\omega t}$ 时，系统的响应是系数为 $H(j\omega)$ 的同频率的虚指数函数，$H(j\omega)$ 反映了响应 $y(t)$ 的幅度和相位。

当激励为任意信号 $f(t)$ 时，可将该信号看作为无穷多不同频率的虚指数分量之和，即

$$f(t) = \frac{1}{2\pi}\int_{-\infty}^{\infty} F(j\omega)e^{j\omega t}d\omega = \int_{-\infty}^{\infty} \frac{F(j\omega)}{2\pi}d\omega \cdot e^{j\omega t} \tag{3-212}$$

由式(3-212)可知，频率为 ω 的虚指数分量为 $\frac{F(j\omega)}{2\pi}d\omega \cdot e^{j\omega t}$。由式(3-211)可知，对于该

分量的响应为 $\dfrac{F(j\omega)}{2\pi}d\omega H(j\omega) \cdot e^{j\omega t}$,根据线性性质可得任意信号 $f(t)$ 作用下系统的响应为

$$y(t) = \int_{-\infty}^{\infty} \dfrac{F(j\omega)}{2\pi}d\omega H(j\omega) \cdot e^{j\omega t} = \dfrac{1}{2\pi}\int_{-\infty}^{\infty} F(j\omega)H(j\omega)e^{j\omega t}d\omega$$

令响应 $y(t)$ 的频谱函数为 $Y(j\omega)$,激励的频谱函数为 $F(j\omega)$,则由上式得

$$Y(j\omega) = H(j\omega)F(j\omega) \tag{3-213}$$

可见,冲激响应 $h(t)$ 反映了系统的时域特性,而频率响应 $H(j\omega)$ 则反映了系统的频域特性,二者的关系为

$$h(t) \leftrightarrow H(j\omega) \tag{3-214}$$

通常,频率响应(函数)(有时也称为系统函数)可定义为系统零状态响应的傅里叶变换 $Y(j\omega)$ 与激励的傅里叶变换 $F(j\omega)$ 之比,即

$$H(j\omega) = \dfrac{Y(j\omega)}{F(j\omega)} \tag{3-215}$$

它是频率(角频率)的复函数,可写为

$$H(j\omega) = |H(j\omega)|e^{j\theta(\omega)} = \left|\dfrac{Y(j\omega)}{F(j\omega)}\right|e^{j[\varphi_y(\omega)-\varphi_f(\omega)]} \tag{3-216}$$

其中,$|H(j\omega)|$ 称为幅频特性(或幅频响应),它是角频率为 ω 的输出与输入信号的幅度之比;$\theta(\omega)$ 称为相频特性(或相频响应),它是输出与输入信号的相位差。由于 $H(j\omega)$ 是 $h(t)$ 的傅里叶变换,根据傅里叶变换的奇偶性可知,$|H(j\omega)|$ 是 ω 的偶函数,$\theta(\omega)$ 是 ω 的奇函数。

由以上分析可见,同一个系统既可以在时域进行分析,又可以在频域进行分析。前者可以比较直观地得出系统响应的波形,而且便于进行数值计算,而后者则是信号与系统分析和处理的有效工具。需要强调,只有系统的单位冲激响应 $h(t)$ 的傅里叶变换存在,系统的频率响应 $h(j\omega)$ 才存在,否则,系统不存在频率响应。也只有在输入信号的傅里叶变换存在并且系统频率响应存在的条件下,方可对系统使用频域方法分析。

3.8.2 非周期信号激励下系统的响应

傅里叶变换的时域卷积定理将系统对输入信号零状态响应的时域分析与频域分析对应起来,从而可以总结出如图 3.35 所示的系统频域分析法的步骤。

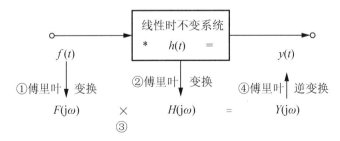

图 3.35 系统频域分析法的步骤

由图 3.35 可见，频域分析法的基本思想是将输入信号与系统冲激响应的卷积运算变换为频域中的乘积运算与求傅里叶逆变换运算。不管输入信号是周期信号或是非周期信号，频域分析系统零状态响应的思想都是适用的。

假设系统的激励信号为 $f(t)$，其零状态响应为 $y(t)$，那么 n 阶系统的微分方程为

$$a_n y^{(n)}(t) + a_{n-1} y^{(n-1)}(t) + \cdots + a_0 y(t) = b_m f^{(m)}(t) + b_{m-1} f^{(m-1)}(t) + \cdots + b_0 f(t)$$

令 $y(t) \leftrightarrow Y(j\omega)$，$f(t) \leftrightarrow F(j\omega)$，对上式两边取傅里叶变换，由傅里叶变换的线性和时域微分特性得

$$[a_n (j\omega)^n + a_{n-1}(j\omega)^{n-1} + \cdots + a_0] Y(j\omega) = [b_m (j\omega)^m + b_{m-1}(j\omega)^{m-1} + \cdots + b_0] F(j\omega)$$

根据式(3-216)，可得系统的频率响应：

$$H(j\omega) = \frac{b_m (j\omega)^m + b_{m-1}(j\omega)^{m-1} + \cdots + b_0}{a_n (j\omega)^n + a_{n-1}(j\omega)^{n-1} + \cdots + a_0} \tag{3-217}$$

式(3-217)表明，系统的频率响应一般是取决于系统方程系数的 $(j\omega)$ 的有理分式，它与激励、响应都无关。在时域分析中由系统的方程求系统的单位冲激响应 $h(t)$ 是很烦琐的，但如果考虑零状态条件对方程取傅里叶变换，通过式(3-217)先求得频率响应函数 $H(j\omega)$，再取傅里叶逆变换求 $h(t)$ 就变得非常简便。

例 3.24 某系统的微分方程为 $y'(t) + 2y(t) = f(t)$，求 $f(t) = e^{-t}\varepsilon(t)$ 时的零状态响应 $y(t)$。

解 微分方程两边取傅里叶变换

$$j\omega Y(j\omega) + 2Y(j\omega) = F(j\omega)$$

得

$$H(j\omega) = \frac{Y(j\omega)}{F(j\omega)} = \frac{1}{j\omega + 2}$$

由于

$$f(t) = e^{-t} \leftrightarrow F(j\omega) = \frac{1}{j\omega + 1}$$

所以

$$Y(j\omega) = H(j\omega) F(j\omega) = \frac{1}{(j\omega+1)(j\omega+2)} = \frac{1}{j\omega+1} - \frac{1}{j\omega+2}$$

对上式取傅里叶逆变换得系统的零状态响应

$$y(t) = (e^{-t} - e^{-2t})\varepsilon(t) \tag{3-218}$$

例 3.25 如图 3.36(a)所示电路，$R = 1\Omega$，$C = 1F$，以 $u_c(t)$ 为输出，求其单位冲激响应 $h(t)$。

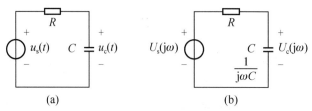

图 3.36 例 3.25 图

解 画电路的频域模型如图 3.36(b)所示，由图可得

$$H(j\omega) = \frac{U_c(j\omega)}{U_s(j\omega)} = \frac{\dfrac{1}{j\omega C}}{R + \dfrac{1}{j\omega C}} = \frac{1}{j\omega + 1}$$

对上式做傅里叶逆变换得系统的冲激响应

$$h(t) = e^{-t}\varepsilon(t) \tag{3-219}$$

3.8.3 周期信号激励下系统的响应

周期信号的定义域是 $(-\infty, \infty)$，因此当周期信号作用于系统时，可认为信号是在 $t = -\infty$ 时刻接入系统的。因而在有限时刻考虑系统响应时，系统的响应就只存在稳态响应了。

通常所遇到的周期信号都满足狄里赫利条件，因此，可以将它分解为傅里叶级数。这样，周期信号可看作由一系列谐波分量所组成。根据叠加定理，周期信号在系统中产生的响应，等于各谐波分量分别单独作用时所产生的响应之和。如果能求出系统的频率响应 $H(j\omega)$，那么利用式(3-215)便可求得各谐波单独作用时所产生的响应。最后，将各个响应叠加起来，就得到周期信号作用下系统的稳态响应。

根据式(3-31)，周期激励信号 $f_T(t)$ 可展成指数形式的傅里叶级数，即

$$f_T(t) = \sum_{n=-\infty}^{\infty} F_n e^{jn\Omega t} \tag{3-220}$$

根据式(3-210)，系统的响应为

$$y(t) = h(t) * f_T(t) = \sum_{n=-\infty}^{\infty} F_n [h(t) * e^{jn\Omega t}]$$

根据式(3-211)，上式可写为

$$y(t) = h(t) * f_T(t) = \sum_{n=-\infty}^{\infty} F_n H(jn\Omega) e^{jn\Omega t} \tag{3-221}$$

式(3-221)说明，在复振幅为 F_n，在角频率为 $n\Omega$ 的虚指数函数 $e^{jn\Omega t}$ 作用下，系统的响应是系数为 $F_n H(jn\Omega)$ 的同频率的虚指数函数。知道了周期信号 $f_T(t)$ 的指数形式傅里叶级数和系统的频率响应，就可按式(3-221)很方便地计算出系统的稳态响应。

当然，周期激励信号 $f_T(t)$ 还可根据式(3-213)展成三角形式的傅里叶级数，即

$$f_T(t) = \frac{A_0}{2} + \sum_{n=1}^{\infty} A_n \cos(n\Omega t + \varphi_n) \tag{3-222}$$

根据欧拉公式，上式可转化为

$$f_T(t) = \frac{A_0}{2} + \frac{1}{2}\sum_{n=1}^{\infty} A_n e^{j\varphi_n} e^{jn\Omega t} + \frac{1}{2}\sum_{n=1}^{\infty} A_n e^{-j\varphi_n} e^{-jn\Omega t} \tag{3-223}$$

根据式(3-210)和式(3-211)，可得系统的响应为

$$f_T(t) = \frac{A_0}{2} H(0) + \frac{1}{2}\sum_{n=1}^{\infty} A_n e^{j\varphi_n} H(jn\Omega) e^{jn\Omega t} + \frac{1}{2}\sum_{n=1}^{\infty} A_n e^{-j\varphi_n} H(-jn\Omega) e^{-jn\Omega t}$$

由于 $H(jn\Omega) = |H(jn\Omega)| e^{j\theta(n\Omega)}$，且 $|H(-jn\Omega)| = |H(jn\Omega)|$，$\theta(-n\Omega) = -\theta(n\Omega)$，故上式可写为

$$f_T(t) = \frac{A_0}{2}H(0) + \frac{1}{2}\sum_{n=1}^{\infty} A_n e^{j\varphi_n} |H(jn\Omega)| e^{j\theta(n\Omega)} e^{jn\Omega t}$$

$$+ \frac{1}{2}\sum_{n=1}^{\infty} A_n e^{-j\varphi_n} |H(jn\Omega)| e^{-j\theta(n\Omega)} e^{-jn\Omega t}$$

根据欧拉公式，上式可继续改写为

$$y(t) = \frac{A_0}{2}H(0) + \sum_{n=1}^{\infty} A_n |H(jn\Omega)| \cos[n\Omega t + \varphi_n + \theta(n\Omega)] \quad (3-224)$$

式(3-224)说明，直流分量产生的响应仍是直流分量，只是扩大了 $H(0)$ 倍；角频率为 $n\Omega$ 的 n 次谐波产生的响应仍是同频率的基本信号，只是振幅扩大了 $|H(jn\Omega)|$，相位在原相位基础上附加上 $\theta(n\Omega)$。知道了周期信号 $f_T(t)$ 的三角形式傅里叶级数和系统的频率响应，也可按式(3-224)很方便地计算出系统的稳态响应。

例 3.26 某线性时不变系统的 $|H(j\omega)|$ 和 $\theta(\omega)$ 如图 3.37 所示，若 $f(t) = 2 + 4\cos 5t + 4\cos 10t$，求系统的响应。

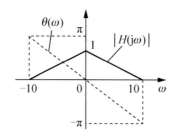

图 3.37 例 3.26 图

解 信号 $f(t)$ 显然是周期信号，其基波角频率为 $\Omega = 5\text{rad/s}$。

解法一 傅里叶变换法。

对 $f(t)$ 求傅里叶变换，有

$$F(j\omega) = 4\pi\delta(\omega) + 4\pi[\delta(\omega-5) + \delta(\omega+5)] + 4\pi[\delta(\omega-10) + \delta(\omega+10)]$$

根据式(3-216)，有

$$H(j\omega) = |H(j\omega)| e^{j\theta(\omega)}$$

所以

$$Y(j\omega) = F(j\omega)H(j\omega) = 4\pi\delta(\omega)H(0) + 4\pi[\delta(\omega-5)H(j5) + \delta(\omega+5)H(-j5)]$$
$$+ 4\pi[\delta(\omega-10)H(j10) + \delta(\omega+10)H(-j10)]$$
$$= 4\pi\delta(\omega) + 4\pi[-j0.5\delta(\omega-5) + j0.5\delta(\omega+5)]$$

对上式求傅里叶逆变换得系统的响应

$$y(t) = \mathcal{F}^{-1}[Y(j\omega)] = 2 + 2\sin(5t) \quad (3-225)$$

解法二 傅里叶级数法。

依题知 $f(t)$ 的表达式是三角形式的傅里叶级数。由图 3.37 可知

$$H(0) = 1, \quad H(j5) = 0.5e^{-j0.5\pi}, \quad H(j10) = 0$$

根据式(3-224)可求得系统的响应

$$y(t) = 2 + 4 \times 0.5\cos(5t - 0.5\pi) = 2 + 2\sin 5t \quad (3-226)$$

可见，信号$f(t)$经过系统后，直流分量不变，基波分量的幅度衰减为原来的一半，且相移90°，二次谐波分量完全被滤除。

3.8.4 无失真传输

一般情况下，系统响应的波形与激励的波形不相同，信号在传输过程中将产生失真。

线性系统引起的失真是由两方面因素造成的：一方面是系统对信号中各频率分量幅度产生不同程度的衰减，使响应各频率分量的相对幅度产生变化，引起幅度失真；另一方面是系统对各频率分量产生的相移不与频率成正比，使响应的各频率分量在时间轴上的相对位置产生变化，引起相位失真。

必须指出，线性系统的幅度失真与相位失真都不产生新的频率分量。而对于非线性系统则由于其非线性特性对于所传输的信号会产生非线性失真，所以可能产生新的频率分量。

在实际应用中，有时需要利用系统进行波形变换，这时必然产生失真。而有时则希望传输过程中信号失真最小。下面讨论线性系统无失真传输的条件。

所谓信号无失真传输是指系统的输出信号与输入信号相比，只有幅度的大小和出现时间先后不同，而没有波形上的变化。设输入信号为$f(t)$，经过无失真传输后，输出信号应为

$$y(t) = Kf(t - t_d) \tag{3-227}$$

即输出信号$y(t)$的幅度是输入信号的K倍，而且比输入信号延迟了t_d秒。设输出信号$y(t)$的频谱函数为$Y(j\omega)$，输入信号$f(t)$的频谱函数为$F(j\omega)$，对式(3-227)取傅里叶变换，根据时移特性可知，输出与输入信号频谱之间的关系为

$$Y(j\omega) = K e^{-j\omega t_d} F(j\omega) \tag{3-228}$$

由式(3-228)可见，为了使信号传输无失真，系统的频率响应函数应为

$$H(j\omega) = K e^{-j\omega t_d} \tag{3-229}$$

其幅频特性和相频特性分别为

$$\begin{aligned} |H(j\omega)| &= K \\ \theta(\omega) &= -\omega t_d \end{aligned} \tag{3-230}$$

式(3-229)和式(3-230)就是为了使信号无失真传输而对频率响应函数提出的要求，即在全部频带内，系统的幅频特性$|H(j\omega)|$应为一个常数，而相频特性$\theta(\omega)$应为过原点的直线。无失真传输的幅频、相频特性如图3.38所示。

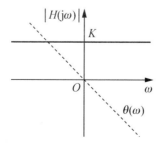

图3.38 无失真传输系统的幅频特性和相频特性

上述是信号无失真传输的理想条件。当传输有限带宽的信号时，只要在信号占有频带范围内，系统的幅频、相频特性满足以上条件即可。

由于系统的冲激响应 $h(t)$ 是频率响应 $H(j\omega)$ 的傅里叶逆变换，因此对式(3-229)取傅里叶逆变换，得

$$h(t) = K\delta(t-t_d) \quad (3-231)$$

式(3-231)是无失真传输对系统冲激响应的要求，即无失真传输系统的冲激响应也应是冲激函数，只是它是输入冲激函数的 K 倍并延迟了 t_d 时间。

例 3.27 某系统的幅频特性 $|H(j\omega)|$ 和相频特性 $\theta(\omega)$ 如图 3.39 所示，则下列信号通过该系统时，不产生失真的是(   )。

A. $f(t) = \cos t + \cos 8t$
B. $f(t) = \sin 2t + \sin 4t$
C. $f(t) = \sin 2t \sin 4t$
D. $f(t) = \cos^2 4t$

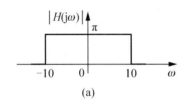
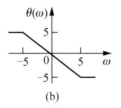

图 3.39 例 3.27 图

解 由幅频特性和相频特性可知，该系统对 $-5<\omega<5$ 的频率分量可无失真传输。

选项 A，$\cos 8t$ 不在无失真传输范围内，故该信号通过系统会产生失真。选项 C，由于 $\sin\alpha\sin\beta = -\dfrac{1}{2}[\cos(\alpha+\beta)-\cos(\alpha-\beta)]$，做傅里叶级数展开后存在 $\cos 6t$，它不在无失真传输范围内，故该信号通过系统会产生失真。选项 D，由于 $\cos\alpha\cos\beta = \dfrac{1}{2}[\cos(\alpha+\beta)+\cos(\alpha-\beta)]$，做傅里叶级数展开后存在 $\cos 8t$，故该信号通过系统会产生失真。只有选项 B 表示的信号可以无失真地通过该系统。

3.8.5 理想低通滤波器

在实际应用中，常常希望改变一个信号的频率成分，提取或增加所希望的频率分量，滤除或减少不希望的频率分量，这个工程称为信号的滤波。按照允许通过的频率分量划分，滤波器可分为低通、高通、带通、带阻等几种。

具有如图 3.40 所示幅频、相频特性的系统称为理想低通滤波器。它将低于某一角频率 ω_c 的信号无失真地传送，而阻止角频率高于 ω_c 的信号通过，其中 ω_c 称为截止角频率。信号能通过的频率范围称为通带，信号被阻止通过的频率范围称为止带或阻带。

设理想低通滤波器的截止角频率为 ω_c，通带内幅频特性 $|H(j\omega)|=1$，相频特性 $\theta(\omega) = -\omega t_d$，则理想低通滤波器的频率响应可写为

$$H(j\omega) = \begin{cases} e^{-j\omega t_d}, & |\omega|<\omega_c \\ 0, & |\omega|>\omega_c \end{cases}$$

$$= g_{2\omega_c}(\omega)e^{-j\omega t_d} \quad (3-232)$$

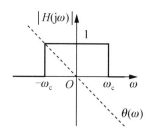

图 3.40　理想低通滤波器的幅频特性和相频特性

1. 理想低通滤波器的冲激响应

系统的冲激响应是频率响应函数 $H(j\omega)$ 的傅里叶逆变换,因此,理想低通滤波器的冲激响应为

$$h(t) = \mathscr{F}^{-1}[g_{2\omega_c}(\omega)e^{-j\omega t_d}]$$

由于

$$g_\tau(t) \leftrightarrow \tau \mathrm{Sa}\left(\frac{\tau\omega}{2}\right)$$

根据傅里叶变换的对称性,可知

$$\frac{\tau}{2\pi}\mathrm{Sa}\left(\frac{\tau t}{2}\right) \leftrightarrow g_\tau(\omega)$$

令 $\dfrac{\tau}{2} = \omega_c$,得

$$\frac{\omega_c}{\pi}\mathrm{Sa}(\omega_c t) \leftrightarrow g_{2\omega_c}(\omega)$$

再由时移特性得理想低通滤波器的冲激响应为

$$h(t) = \frac{\omega_c}{\pi}\mathrm{Sa}[\omega_c(t-t_d)] \tag{3-233}$$

其波形如图 3.41 所示。由图可见,理想低通滤波器冲激响应的峰值比输入的 $\delta(t)$ 延迟了 t_d,而且输出脉冲在其建立之前就已出现。对于实际的物理系统,当 $t<0$ 时,输入信号尚未接入,当然不可能有输出。这里的结果是采用了实际上不可能实现的理想化传输特性导致的。

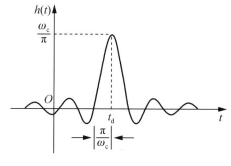

图 3.41　理想低通滤波器冲激响应的波形

2. 理想低通滤波器的阶跃响应

设理想低通滤波器的阶跃响应为 $g(t)$，它等于冲激响应 $h(t)$ 与单位阶跃函数的卷积积分，即

$$g(t) = h(t) * \varepsilon(t) = \int_{-\infty}^{t} h(\tau)\mathrm{d}\tau = \int_{-\infty}^{t} \frac{\omega_c}{\pi} \frac{\sin[\omega_c(\tau - t_d)]}{\omega_c(\tau - t_d)} \mathrm{d}\tau$$

令 $\omega_c(\tau - t_d) = x$，则 $\omega_c \mathrm{d}\tau = \mathrm{d}x$，令积分上限为 x_c，$x_c = \omega_c(t - t_d)$，进行变量代换后得

$$g(t) = \frac{1}{\pi} \int_{-\infty}^{x_c} \frac{\sin x}{x} \mathrm{d}x = \frac{1}{\pi} \int_{-\infty}^{0} \frac{\sin x}{x} \mathrm{d}x + \frac{1}{\pi} \int_{0}^{x_c} \frac{\sin x}{x} \mathrm{d}x \qquad (3-234)$$

由于 $\frac{\sin x}{x}$ 是偶函数，故

$$\frac{1}{\pi} \int_{-\infty}^{0} \frac{\sin x}{x} \mathrm{d}x = \frac{1}{\pi} \int_{0}^{\infty} \frac{\sin x}{x} \mathrm{d}x = \frac{1}{2} \qquad (3-235)$$

称函数 $\frac{\sin x}{x}$ 的定积分为正弦积分，表示为 $\mathrm{Si}(y)$，即

$$\mathrm{Si}(y) \stackrel{\text{def}}{=} \int_{0}^{y} \frac{\sin x}{x} \mathrm{d}x \qquad (3-236)$$

其函数值可以从正弦积分表中查得。将式(3-235)和式(3-236)代入式(3-234)，得理想低通滤波器的阶跃响应为

$$g(t) = \frac{1}{2} + \frac{1}{\pi} \mathrm{Si}[\omega_c(t - t_d)] \qquad (3-237)$$

理想低通滤波器阶跃响应的波形如图 3.42 所示。由图可见，理想低通滤波器的阶跃响应和输入的阶跃函数相比有明显的失真，它不像阶跃函数那样陡直上升，而且在 $(-\infty, \infty)$ 区间就已出现，这同样是采用理想化频率响应所致。理想低通滤波器阶跃响应的延迟时间为 t_0。阶跃响应的最小值出现在 $t_0 - \frac{\pi}{\omega_c}$ 时刻，最大值出现在 $t_0 + \frac{\pi}{\omega_c}$。阶跃响应从最小值上升到最大值所需时间称为上升时间 t_r，$t_r = \frac{2\pi}{\omega_c}$。可见理想低通滤波器的截止角频率 ω_c 越低，阶跃响应 $g(t)$ 上升越缓慢。令 $B = \frac{\omega_c}{2\pi} = \frac{1}{t_r}$，表示滤波器带宽(即截止频率)。由此可得到一个有用的结论，理想低通滤波器阶跃响应的上升时间与系统的带宽成反比。

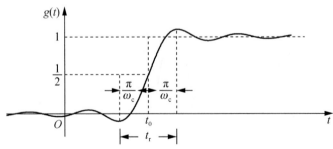

图 3.42 理想低通滤波器阶跃响应的波形

当从某信号的傅里叶变换恢复或逼近原信号时，如果原信号包含间断点，那么，在各间断点处，其恢复信号将出现过冲，这种由频率截断效应引起的振荡现象称为吉布斯现象。只要$\omega_c<\infty$，则必有振荡。将理想低通滤波器第一个极大值所处时刻$t_0+\dfrac{\pi}{\omega_c}$代入式(3-237)，得阶跃响应的最大值为

$$g_{\max}=0.5+\mathrm{Si}(\pi)/\pi=1.0895$$

其过冲比稳态值高约9%。

虽然理想低通滤波器是物理不可实现的，但传输特性接近于理想特性的电路却不难构成。图3.43(a)所示是一个二阶低通滤波器，其中$R=\sqrt{\dfrac{L}{C}}$。电路的频率响应函数为

$$H(\mathrm{j}\omega)=\dfrac{U_2(\mathrm{j}\omega)}{U_1(\mathrm{j}\omega)}=\dfrac{\dfrac{1}{\dfrac{1}{R}+\mathrm{j}\omega C}}{\mathrm{j}\omega L+\dfrac{1}{\dfrac{1}{R}+\mathrm{j}\omega C}}=\dfrac{1}{1-\omega^2 LC+\mathrm{j}\omega\dfrac{L}{R}}$$

考虑到$R=\sqrt{\dfrac{L}{C}}$，并令截止角频率$\omega_c=\dfrac{1}{\sqrt{LC}}$，上式可写为

$$H(\mathrm{j}\omega)=\dfrac{1}{1-\left(\dfrac{\omega}{\omega_c}\right)^2+\mathrm{j}\sqrt{2}\dfrac{\omega}{\omega_c}}=|H(\mathrm{j}\omega)|\mathrm{e}^{\mathrm{j}\theta(\omega)} \qquad (3-238)$$

其幅频和相频特性分别为

$$|H(\mathrm{j}\omega)|=\dfrac{1}{\sqrt{1-\left(\dfrac{\omega}{\omega_c}\right)^4}} \qquad (3-239)$$

$$\theta(\omega)=-\arctan\left[\dfrac{\sqrt{2}\dfrac{\omega}{\omega_c}}{1-\left(\dfrac{\omega}{\omega_c}\right)^2}\right] \qquad (3-240)$$

图3.43(c)、图3.43(d)分别画出了该电路的幅频特性和相频特性。在$\omega=\pm\omega_c$处，$|H(\pm\mathrm{j}\omega)|=\dfrac{1}{\sqrt{2}}$，$\theta(\pm\omega)=\mp\dfrac{\pi}{2}$。由图可见，图3.43(a)电路的幅频、相频特性与理想低通滤波器相似。实际上，电路的阶数越高，其幅频、相频特性越接近理想特性。对图3.43(a)所示电路的频率响应函数做傅里叶逆变换，可求出系统的冲激响应为

$$h(t)=\dfrac{2\omega_c}{\sqrt{3}}\mathrm{e}^{-\frac{\omega_c t}{2}}\sin\left(\dfrac{\sqrt{3}}{2}\omega_c t\right)\varepsilon(t) \qquad (3-241)$$

图3.43(b)画出了图3.43(a)所示电路的冲激响应，也与理想特性相似。不过，这里的响应是从$t=0$开始的，在$t<0$时，$h(t)=0$，这是由于图3.43(a)所示电路是物理可实现的。

为了能根据系统的幅频、相频特性或冲激响应、阶跃响应判断系统是否是物理可实现的，需要找到物理可实现系统所应满足的条件。

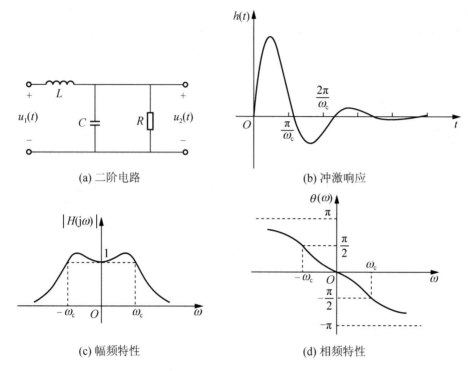

图 3.43 二阶低通滤波器的特性

就时域特性而言,一个物理可实现的系统,其冲激响应和阶跃响应必须满足

$$h(t)=0,\ t<0$$
$$g(t)=0,\ t<0 \quad (3-242)$$

即响应不应在激励作用之前出现。

就频域特性来说,佩利(Paley)和维纳(Wiener)证明了物理可实现系统的幅频特性必须满足

$$\int_{-\infty}^{\infty}|H(j\omega)|^2 d\omega<\infty \quad (3-243)$$

并且满足

$$\int_{-\infty}^{\infty}\frac{|\ln|H(j\omega)||}{1+\omega^2}d\omega<\infty \quad (3-244)$$

式(3-244)称为佩利-维纳准则。从该准则可以看出,对于物理可实现系统,其幅频特性可在某些孤立频率点上为零,但不能在某个有限频带内为零。

3.9 采样定理

采样定理论述了在一定条件下,一个连续信号完全可以用离散样本值表示。这些样本值包含了该连续信号的全部信息,利用这些样本值可以恢复原信号。可以说,采样定理在连续信号与离散信号之间架起了一座桥梁,为其互相转换提供了理论依据。

3.9.1 信号的采样

【信号的采样】

所谓采样就是利用采样脉冲序列 $s(t)$ 从连续信号 $f(t)$ 中"抽取"一系列离散样本值的过程。这样得到的离散信号称为采样信号。它是对信号进行数字处理(图 3.44)的第一个环节。如图 3.45 所示的采样信号 $f_s(t)$ 可写为

$$f_s(t) = f(t)s(t) \tag{3-245}$$

式中,采样脉冲序列 $s(t)$ 又称开关函数。如果其各脉冲间隔的时间相同,均为 T_s,就称为均匀采样。T_s 称为采样周期或采样间隔,$f_s = 1/T_s$ 称为采样频率或采样率,$\omega_s = 2\pi/T_s$ 称为采样角频率。

如果 $f(t) \leftrightarrow F(j\omega)$,$s(t) \leftrightarrow S(j\omega)$,则由频域卷积定理得采样信号 $f_s(t)$ 的频谱函数为

$$F_s(j\omega) = \frac{1}{2\pi} F(j\omega) * S(j\omega) \tag{3-246}$$

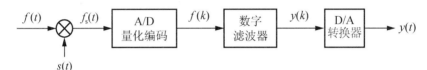

图 3.44 数字处理过程

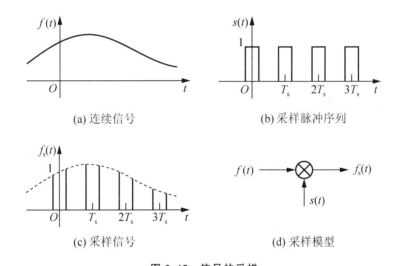

图 3.45 信号的采样

1. 冲激采样

若采样脉冲序列 $s(t)$ 是周期为 T_s 的冲激函数序列 $\delta_{T_s}(t)$,则称为冲激采样。由式(3-199)可知,冲激序列 $\delta_{T_s}(t)$ 的频谱函数也是周期冲激序列,即

$$s(t) = \delta_{T_s}(t) = \sum_{n=-\infty}^{\infty} \delta(t - nT_s) \leftrightarrow S(j\omega) = \omega_s \sum_{n=-\infty}^{\infty} \delta(\omega - n\omega_s) \tag{3-247}$$

式中,$\omega_s = 2\pi/T_s$。冲激序列及其频谱如图 3.46(b)和图 3.46(e)所示。

如果 $f(t)$ 的频带是有限的,即 $f(t)$ 的频谱只在区间$(-\omega_m, \omega_m)$为有限值,而其余区间为零,这样的信号称为频带有限信号,简称带限信号,$f(t)$及其频谱如图 3.46(a)和图 3.46(d)所示。

由式(3-245)得采样信号 $f_s(t)$ 为

$$f_s(t) = f(t)\delta_{T_s}(t) = \sum_{n=-\infty}^{\infty} f(nT_s)\delta(t-nT_s) \qquad (3-248)$$

设 $f(t) \leftrightarrow F(j\omega)$,将式(3-247)代入式(3-246)可求得采样信号 $f_s(t)$ 的频谱函数为

$$F_s(j\omega) = \frac{1}{2\pi}F(j\omega) * \omega_s\delta_{\omega_s}(\omega) = \frac{1}{T_s}\sum_{n=-\infty}^{\infty} F(j\omega) * \delta(\omega-n\omega_s) \qquad (3-249)$$

$$= \frac{1}{T_s}\sum_{n=-\infty}^{\infty} F[j(\omega-n\omega_s)]$$

冲激采样信号 $f_s(t)$ 及其频谱如图 3.46(c)和图 3.46(f)所示。由图 3.46(f)和式(3-249)可知,采样信号 $f_s(t)$ 的频谱 $F_s(j\omega)$ 是由原信号频谱 $F(j\omega)$ 的无限个频移项组成的,其频移的角频率分别为 $n\omega_s (n=0, \pm 1, \pm 2, \cdots)$,其幅值为原频谱的 $\frac{1}{T_s}$。

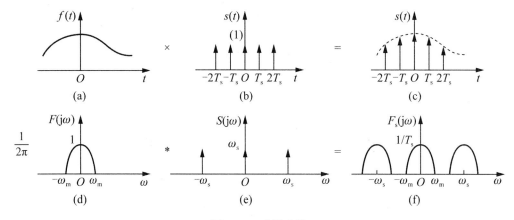

图 3.46 冲激采样

由采样信号 $f_s(t)$ 的频谱 $F_s(j\omega)$ 不难发现,如果 $\omega_s \geq 2\omega_m$(即 $f_s \geq 2f_m$ 或 $T_s \leq \frac{1}{2f_m}$),这时其频谱不发生混叠,因此能设法(如利用低通滤波器)从 $F_s(j\omega)$ 中取出 $F(j\omega)$,即从 $f_s(t)$ 中恢复原信号 $f(t)$。否则将发生混叠,而无法恢复原信号。可见,为了不发生频谱混叠,必须满足 $\omega_s \geq 2\omega_m$。

2. 矩形脉冲采样

若采样脉冲序列 $s(t)$ 是幅度为1,脉宽为 $\tau(\tau<T_s)$ 的单位矩形脉冲序列 $p_{T_s}(t)$,如图 3.47(b)所示,则由式(3-206)知,采样脉冲序列 $s(t)$ 的频谱函数为

$$S(j\omega) = \frac{2\pi\tau}{T_s}\sum_{n=-\infty}^{\infty} \text{Sa}\left(\frac{n\omega_s\tau}{2}\right)\delta(\omega-n\omega_s) \qquad (3-250)$$

设 $f(t) \leftrightarrow F(j\omega)$,将式(3-250)代入式(3-246),可求得采样信号 $f_s(t)$ 的频谱函数为

$$F_s(j\omega) = \frac{1}{2\pi}F(j\omega) * S(j\omega) = \frac{\tau}{T_s}\sum_{n=-\infty}^{\infty}\text{Sa}\left(\frac{n\omega_s\tau}{2}\right)F[j(\omega - n\omega_s)] \qquad (3-251)$$

图 3.47 画出了矩形脉冲采样信号及其频谱。

比较式(3-249)和式(3-251)，以及图 3.46(f)与图 3.47(f)可知，经过冲激采样或矩形脉冲采样后，其采样信号 $f_s(t)$ 的频谱相似。因此，当 $\omega_s \geqslant 2\omega_m$ 时，矩形脉冲采样信号的频谱 $F_s(j\omega)$ 也不会出现混叠，从而能从采样信号 $f_s(t)$ 中恢复原信号 $f(t)$。

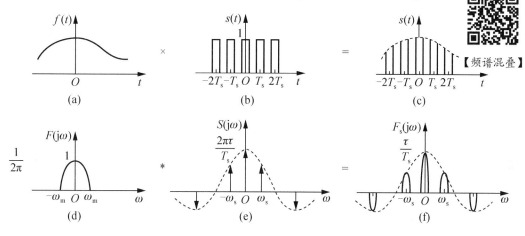

图 3.47 矩形脉冲采样

3.9.2 时域采样定理

时域采样定理可表述如下。

一个频谱在区间 $(-\omega_m, \omega_m)$ 以外为零的频带有限信号 $f(t)$，可唯一地由其在均匀间隔 $T_s\left(T_s \leqslant \dfrac{1}{2f_m}\right)$ 上的样点值 $f(nT_s)$ 确定。

需要说明的是，为了能从采样信号 $f_s(t)$ 中恢复原信号 $f(t)$，必须满足以下两个条件。① $f(t)$ 必须是带限信号，即其频谱函数在 $|\omega| > \omega_m$ 各处为零；② 采样频率不能太低，必须满足 $f_s \geqslant 2f_m$，或者说，采样间隔不能太大，必须满足 $T_s \leqslant 1/(2f_m)$，否则将发生频谱混叠。通常将最低允许的采样频率 $f_s = 2f_m$ 称为奈奎斯特(Nyquist)频率，将最大允许的采样间隔 $T_s = 1/(2f_m)$ 称为奈奎斯特间隔。

当 $\omega_s \geqslant 2\omega_m$ 时，将采样信号 $f_s(t)$ 通过下面的理想低通滤波器

$$H(j\omega) = \begin{cases} T_s, & |\omega| \leqslant \omega_c \\ 0, & |\omega| > \omega_c \end{cases} \qquad (3-252)$$

其截止角频率 ω_c 取 $\omega_m \leqslant \omega_c \leqslant \omega_s - \omega_m$，有

$$F(j\omega) = F_s(j\omega) \cdot H(j\omega) \leftrightarrow f(t) = f_s(t) * h(t) \qquad (3-253)$$

即可由采样信号 $f_s(t)$ 恢复原信号 $f(t)$。

3.9.3 频域采样定理

根据时域与频域的对偶性可推出频域采样定理。频域采样定理可表述如下。一个在时

域区间$(-t_m, t_m)$以外为0的时限信号$f(t)$的频谱函数$F(j\omega)$可唯一地由其在均匀频率间隔f_s $[f_s < 1/2t_m]$上的样值点$F(jn\omega_s)$确定。

小 结

本章主要描述了连续时间信号与系统的频域分析方法,依次介绍了连续时间周期信号的傅里叶级数表示法,连续时间非周期信号的傅里叶变换表示法,傅里叶变换的若干性质,周期信号的傅里叶表示法,以及在频率域中如何分析连续时间信号与系统,最后介绍了连续时间信号与离散时间信号的桥梁——采样定理。

习 题 三

3.1 求下列周期信号的基波角频率Ω和周期T。

(1) e^{j100t} (2) $\cos\left[\dfrac{\pi}{2}(t-3)\right]$

(3) $\cos 2t + \sin 4t$ (4) $\cos 2\pi t + \cos 3\pi t + \cos 5\pi t$

(5) $\cos\dfrac{\pi}{2}t + \sin\dfrac{\pi}{4}t$ (6) $\cos\dfrac{\pi}{2}t + \cos\dfrac{\pi}{3}t + \cos\dfrac{\pi}{5}t$

3.2 图 3.48 所示为 4 个周期相同的信号。

(1) 用直接求傅里叶系数的方法求图 3.48(a)所示函数的傅里叶级数(三角形式)。

(2) 将图 3.48(a)的函数$f_1(t)$左(或右)移$\dfrac{T}{2}$,就得图 3.48(b)的函数$f_2(t)$,利用(1)的结果求$f_2(t)$的傅里叶级数。

(3) 利用以上结果求图 3.48(c)的函数$f_3(t)$的傅里叶级数。

(4) 利用以上结果求图 3.48(d)的函数$f_4(t)$的傅里叶级数。

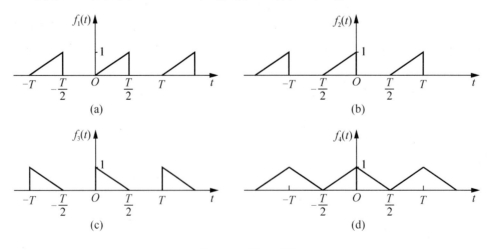

图 3.48 题 3.2 图

第3章 傅里叶变换与系统的频域分析

3.3 利用奇偶性判断图 3.49 所示各周期信号的傅里叶级数中所含有的频率分量。

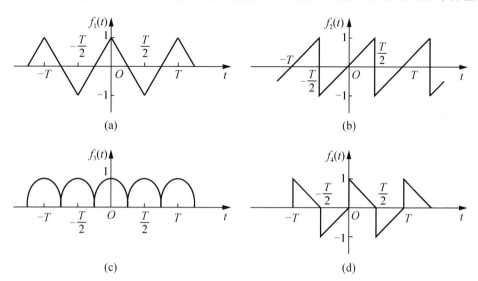

图 3.49 题 3.3 图

3.4 将图 3.50 所示周期信号 $f(t)$ 展开成傅里叶级数。

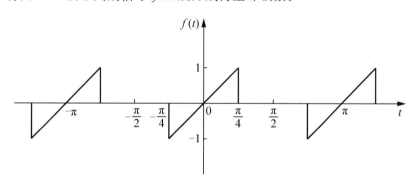

图 3.50 题 3.4 图

3.5 已知周期电压

$$u(t)=2+3\sin\frac{\pi}{6}t-4\cos\frac{\pi}{6}t+2\cos\left(\frac{\pi}{3}t-60°\right)+\sin\left(\frac{2\pi}{3}t+45°\right)$$

试分别画出其单边、双边的振幅与相位频谱。

3.6 计算下列信号的傅里叶变换。

(1) $f_1(t)=e^{jt}\text{sgn}(3-2t)$

(2) $f_2(t)=\dfrac{\text{d}}{\text{d}t}\left[e^{-2(t-1)}\varepsilon(t)\right]$

(3) $f_3(t)=e^{2t}\varepsilon(-t+1)$

(4) $f_4(t)=\begin{cases}\cos\dfrac{\pi t}{2}, & |t|<1\\ 0, & |t|>1\end{cases}$

(5) $f_5(t) = \dfrac{2}{t^2+4}$

3.7 若 $f(t)$ 为虚函数，且 $F[f(t)] = F(j\omega) = R(\omega) + jX(\omega)$，试证：

(1) $R(\omega) = -R(-\omega)$，$X(\omega) = X(-\omega)$

(2) $F(-j\omega) = -F^*(j\omega)$

3.8 已知频谱 $F(j\omega) = [\varepsilon(\omega) - \varepsilon(\omega-2)] e^{-j\omega}$，求原函数 $f(t)$。

3.9 已知 $F(j\omega) = F[f(t)]$，试求下列各式的傅里叶变换。

(1) $\dfrac{df(t)}{dt} * \dfrac{1}{\pi t}$

(2) $(1-t)f(1-t)$

3.10 已知 $F(j\omega) = F[f(t)]$，求 $\displaystyle\int_{-\infty}^{1-\frac{1}{2}t} f(x)\,dx$ 的傅里叶变换。

3.11 如图 3.51 所示信号 $f(t)$，其傅里叶变换 $F(j\omega) = F[f(t)]$，求：

(1) $F(0)$

(2) $\displaystyle\int_{-\infty}^{\infty} F(j\omega)\,d\omega$

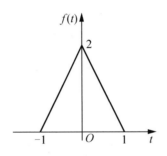

图 3.51 题 3.11 图

3.12 求图 3.52 所示各信号的傅里叶变换。

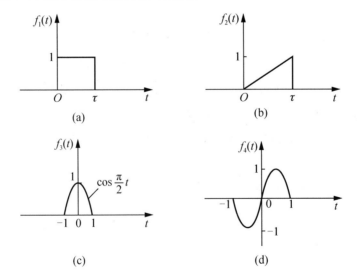

图 3.52 题 3.12 图

3.13 如图 3.53 所示信号 $f(t)$ 的频谱函数为 $F(j\omega)$,求下列各值(不必求出 $F(j\omega)$)。

(1) $F(0) = F(j\omega)|_{\omega=0}$

(2) $\int_{-\infty}^{\infty} F(j\omega) d\omega$

(3) $\int_{-\infty}^{\infty} |F(j\omega)|^2 d\omega$

3.14 一个周期为 T 的周期信号 $f(t)$,已知其指数形式的傅里叶系数为 F_n,求下列周期信号的傅里叶系数。

(1) $f_1(t) = f(t - t_0)$

(2) $f_2(t) = f(-t)$

(3) $f_3(t) = \dfrac{df(t)}{dt}$

(4) $f_4(t) = f(at)$,$a > 0$

3.15 已知信号 $f(t)$ 如图 3.54 所示,其傅里叶变换 $F(j\omega) = \mathscr{F}[f(t)]$,求 $\int_{-\infty}^{\infty} F(j\omega) \dfrac{2\sin\omega}{\omega} e^{j2\omega} d\omega$。

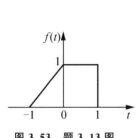

图 3.53 题 3.13 图

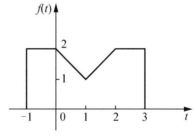

图 3.54 题 3.15 图

3.16 若如图 3.55(a) 所示信号 $f(t)$ 的傅里叶变换为 $F(j\omega) = R(\omega) + jx(\omega)$,求图 3.55(b) 所示信号 $y(t)$ 的傅里叶变换 $Y(j\omega)$。

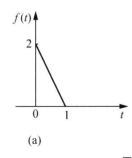

(a)

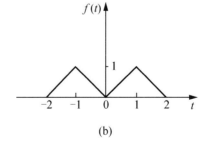

(b)

图 3.55 题 3.16 图

3.17 已知信号 $f(t)$ 的傅里叶变换为 $F(j\omega)$,求下列信号的傅里叶变换。

(1) $f(t)\cos[3(t-4)]$

(2) $(t-3)f(-3t)$

(3) $\int_{-\infty}^{t} f(2\tau - 2) d\tau$

3.18 求下列频谱函数 $F(j\omega)$ 的傅里叶逆变换 $f(t)$。

(1) $F(j\omega) = 2\varepsilon(1-\omega)$

(2) $F(j\omega) = \dfrac{2\sin \omega}{\omega}\cos 5\omega$

(3) $F(j\omega) = \dfrac{\sin(3\omega+6)}{\omega+2}$

3.19 利用常用信号的傅里叶变换和傅里叶变换性质，证明：

(1) $\displaystyle\int_0^\infty \dfrac{\sin x}{x}\mathrm{d}x = \dfrac{\pi}{2}$

(2) $\displaystyle\int_{-\infty}^\infty \left(\dfrac{\sin x}{x}\right)^2 \mathrm{d}x = \pi$

3.20 某线性时不变系统的频率响应 $H(j\omega) = \dfrac{j\omega-1}{j\omega+1}$，若输入 $f(t) = \sin t$，求系统的输出 $y(t)$。

3.21 如图 3.56(a) 所示系统，已知带通滤波器的幅频响应如图 3.56(b) 所示，其相频特性 $\varphi(\omega) = 0$，若输入为 $f(t) = \dfrac{\sin 2\pi t}{2\pi t}$，$s(t) = \cos 1000t$，求输出信号 $y(t)$。

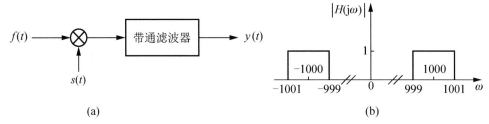

图 3.56 题 3.21 图

3.22 某线性时不变系统的幅频响应 $|H(j\omega)|$ 和相频响应 $\varphi(\omega)$ 如图 3.57 所示。若激励 $f(t) = 1 + \displaystyle\sum_{n=1}^\infty \dfrac{1}{n}\cos nt$，求该系统的响应 $y(t)$。

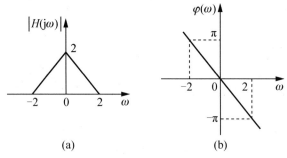

图 3.57 题 3.22 图

3.23 如图 3.58 所示系统，已知
$$f(t) = 1 + \cos t + \cos 2t,\quad s(t) = \cos 2t,\quad H(j\omega) = \begin{cases} 2e^{-j2\omega}, & |\omega| < 1.5\,\mathrm{rad/s} \\ 0, & |\omega| > 1.5\,\mathrm{rad/s} \end{cases}$$
求系统的输出 $y(t)$。

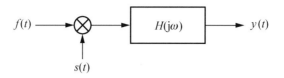

图 3.58 题 3.23 图

3.24 如图 3.58 所示系统,已知 $f(t) = \sum_{n=-\infty}^{\infty} e^{jnt}$,$-\infty < t < \infty$,$s(t) = \cos t$,
$H(j\omega) = \begin{cases} e^{-j\frac{\omega\pi}{3}}, & |\omega| < 1.5\text{rad/s} \\ 0, & |\omega| > 1.5\text{rad/s} \end{cases}$,求输出 $y(t)$。

3.25 某线性时不变系统的频率响应函数

$$H(j\omega) = \begin{cases} e^{j\frac{\pi}{2}}, & -6\text{rad/s} < \omega < 0\text{rad/s} \\ e^{-j\frac{\pi}{2}}, & 0\text{rad/s} < \omega < 6\text{rad/s} \\ 0, & \omega < -6\text{rad/s} \text{ 和 } \omega > 6\text{rad/s} \end{cases}$$

当激励 $f(t) = \dfrac{\sin 3t}{t} \cos 5t$ 时,求系统的输出 $y(t)$。

3.26 某线性时不变系统,已知其系统函数 $H(j\omega) = \begin{cases} 1-\dfrac{|\omega|}{3}, & |\omega| < 3\text{rad/s} \\ 0, & |\omega| > 3\text{rad/s} \end{cases}$,输入
信号 $f(t) = \sum_{n=-\infty}^{\infty} 3e^{jn\left(\Omega+\frac{\pi}{2}\right)}$,$\Omega = 1\text{rad/s}$,求该系统的输出 $y(t)$。

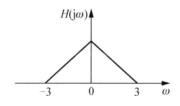

图 3.59 题 3.26 图

3.27 有限频带信号 $f(t)$ 的最高频率为 100Hz,若对下列信号进行时域采样,求最小采样频率 f_s。

(1) $f(3t)$ (2) $f^2(t)$ (3) $f(t) * f(2t)$ (4) $f(t) + f^2(t)$

3.28 有限频带信号 $f(t) = 5 + 2\cos 2\pi f_1 t + \cos 4\pi f_1 t$,其中 $f_1 = 1\text{kHz}$,用 $f_s = 5\text{kHz}$ 的冲激函数序列 $\delta_{T_s}(t)$ 进行采样。

(1) 画出 $f(t)$ 及采样信号 $f_s(t)$ 在频率区间 $(-10\text{kHz}, 10\text{kHz})$ 的频谱图。

(2) 若由 $f_s(t)$ 恢复原信号,理想低通滤波器的截止频率 f_c 应如何选择?

第4章 连续时间系统的复频域分析

傅里叶变换在信号与系统分析中占有十分重要的地位,建立在傅里叶变换基础上的频域分析法不仅给出了诸如谐波分析、频率响应、频带宽度、频谱搬移、滤波和波形失真等信号分析、处理方面的清晰物理意义,而且具有很强的工程可实现性。

然而,傅里叶变换存在的如下局限性使其在工程上的应用受到了一定限制。

(1) 傅里叶变换要求时间信号 $f(t)$ 满足狄里赫利条件并且绝对可积,但工程上常有一些信号(如单位阶跃信号 $\varepsilon(t)$、单位斜坡信号 $t\varepsilon(t)$、单边正弦信号 $\sin \omega_0 t \varepsilon(t)$ 等)不满足绝对可积条件。虽然引入激励函数后,从极限观点看其傅里叶变换也存在,但其频谱中包含冲激或冲激的导数,致使变换式的形式和运算都十分复杂,甚至有些信号(如单边增长指数信号 $e^{\alpha t}\varepsilon(t)$,$\alpha > 0$)的傅里叶变换根本就不存在。

(2) 傅里叶逆变换需要对 ω 在 $(-\infty,\infty)$ 区间进行广义积分,该积分往往是十分困难的,甚至是不可能的。

(3) 建立在傅里叶变换基础上的频域分析法只能用来求取系统的零状态响应,而不能用来求取系统的零输入响应,系统零输入响应的求取需另觅其他方法。

为此,需要寻求功能较之频域分析法更强的系统分析方法,这就是本章将要介绍的,建立在拉普拉斯变换基础上的复频域分析法。

教学要求

掌握拉普拉斯变换及逆变换的意义;会确定象函数的收敛域;熟练掌握拉普拉斯变换法;掌握利用拉普拉斯变换法求解微分方程的零输入响应、零状态响应、全响应和系统函数的方法;理解因果信号的拉普拉斯变换与傅里叶变换的关系。

第4章 连续时间系统的复频域分析

重点与难点

1. 拉普拉斯变换
(1) 拉普拉斯变换及收敛域。
(2) 拉普拉斯变换的主要性质。
(3) 利用部分分式展开求拉普拉斯逆变换。
2. 线性时不变系统的 s 域分析
(1) 系统函数。
(2) 微分方程的变换解(利用拉普拉斯变换求零输入响应、零状态响应、全响应及系统函数)。
(3) 依据电路或系统仿真框图求系统函数和系统响应。
(4) 因果信号的拉普拉斯变换与傅里叶变换的关系。

4.1 拉普拉斯变换

4.1.1 拉普拉斯变换介绍

工程上，实际信号 $f(t)$ 总是在某一确定时刻接入系统的。若将信号 $f(t)$ 接入系统的时刻作为计时起点 $t=0$，那么 $t<0$ 时，就系统而言，$f(t)=0$ 即因果信号。因此可将信号 $f(t)$ 傅里叶变换的积分下限由 $-\infty$ 改为 0_-，称为单边傅里叶变换。即可改写为

$$F(j\omega) = \int_{-\infty}^{\infty} f(t) e^{-j\omega t} = \int_{0_-}^{\infty} f(t) e^{-j\omega t} dt \tag{4-1}$$

式中，积分下限取为 0_- 是为了计入信号 $f(t)$ 中可能包含的 $t=0$ 时刻的冲激函数 $\delta(t)$。

为了克服傅里叶变换的局限性，可给信号 $f(t)$ 乘以收敛因子 $e^{-\sigma t}$（σ 为任意实常数）。合理选择 σ 的大小就可使一些原本不存在傅里叶变换的信号 $f(t)$ 在乘以收敛因子 $e^{-\sigma t}$ 后满足绝对可积条件，即

$$\int_{-\infty}^{\infty} |f(t)| e^{-\sigma t} dt = \int_{0_-}^{\infty} |f(t)| e^{-\sigma t} dt < \infty \tag{4-2}$$

从而可进行傅里叶变换

$$F(j\omega) = \int_{-\infty}^{\infty} f(t) e^{-\sigma t} e^{-j\omega t} dt = \int_{0_-}^{\infty} f(t) e^{-(\sigma+j\omega)t} dt \tag{4-3}$$

显然，函数 $f(t)e^{-\sigma t}$（单边）傅里叶变换的结果是复数变量 $(\sigma+j\omega)$ 的函数。令 $s=\sigma+j\omega$，则可以写为

$$F(s) = \int_{0_-}^{\infty} f(t) e^{-st} dt \tag{4-4}$$

它实际上是信号 $f(t)$ 的一种新的变换，称为单边拉普拉斯变换。$F(s)$ 称为 $f(t)$ 的象函数，$f(t)$ 称为 $F(s)$ 的原函数。$s=\sigma+j\omega$ 称为复频率。σ 的单位是 $1/s$，ω 的单位是 rad/s。

由已知象函数 $F(s)$ 求对应原函数 $f(t)$ 的过程称为拉普拉斯逆变换。拉普拉斯逆变换的基本公式可根据傅里叶逆变换的基本公式导出。

由于

$$F(s) = \int_{0_-}^{\infty} f(t) e^{-st} dt = \int_{0_-}^{\infty} f(t) e^{-\sigma t} e^{-j\omega t} dt$$

所以

$$f(t) e^{-\sigma t} = \frac{1}{2\pi} \int_{-\infty}^{\infty} F(s) e^{j\omega t} d\omega$$

结果为

$$f(t) = \frac{1}{2\pi} \int_{-\infty}^{\infty} F(s) e^{\sigma t} e^{j\omega t} d\omega = \frac{1}{2\pi} \int_{-\infty}^{\infty} F(s) e^{st} d\omega$$

因取 $s=\sigma+j\omega$，故有 $ds=jd\omega$，且 $\omega=\infty$ 时，$s=\sigma+j\infty$，$\omega=-\infty$ 时，$s=\sigma-j\infty$，代入上式中整理可得

$$f(t) = \frac{1}{2\pi j} \int_{\sigma-j\infty}^{\sigma+j\infty} F(s) e^{st} ds, t \geqslant 0 \quad (4-5)$$

这就是拉普拉斯逆变换的基本公式，因其涉及复变函数 $F(s)$ 的积分运算，比较复杂，故实用不多。

拉普拉斯变换一般记为 $F(s)=L[f(t)]$，拉普拉斯逆变换一般记为 $f(t)=L^{-1}[F(s)]$。它们构成了拉普拉斯变换对，建立了信号时域与复频域之间的关系 $f(t) \leftrightarrow F(s)$。

由于一般常用信号均为因果信号，故以后讨论和应用的拉普拉斯变换均指这种单边拉普拉斯变换（非因果信号双边拉普拉斯变换——正变换积分下限为 $-\infty$，逆变换除去公式后所标为 $(t \geqslant 0)$）。

4.1.2 拉普拉斯变换存在的条件和收敛域

1. 复频域

以复频率 s 的实部 σ 为横轴，虚部 $j\omega$ 为纵轴建立的坐标平面称为复频域，简称 s 域。复频域存在 3 个区域：$j\omega$ 轴以左的左半开平面、$j\omega$ 轴以右的右半开平面及 $j\omega$ 轴自身。显然，复频率平面上的任何一点都对应着一个具体的 s 值。

2. 拉普拉斯变换存在的条件及收敛域

拉普拉斯变换要求信号 $f(t)$ 乘以收敛因子 $e^{-\sigma t}$ 后得到的时间函数 $f(t) e^{-\sigma t}$ 必须满足绝对可积条件。因此，如果对于任意信号 $f(t)$ 存在一个实常数 σ_0 使得下式成立：

$$\lim_{t \to \infty} f(t) e^{-\sigma t} = 0, \sigma > \sigma_0 \quad (4-6)$$

那么该信号 $f(t)$ 的拉普拉斯变换是肯定存在的。$\sigma > \sigma_0$ 被称为拉普拉斯变换存在的条件，数学上称为拉普拉斯变换的收敛条件，实常数 σ_0 的值将由信号 $f(t)$ 的函数形式所确定。

根据 σ_0 的值，可将复频域分为两个区域：收敛域和非收敛域，如图 4.1 所示。σ_0 称为收敛坐标。通过 σ_0 点的垂直线称为收敛轴或收敛边界；收敛轴以右的区域（不含收敛轴）称为拉普拉斯变换的收敛域，收敛轴以左的区域（含收敛轴）称为拉普拉斯变换的非收

敛域。可见，拉普拉斯变换的收敛域就是复频域上能使$\lim_{t\to\infty}f(t)\mathrm{e}^{-\sigma t}=0$成立的实常数$\sigma$的取值范围，也就是复频域上能使拉普拉斯变换积分式收敛存在的区域。

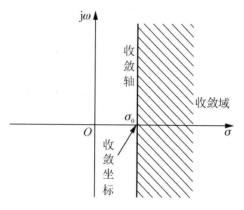

图 4.1 收敛区的划分

例 4.1 求因果信号 $f_1(t)=\mathrm{e}^{\alpha t}\varepsilon(t)$ 的拉普拉斯变换及收敛域。

解 $F_1(s)=\int_{-\infty}^{\infty}f_1(t)\mathrm{e}^{-st}\mathrm{d}t=\int_{-\infty}^{\infty}\mathrm{e}^{\alpha t}\varepsilon(t)\mathrm{e}^{-st}\mathrm{d}t=\int_{0}^{\infty}\mathrm{e}^{-(s-\alpha)t}\mathrm{d}t=\dfrac{1}{s-\alpha}$

上式积分只有在 $\sigma-\alpha>0$，即 $\sigma>\alpha$ 时收敛，记为

$$\mathrm{e}^{\alpha t}\varepsilon(t)\leftrightarrow\dfrac{1}{s-\alpha}\quad(\sigma>\alpha) \tag{4-7}$$

可见对于因果信号，仅当 $\sigma>\alpha$ 时，其拉普拉斯变换存在。在 s 平面上，收敛域表示为图 4.2(a)所示的斜线部分。

例 4.2 求反因果信号 $f_2(t)=\mathrm{e}^{\beta t}\varepsilon(-t)$ 的拉普拉斯变换及收敛域。

解 $F_2(s)=\int_{-\infty}^{\infty}f_2(t)\mathrm{e}^{-st}\mathrm{d}t=\int_{-\infty}^{\infty}[\mathrm{e}^{\beta t}\varepsilon(-t)]\mathrm{e}^{-st}\mathrm{d}t=\int_{-\infty}^{0}\mathrm{e}^{-(s-\beta)t}\mathrm{d}t=\dfrac{1}{\beta-s}$

上式积分只有在 $\sigma-\beta<0$，即 $\sigma<\beta$ 时收敛，记为

$$\mathrm{e}^{\beta t}\varepsilon(-t)\leftrightarrow\dfrac{1}{\beta-s}(\sigma<\beta) \tag{4-8}$$

在 s 平面上，反因果函数的收敛域表示为图 4.2(b)所示的斜线部分。

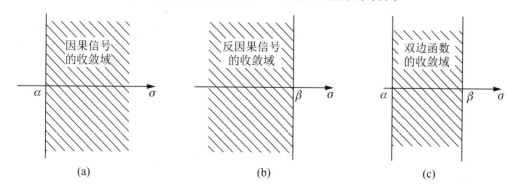

图 4.2 三种不同函数的收敛域

如果有双边函数

$$f(t) = \begin{cases} e^{\beta t}, & t<0 \\ e^{\alpha t}, & t>0 \end{cases}$$

其收敛域如图 4.2(c) 所示。

例 4.3 求下列信号的双边拉普拉斯变换。

$$f_1(t) = e^{-3t}\varepsilon(t) + e^{-2t}\varepsilon(t)$$

$$f_2(t) = -e^{-3t}\varepsilon(-t) - e^{-2t}\varepsilon(-t)$$

$$f_3(t) = e^{-3t}\varepsilon(t) - e^{-2t}\varepsilon(-t)$$

解 $f_1(t) \leftrightarrow F_1(s) = \dfrac{1}{s+3} + \dfrac{1}{s+2}$ $\text{Re}[s] = \sigma > -2$

$f_2(t) \leftrightarrow F_2(s) = \dfrac{1}{s+3} + \dfrac{1}{s+2}$ $\text{Re}[s] = \sigma < -3$

$f_3(t) \leftrightarrow F_3(s) = \dfrac{1}{s+3} + \dfrac{1}{s+2}$ $-3 < \sigma < -2$

可见，象函数虽然相同，但收敛域不同。双边拉普拉斯变换必须标出收敛域。

工程上碰到的实际信号通常都是因果信号，因而本书只讨论了单边拉普拉斯变换。只要 σ 值选得足够大，这些工程信号的拉普拉斯变换总是存在的，在复频域上的收敛域亦必定存在，故今后将不再注明其收敛域。

4.1.3 单边拉普拉斯变换

因果信号 $f(t)$ 可以表示为 $f(t)\varepsilon(t)$，其拉普拉斯变换可表示为 $L[f(t)]$，象函数用 $F(s)$ 表示，其逆变换简记为 $L^{-1}[F(s)]$，单边拉普拉斯变换对可写为

$$F(s) = L[f(t)] = \int_{0_-}^{\infty} f(t) e^{-st} dt \tag{4-9}$$

$$f(t) = L^{-1}[F(s)] = \begin{cases} 0, & t<0 \\ \dfrac{1}{2\pi j}\int_{0_-}^{\infty} F(s) e^{-st} ds, & t>0 \end{cases} \tag{4-10}$$

其变换域逆变换可简记为

$$f(t) \leftrightarrow F(s) \tag{4-11}$$

式(4-9)及式(4-10)中的积分下限取为 0_- 是考虑到 $f(t)$ 中可能包含奇异函数，今后未注明的 $t=0$ 均指 0_-。

为使象函数 $F(s)$ 存在，积分式必须收敛，对此有以下定理。

若因果函数 $f(t)$ 满足：①在有限区间 $a<t<b$ 内（其中 $0 \leqslant a < b < \infty$）可积；②对于某个 σ_0 有

$$\lim_{t \to \infty} |f(t)| e^{-\sigma t} = 0, \quad \sigma > \sigma_0 \tag{4-12}$$

则对于 $\text{Re}[s] = \sigma > \sigma_0$，拉普拉斯积分式（4-9）绝对且一致收敛。

例 4.4 求函数 $\delta(t)$, $\delta'(t)$ 的象函数。

解 显然它们都是时限信号。将它们代入定义式中，考虑到冲激函数及其导数的广义函数定义，得

第4章 连续时间系统的复频域分析

$$L[\delta(t)] = \int_{0_-}^{\infty} \delta(t) e^{-st} dt = \int_{0_-}^{\infty} \delta(t) dt = 1$$

$$L[\delta'(t)] = \int_{0_-}^{\infty} \delta'(t) e^{-st} dt = -(-s) e^{-st} = s$$

$$\delta(t) \leftrightarrow 1, \quad \text{Re}[s] > -\infty \tag{4-13}$$

$$\delta'(t) \leftrightarrow s, \quad \text{Re}[s] > -\infty \tag{4-14}$$

例 4.5 求单位阶跃函数 $\varepsilon(t)$ 的象函数。

解 直接代入公式可得

$$L[\varepsilon(t)] = \int_0^{\infty} \varepsilon(t) e^{-st} dt = \int_0^{\infty} e^{-st} dt = -\frac{e^{-st}}{s} \Big|_0^{\infty} = \frac{1}{s} \tag{4-15}$$

例 4.6 求信号 $f(t) = t\varepsilon(t)$ 的象函数 $F(s)$。

解

$$F(s) = \int_{-\infty}^{\infty} f(t) e^{-st} dt = \int_0^{\infty} t e^{-st} dt$$

$$= -\frac{1}{s} e^{-st} t \Big|_0^{\infty} + \int_0^{\infty} \frac{1}{s} e^{-st} dt$$

$$= -\frac{1}{s} e^{-st} t \Big|_0^{\infty} - \frac{1}{s^2} e^{-st} \Big|_0^{\infty}$$

若 $\text{Re}[s] > 0$，则 $F(s) = \frac{1}{s^2}$，即

$$t\varepsilon(t) \leftrightarrow \frac{1}{s^2}, \quad \text{Re}[s] > 0 \tag{4-16}$$

一些常用函数的拉普拉斯变换见表 4-1。

表 4-1 一些常用函数的拉普拉斯变换

$f(t)$ （$t > 0$）	$F(s) = L[f(t)]$
冲激函数 $\delta(t)$	1
$\delta'(t)$	s
阶跃函数 $\varepsilon(t)$	$\dfrac{1}{s}$
e^{-at}	$\dfrac{1}{s+a}$
t^n（n 为正整数）	$\dfrac{n!}{s^{n+1}}$
$\sin \omega t$	$\dfrac{\omega}{s^2 + \omega^2}$
$\cos \omega t$	$\dfrac{s}{s^2 + \omega^2}$
$t e^{-at}$	$\dfrac{1}{(s+a)^2}$
$t^n e^{-at}$（n 为正整数）	$\dfrac{n!}{(s+a)^{n+1}}$

(续)

$f(t)$ ($t>0$)	$F(s)=L[f(t)]$
$t\sin \omega t$	$\dfrac{2\omega s}{(s^2+\omega^2)^2}$
$t\cos \omega t$	$\dfrac{s^2-\omega^2}{(s^2+\omega^2)^2}$
$\sinh at$	$\dfrac{a}{s^2-a^2}$
$\cosh at$	$\dfrac{s}{s^2-a^2}$
$e^{-at}\sin \omega t$	$\dfrac{\omega}{(s+a)^2+\omega^2}$
$e^{-at}\cos \omega t$	$\dfrac{s+a}{(s+a)^2+\omega^2}$
$\delta_T(t)$	$\dfrac{1}{1-e^{-sT}}$

例 4.7 求周期信号 $f_T(t)$ 的象函数。

解
$$F_T(s) = \int_0^\infty f_T(t)\,e^{-st}\,dt$$
$$= \int_0^T f_T(t)\,e^{-st}\,dt + \int_T^{2T} f_T(t)\,e^{-st}\,dt + \cdots$$
$$= \sum_{n=0}^\infty \int_{nT}^{(n+1)T} f_T(t)\,e^{-st}\,dt$$

令 $t=t+nT$,$\sum_{n=0}^\infty e^{-nsT}\int_0^T f_T(t)\,e^{-st}\,dt = \dfrac{1}{1-e^{-sT}}\int_0^T f_T(t)\,e^{-st}\,dt$

特例:$\delta_T(t)\leftrightarrow 1/(1-e^{-sT})$

4.2 拉普拉斯变换的性质

拉普拉斯变换是傅里叶变换的推广,因而具有与傅里叶变换相类似的性质。这些性质不仅揭示了信号的时域特性与复频域特性之间的内在联系,而且可以大大简化拉普拉斯正、逆变换的运算。

4.2.1 线性

拉普拉斯变换也是一种线性运算,满足比例性和叠加性,即

若
$$f_1(t)\leftrightarrow F_1(s) \quad f_2(t)\leftrightarrow F_2(s)$$

则
$$Af_1(t)+Bf_2(t)\leftrightarrow AF_1(s)+BF_2(s) \tag{4-17}$$

其中,A、B 均为常数,线性性质只需根据拉普拉斯变换的定义即可证明。

第4章 连续时间系统的复频域分析

例 4.8 求 $f(t) = \sin \omega t$ 的拉普拉斯变换 $F(s)$。

解 已知

$$f(t) = \sin \omega t = \frac{1}{2j}(e^{j\omega t} - e^{-j\omega t})$$

$$L[e^{j\omega t}] = \frac{1}{s - j\omega}$$

$$L[e^{-j\omega t}] = \frac{1}{s + j\omega}$$

所以由叠加定理可知

$$L[\sin \omega t] = \frac{1}{2j}\left[\frac{1}{s-j\omega} - \frac{1}{s+j\omega}\right] = \frac{\omega}{s^2 + \omega^2} \qquad (4-18)$$

用同样方法，可得

$$L[\cos \omega t] = \frac{s}{s^2 + \omega^2} \qquad (4-19)$$

4.2.2 尺度变换

若

$$f(t) \leftrightarrow F(s)$$

则

$$f(at) \leftrightarrow \frac{1}{a} F\left(\frac{s}{a}\right) \quad (a \text{ 为大于 } 0 \text{ 的实常数}) \qquad (4-20)$$

证明：

$$L[f(at)] = \int_0^\infty f(at) e^{-st} dt$$

令 $\tau = at$，则上式变成

$$L[f(at)] = \int_0^\infty f(\tau) e^{-\frac{s}{a}\tau} d\left(\frac{\tau}{a}\right) = \frac{1}{a} F\left(\frac{s}{a}\right)$$

由上式可见，若 $F(s)$ 的收敛域为 $\mathrm{Re}[s] > \sigma_0$，则 $F\left(\frac{s}{a}\right)$ 的收敛域为 $\mathrm{Re}\left[\frac{s}{a}\right] > \sigma_0$，即 $\mathrm{Re}[s] > a\sigma_0$。

4.2.3 时移特性

若

$$f(t) \leftrightarrow F(s)$$

则

$$f(t-t_0)\varepsilon(t-t_0) \leftrightarrow e^{-st_0} F(s) \qquad (4-21)$$

证明： $L[f(t-t_0)\varepsilon(t-t_0)] = \int_0^\infty [f(t-t_0)\varepsilon(t-t_0)] e^{-st} dt = \int_{t_0}^\infty f(t-t_0) e^{-st} dt$

令

$$\tau = t - t_0$$

则有 $t = t_0 + \tau$，代入上式得

$$L[f(t-t_0)\varepsilon(t-t_0)] = \int_0^\infty f(\tau) e^{-st_0} e^{-s\tau} d\tau = e^{-st_0} F(s)$$

此性质表明：若波形延迟 t_0，则它的拉普拉斯变换应乘以 e^{-st_0}。

例 4.9 已知 $L[f(t)] = F(s)$，若 $a>0$，$b>0$，求 $L[f(at-b)\varepsilon(at-b)]$。

解 此问题既要用到尺度变换定理，也要用到时移定理。

先由时移定理得

$$L[f(t-b)\varepsilon(t-b)] = F(s)e^{-bs} \tag{4-22}$$

再借助尺度变换定理，即可求出所需结果

$$L[f(at-b)\varepsilon(at-b)] = \frac{1}{a}F\left(\frac{s}{a}\right)e^{-s\frac{b}{a}} \tag{4-23}$$

另一种方法是先引用尺度变换定理，再借助时移特性。可以首先得到

$$L[f(at)\varepsilon(at)] = \frac{1}{a}F\left(\frac{s}{a}\right) \tag{4-24}$$

然后由时移特性求出

$$L\left\{f\left[a\left(t-\frac{b}{a}\right)\right]\varepsilon\left[a\left(t-\frac{b}{a}\right)\right]\right\} = \frac{1}{a}F\left(\frac{s}{a}\right)e^{-s\frac{b}{a}} \tag{4-25}$$

可见两种算法结果相同。

4.2.4 复频域平移特性

若

$$f(t) \leftrightarrow F(s)$$

则

$$f(t)e^{\pm at} \leftrightarrow F(s \mp a) \tag{4-26}$$

证明：

$$L[f(t)e^{\pm at}] = \int_0^\infty f(t)e^{-(s\mp a)t}dt = F(s \mp a)$$

此性质表明，时间函数乘以 $e^{\pm at}$，相当于变换式在复频域内平移 $\mp a$。

例 4.10 求 $e^{-at}\sin \omega t$ 和 $e^{-at}\cos \omega t$ 的拉普拉斯变换。

解 已知

$$L[\sin \omega t] = \frac{\omega}{s^2 + \omega^2}$$

$$L[\cos \omega t] = \frac{s}{s^2 + \omega^2}$$

由复频域平移定理，得

$$L[e^{-at}\sin \omega t] = \frac{\omega}{(s+a)^2 + \omega^2}$$

$$L[e^{-at}\cos \omega t] = \frac{s+a}{(s+a)^2 + \omega^2} \tag{4-27}$$

4.2.5 时域微分、积分特性

1. 时域微分性质

若

$$f(t) \leftrightarrow F(s)$$

则

$$f'(t) \leftrightarrow sF(s) - f(0_-) \tag{4-28}$$

证明： 据拉普拉斯变换的定义

$$L[f'(t)] = \int_{0_-}^{\infty} \frac{df(t)}{dt} e^{-st} dt = \int_{0_-}^{\infty} e^{-st} df(t) = f(t)e^{-st}\Big|_{0_-}^{\infty} + \int_{0_-}^{\infty} sf(t)e^{-st} dt$$

$$= s\int_{0_-}^{\infty} f(t)e^{-st} dt - f(0_-) = sF(s) - f(0_-)$$

同理可得

$$L[f''(t)] = s^2 F(s) - sf(0_-) - f'(0_-)$$

$$L[f^{(n)}(t)] = s^n F(s) - \sum_{m=0}^{n-1} s^{n-1-m} f^{(m)}(0_-) \tag{4-29}$$

例 4.11 已知如图 4.3 所示信号 $f(t)$，求 $F(s)$。

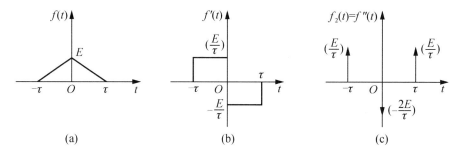

图 4.3 信号 $f(t)$ 及导数波形图

解 对 $f(t)$ 求两次导数，设 $f_2(t) = f''(t)$，如图 4.3(c) 所示。

$$f_2(t) = \frac{E}{\tau}\delta(t+\tau) - \frac{2E}{\tau}\delta(t) + \frac{E}{\tau}\delta(t-\tau)$$

由于 $\delta(t) \leftrightarrow 1$，由延时性得

$$\delta(t+\tau) \leftrightarrow e^{s\tau}, \quad \delta(t-\tau) \leftrightarrow e^{-s\tau}$$

所以

$$F_2(s) = \frac{E}{\tau}(e^{s\tau} - 2 + e^{-s\tau})$$

求得

$$F(s) = \frac{F_2(s)}{s^2} = \frac{E}{\tau s^2}(e^{s\tau} - 2 + e^{-s\tau})$$

2. 时域积分性质

若

$$f(t) \leftrightarrow F(s)$$

则

$$\int_{-\infty}^{t} f(\tau) d\tau \leftrightarrow \frac{F(s)}{s} + \frac{f^{(-1)}(0_-)}{s} \tag{4-30}$$

式中，$f^{(-1)}(0_-) = \int_{-\infty}^{0_-} f(\tau) d\tau$ 是 $f(t)$ 的积分式在 $t = 0_-$ 时的积分值。

证明： $L\left[\int_{-\infty}^{t} f(\tau) d\tau\right] = L\left[\int_{-\infty}^{0_-} f(\tau) d\tau + \int_{0_-}^{t} f(\tau) d\tau\right] = L\left[\int_{0_-}^{t} f(\tau) d\tau + f^{(-1)}(0_-)\right]$

$$= \int_{0_-}^{\infty} \left[\int_{0_-}^{t} f(\tau) d\tau\right] e^{-st} dt + L[f^{(-1)}(0_-)]$$

$$= -\frac{e^{-st}}{s} \int_{0_-}^{t} f(\tau) d\tau \bigg|_{0_-}^{\infty} + \frac{1}{s} \int_{0_-}^{\infty} f(t) e^{-st} dt + \frac{f^{(-1)}(0_-)}{s}$$

$$= \frac{F(s)}{s} + \frac{f^{(-1)}(0_-)}{s}$$

显然，有

$$\int_{-\infty}^{t} f(\tau) d\tau \leftrightarrow \frac{F(s)}{s} + \frac{f^{(-1)}(0_-)}{s}$$

例 4.12 求 $t^n \varepsilon(t)$ 的象函数。

解 因为 $\int_{0}^{t} \varepsilon(\tau) d\tau = t\varepsilon(t)$，根据时域积分特性，有

$$L[t\varepsilon(t)] = L\left[\int_{0}^{t} \varepsilon(\tau) d\tau\right] = \frac{1}{s} L[\varepsilon(\tau)] = \frac{1}{s^2}$$

又因为

$$\int_{0}^{t} \tau\varepsilon(\tau) d\tau = \frac{1}{2} t^2 \varepsilon(t)$$

故

$$L[t^2 \varepsilon(t)] = 2L\left[\int_{0}^{t} \tau\varepsilon(\tau) d\tau\right] = \frac{2}{s} L[\tau\varepsilon(\tau)] = \frac{2}{s^3}$$

$$L[t\varepsilon(t)] = L\left[\int_{0}^{t} \varepsilon(\tau) d\tau\right] = \frac{1}{s} L[\varepsilon(\tau)] = \frac{1}{s^2}$$

依此类推，可得

$$L[t^n \varepsilon(t)] = \frac{n!}{s^{n+1}} \tag{4-31}$$

例 4.13 已知因果信号 $f(t)$ 如图 4.4(a)所示，求 $F(s)$。

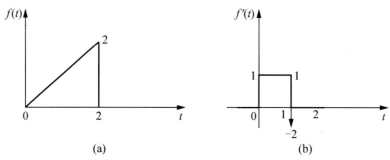

(a)   (b)

图 4.4 信号 $f(t)$ 波形图

解 对 $f(t)$ 求导得 $f'(t)$，如图 4.4(b)所示。

$$\int_{0_-}^{t} f'(x) dx = f(t) - f(0_-)$$

由于 $f(t)$ 为因果信号，故

$$f(0_-) = 0, f(t) = \int_{0_-}^{t} f'(x) dx$$

而 $f'(t) = \varepsilon(t) - \varepsilon(t-2) - 2\delta(t-2)$，对 $f'(t)$ 进行拉普拉斯变换，得

$$F_1(s) = \frac{1}{s}(1 - e^{-2s}) - 2e^{-2s}$$

$$F(s) = \frac{F_1(s)}{s}$$

第4章　连续时间系统的复频域分析

4.2.6 卷积定理

1. 时域卷积定理

若
$$f_1(t) \leftrightarrow F_1(s), \quad f_2(t) \leftrightarrow F_2(s)$$

则
$$f_1(t) * f_2(t) \leftrightarrow F_1(s)F_2(s) \tag{4-32}$$

证明： 由定义可得

$$\begin{aligned}
L[f_1(t) * f_2(t)] &= \int_{0_-}^{\infty} \Big[\int_{-\infty}^{\infty} f_1(\tau)\varepsilon(\tau) f_2(t-\tau)\varepsilon(t-\tau) \mathrm{d}\tau \Big] \mathrm{e}^{-st} \mathrm{d}t \\
&= \int_{-\infty}^{\infty} f_1(\tau)\varepsilon(\tau) \Big[\int_{0_-}^{\infty} f_2(t-\tau)\varepsilon(t-\tau) \mathrm{e}^{-st} \mathrm{d}t \Big] \mathrm{d}\tau \quad \text{（交换积分次序）} \\
&= \int_{-\infty}^{\infty} f_1(\tau)\varepsilon(\tau) \mathrm{e}^{-s\tau} F_2(s) \mathrm{d}\tau \quad \text{（时域位移性质）} \\
&= F_2(s) \int_{0_-}^{\infty} f_1(\tau)\varepsilon(\tau) \mathrm{e}^{-s\tau} \mathrm{d}\tau = F_1(s)F_2(s) \quad (\tau < 0 \text{ 时 } f_1(\tau) = 0)
\end{aligned}$$

2. 复频域卷积定理

若
$$f_1(t) \leftrightarrow F_1(s), \quad f_2(t) \leftrightarrow F_2(s)$$

则
$$f_1(t) f_2(t) \leftrightarrow \frac{1}{2\pi \mathrm{j}} F_1(s) * F_2(s) \tag{4-33}$$

证明： 可仿照傅里叶变换的频域卷积定理的证明过程进行证明。

因为
$$f_1(t) = \frac{1}{2\pi \mathrm{j}} \int_{\sigma-\mathrm{j}\infty}^{\sigma+\mathrm{j}\infty} F_1(s) \mathrm{e}^{st} \mathrm{d}s = \frac{1}{2\pi \mathrm{j}} \int_{\sigma-\mathrm{j}\infty}^{\sigma+\mathrm{j}\infty} F_1(\xi) \mathrm{e}^{\xi t} \mathrm{d}\xi \quad \text{（交换积分变量）}$$

故
$$\begin{aligned}
L[f_1(t) f_2(t)] &= \int_{0_-}^{\infty} \Big[\frac{1}{2\pi \mathrm{j}} \int_{\sigma-\mathrm{j}\infty}^{\sigma+\mathrm{j}\infty} F_1(\xi) \mathrm{e}^{\xi t} \mathrm{d}\xi \Big] f_2(t) \mathrm{e}^{-st} \mathrm{d}t \\
&= \frac{1}{2\pi \mathrm{j}} \int_{\sigma-\mathrm{j}\infty}^{\sigma+\mathrm{j}\infty} F_1(\xi) \Big[\int_{0_-}^{\infty} f_2(t) \mathrm{e}^{-(s-\xi)t} \mathrm{d}t \Big] \mathrm{d}\xi \quad \text{（交换积分顺序）} \\
&= \frac{1}{2\pi \mathrm{j}} \int_{\sigma-\mathrm{j}\infty}^{\sigma+\mathrm{j}\infty} F_1(\xi) F_2(s-\xi) \mathrm{d}\xi = \frac{1}{2\pi \mathrm{j}} F_1(s) * F_2(s)
\end{aligned}$$

例 4.14 已知 $L[f(t)] = F(s)$，$F(s) = \dfrac{1}{s(1-\mathrm{e}^{-2s})}$，请根据时域卷积定理求出 $f(t)$。

解 因为
$$\varepsilon(t) \leftrightarrow \frac{1}{s}$$

$$\frac{1}{(1-\mathrm{e}^{-2s})} \leftrightarrow \sum_{n=0}^{\infty} \delta(t-2n)$$

又因为时域卷积定理
$$f_1(t) * f_2(t) \Leftrightarrow F_1(s) F_2(s)$$

可得

$$f(t) = \varepsilon(t) * \sum_{n=0}^{\infty} \delta(t-2n) = \sum_{n=0}^{\infty} \varepsilon(t-2n)$$

4.2.7 复频域微分和积分特性

1. 复频域微分性质

若

$$f(t) \leftrightarrow F(s), \quad \text{Re}[s] > \sigma_0$$

则

$$t^n f(t) \leftrightarrow (-1)^n \frac{\mathrm{d}^n F(s)}{\mathrm{d}s^n}, \quad \text{Re}[s] > \sigma_0 \qquad (4-34)$$

该性质的证明类似于傅里叶变换的频域微分性质。$n=1$ 时，有 $tf(t) \leftrightarrow -F'(s)$。

例 4.15 求 $t^2 \mathrm{e}^{-2t} \varepsilon(t)$ 的象函数。

解
$$\mathrm{e}^{-2t} \varepsilon(t) \leftrightarrow 1/(s+2)$$

$$t^2 \mathrm{e}^{-2t} \varepsilon(t) \leftrightarrow \frac{\mathrm{d}^2}{\mathrm{d}s^2}\left(\frac{1}{s+2}\right) = \frac{2}{(s+2)^3}$$

2. 复频域积分性质

若

$$f(t) \leftrightarrow F(s), \text{Re}[s] > \sigma_0$$

则

$$\frac{f(t)}{t} \leftrightarrow \int_s^{\infty} F(s)\mathrm{d}s, \text{Re}[s] > \sigma_0 \qquad (4-35)$$

证明： 由定义可得，因为

$$F(s) = \int_{0_-}^{\infty} f(t)\mathrm{e}^{-st}\mathrm{d}t$$

所以

$$\int_s^{\infty} F(s)\mathrm{d}s = \int_s^{\infty} \int_{0_-}^{\infty} f(t)\mathrm{e}^{-st}\mathrm{d}t\mathrm{d}s = \int_{0_-}^{\infty} f(t) \int_s^{\infty} \mathrm{e}^{-st}\mathrm{d}s\mathrm{d}t \quad \text{(交换积分次序)}$$

$$= \int_{0_-}^{\infty} f(t)\left[-\frac{\mathrm{e}^{-st}}{t}\right]\Big|_s^{\infty} \mathrm{d}t$$

$$= \int_{0_-}^{\infty} \frac{f(t)}{t}\mathrm{e}^{-st}\mathrm{d}t$$

故

$$\frac{f(t)}{t} \leftrightarrow \int_s^{\infty} F(s)\mathrm{d}s$$

例 4.16 求 $\dfrac{\sin t}{t}\varepsilon(t)$ 的象函数。

解
$$\sin t\,\varepsilon(t) \leftrightarrow \frac{1}{s^2+1}$$

$$\frac{\sin t}{t}\varepsilon(t) \leftrightarrow \int_s^{\infty} \frac{1}{\eta^2+1}\mathrm{d}\eta = \arctan\eta\Big|_s^{\infty} = \frac{\pi}{2} - \arctan s = \arctan\frac{1}{s}$$

4.2.8 初值定理和终值定理

1. 初值定理

设原函数 $f(t)$ 及其导数 $f'(t)$ 的拉普拉斯变换存在,且 $F(s)=L[f(t)]$,那么

$$f(0_+) = \lim_{t \to 0_+} f(t) = \lim_{s \to \infty} sF(s) \tag{4-36}$$

证明:因为

$$L[f'(t)] = \int_{0_-}^{\infty} f'(t) e^{-st} dt = \int_{0_-}^{0_+} f'(t) e^{-st} dt + \int_{0_+}^{\infty} f'(t) e^{-st} dt = sF(s) - f(0_-)$$

考虑到在 $(0_-, 0_+)$ 区间 $e^{-st} = 1$,故

$$\int_{0_-}^{0_+} f'(t) e^{-st} dt = \int_{0_-}^{0_+} f'(t) dt = f(0_+) - f(0_-)$$

故

$$f(0_+) + \int_{0_+}^{\infty} f'(t) e^{-st} dt = sF(s)$$

因为

$$\lim_{s \to \infty} \int_{0_+}^{\infty} f'(t) e^{-st} dt = \int_{0_+}^{\infty} f'(t) \lim_{s \to \infty} e^{-st} dt = 0$$

所以

$$f(0_+) = \lim_{t \to 0_+} f(t) = \lim_{s \to \infty} sF(s)$$

2. 终值定理

设原函数 $f(t)$ 及其导数 $f'(t)$ 的拉普拉斯变换存在,且 $F(s)=L[f(t)]$,$\lim_{t \to \infty} f(t)$ 存在,那么

$$f(\infty) = \lim_{t \to \infty} f(t) = \lim_{s \to 0} sF(s) \tag{4-37}$$

证明:因为

$$L[f'(t)] = \int_{0_-}^{\infty} f'(t) e^{-st} dt = sF(s) - f(0_-)$$

所以

$$\lim_{s \to 0} \int_{0_-}^{\infty} f'(t) e^{-st} dt = \int_{0_-}^{\infty} f'(t) dt = f(\infty) - f(0_-) = \lim_{s \to 0} sF(s) - f(0_-)$$

即

$$f(\infty) = \lim_{t \to \infty} f(t) = \lim_{s \to 0} sF(s)$$

例 4.17 求函数逆变换的初值和终值

$$F(s) = \frac{s^3 + s^2 + 2s + 1}{s^2 + 2s + 1}$$

解 $F(s)$ 不是真分式,利用长除法求得

$$F(s) = s - 1 + \frac{3s + 2}{s^2 + 2s + 1}$$

令 $F_1(s) = \frac{3s + 2}{s^2 + 2s + 1}$,则

$$f(0_+) = \lim_{s \to \infty} sF_1(s) = \lim_{s \to \infty} s \frac{3s + 2}{s^2 + 2s + 1} = 3$$

$F(s)$ 的极点均在复平面左半平面，故有终值
$$f(\infty)=\lim_{s\to 0}sF_1(s)=0$$

表 4-2 列出了拉普拉斯变换性质。

表 4-2 拉普拉斯变换性质

名 称	结 论
线性	$L[Af_1(t)+Bf_2(t)]=AF_1(s)+BF_2(s)$
尺度变换	$L[f(at)]=\dfrac{1}{a}F\left(\dfrac{s}{a}\right)$
对 t 积分	$L\left[\displaystyle\int_{-\infty}^{\tau}f(\tau)\mathrm{d}\tau\right]=\dfrac{F(s)}{s}+\dfrac{f^{-1}(0)}{s}$
对 t 微分	$L\left[\dfrac{\mathrm{d}f(t)}{\mathrm{d}t}\right]=sF(s)-f(0_-)$ $L\left[\dfrac{\mathrm{d}^n f(t)}{\mathrm{d}t}\right]=s^n F(s)-\displaystyle\sum_{r=0}^{n-1}s^{n-r-1}f^{(r)}(0_-)$
延时	$L[f(t-t_0)\varepsilon(t-t_0)]=\mathrm{e}^{-st_0}F(s)$
复频域平移	$L[f(t)\mathrm{e}^{-at}]=F(s+a)$
初值	$\lim\limits_{t\to 0}f(t)=\lim\limits_{s\to\infty}sF(s)$
终值	$\lim\limits_{t\to\infty}f(t)=\lim\limits_{s\to 0}sF(s)$
卷积	$L[f_1(t)*f_2(t)]=F_1(s)F_2(s)$
相乘	$L[f_1(t)f_2(t)]=\dfrac{1}{2\pi\mathrm{j}}F_1(s)*F_2(s)$
对 s 微分	$L[-tf(t)]=\dfrac{\mathrm{d}F(s)}{\mathrm{d}s}$
对 s 积分	$L\left[\dfrac{f(t)}{t}\right]=\displaystyle\int_{s}^{\infty}F(s)\mathrm{d}s$

4.3 拉普拉斯逆变换

4.3.1 查表法

拉普拉斯逆变换的基本公式涉及复变函数 $F(s)$ 的积分运算，直接应用此式求取原函数 $f(t)$ 颇为困难，故实际应用不多。拉普拉斯变换的唯一性使得可以利用拉普拉斯积分变换表，由已知之象函数 $F(s)$ 直接查得其原函数 $f(t)$，然而已知的象函数往往与表中所列函数形式不同，需要先进行数学上的变形处理然后才能查表，颇多不便，故该方法一般只作为拉普拉斯逆变换的辅助手段。

4.3.2 部分分式展开法

应用拉普拉斯变换进行线性时不变系统的复频域分析时,所得系统响应的象函数 $F(s)$ 一般是复频率 s 的两个实系数多项式之比,即 $F(s)$ 是 s 的一个有理分式,可表示为

【拉普拉斯变换的第三种方法】

$$F(s) = \frac{N(s)}{D(s)} = \frac{b_m s^m + b_{m-1} s^{m-1} + \cdots + b_1 s + b_0}{a_n s^n + a_{n-1} s^{n-1} + \cdots + a_1 s + a_0} \quad (4-38)$$

式中,m,n 均为正整数,$a_0 \sim a_n$ 和 $b_0 \sim b_m$ 均为实系数。

1. $n > m$,$F(s)$ 为有理真分式

1) 不等实数单根

分母方程 $D(s) = a_n s^n + a_{n-1} s^{n-1} + \cdots + a_1 s + a_0 = 0$ 具有 n 个不等的单根 p_1, p_2, $\cdots$, p_n 时,$F(s)$ 可展开为如下的部分分式之和的形式

$$F(s) = \frac{N(s)}{D(s)} = \frac{k_1}{s - p_1} + \frac{k_2}{s - p_2} + \cdots + \frac{k_n}{s - p_n} = \sum_{i=1}^{n} \frac{k_i}{s - p_i} \quad (4-39)$$

式中,$p_i (i=1, 2, \cdots, n)$ 是 $D(s)=0$ 的根。$s = p_i$ 时,$F(s) = \infty$,故又称 p_i 为 $F(s)$ 的极点。

$k_i (i=1, 2, \cdots, n)$ 是 $F(s)$ 各部分分式的待定系数,可依据下述方法确定

$$(s - p_i) F(s) = k_i + (s - p_i) \frac{N(s)}{D(s)} = (s - p_i) \left(\frac{k_1}{s - p_1} + \frac{k_2}{s - p_2} + \cdots + \frac{k_n}{s - p_n} \right)$$

方法一:$k_i = [(s - p_i) F(s)] |_{s = p_i}$

方法二:$k_i = \lim\limits_{s \to p_i} \dfrac{(s - p_i) N(s)}{D(s)} = \lim\limits_{s \to p_i} \dfrac{N(s) - N'(s)(s - p_i)}{D'(s)} = \dfrac{N(s)}{D'(s)} \bigg|_{s = p_i}$ $\quad i = 1, 2, \cdots, n$

各部分分式的待定系数 k_i 确定后,即可查表并根据拉普拉斯变换的线性性质及复频域位移性质获得象函数 $F(s)$ 所对应的原函数

$$f(t) = k_1 e^{p_1 t} + k_2 e^{p_2 t} + \cdots + k_n e^{p_n t} = \sum_{i=1}^{n} k_i e^{p_i t} \quad (4-40)$$

2) 共轭复数根

应该指出,分母方程 $D(s) = 0$ 的 n 个不等单根中有可能包含复数根,然而由于 $F(s)$ 的分母 $D(s)$ 和分子 $N(s)$ 均为实系数多项式,故

(1) 分母 $D(s) = 0$ 的复数根必以共轭形式成对出现,$p_i = \alpha + j\omega_0$,$p_{i+1} = \alpha - j\omega_0$;

(2) $F(s)$ 的部分分式中共轭复根对应的待定系数必为共轭复数,$k_i = |k_i| e^{j\theta_i}$,$k_{i+1} = k_i^* = |k_i| e^{-j\theta_i}$。此时,象函数 $F(s)$ 的展开式中包含如下的部分分式:

$$\frac{As + B}{s^2 + Cs + D} = \frac{k_i}{s - \alpha - j\omega_0} + \frac{k_i^*}{s - \alpha + j\omega_0} \quad (4-41)$$

而在对应的原函数 $f(t)$ 中将含有如下分量:

$$\begin{aligned} k_i e^{p_i t} + k_i^* e^{p_{i+1} t} &= |k_i| e^{j\theta_i} e^{(\alpha + j\omega_0) t} + |k_i| e^{-j\theta_i} e^{(\alpha - j\omega_0) t} \\ &= |k_i| e^{\alpha t} [e^{j(\omega_0 t + \theta_i)} + e^{-j(\omega_0 t + \theta_i)}] \\ &= 2 |k_i| e^{\alpha t} \cos(\omega_0 t + \theta_i) \end{aligned}$$

【部分分式展开法的MATLAB实现】

3) 重根

分母方程 $D(s)=a_n s^n + a_{n-1} s^{n-1} + \cdots + a_1 s + a_0 = 0$ 的 n 个根中存在重根时，情况将有所不同。今设分母方程 $D(s)=0$ 的 n 个根中存在一个 m 重根，其余 $n-m$ 个皆为单根，即分母 $D(s)$ 可因式分解为

$$D(s) = (s-p_1)^m \underbrace{(s-p_2)\cdots(s-p_{n-m})(s-p_{n-m+1})}_{n-m\,\text{个}} \tag{4-42}$$

此时，$F(s)$ 可展开为如下的部分分式之和的形式

$$F(s) = \frac{N(s)}{D(s)} = \underbrace{\frac{k_{11}}{(s-p_1)^m} + \frac{k_{12}}{(s-p_1)^{m-1}} + \cdots + \frac{k_{1m}}{s-p_1}}_{m\,\text{个}} + \underbrace{\frac{k_2}{s-p_2} + \frac{k_3}{s-p_3} + \cdots + \frac{k_{n-m+1}}{s-p_{n-m+1}}}_{n-m\,\text{个}}$$

其中，$n-m$ 个单根对应的待定系数 $k_2, k_3, \cdots, k_{n-m+1}$ 的确定方法和分母 $D(s)=0$ 只含单根时的情况相同，而 m 重根对应的 m 个待定系数 $k_{11}, k_{12}, \cdots, k_{1m}$ 则应按下述方法确定

$$(s-p_1)^m F(s) = k_{11} + k_{12}(s-p_1) + \cdots + k_{1m}(s-p_1)^{m-1}$$
$$+ (s-p_1)^m \left(\frac{k_2}{s-p_2} + \frac{k_3}{s-p_3} + \cdots + \frac{k_{n-m+1}}{s-p_{n-m+1}} \right)$$

则

$$k_{11} = \left[(s-p_1)^m F(s) \right] \Big|_{s=p_1}$$
$$k_{12} = \frac{\mathrm{d}}{\mathrm{d}s} \left[(s-p_1)^m F(s) \right] \Big|_{s=p_1}$$
$$k_{13} = \frac{1}{2!} \frac{\mathrm{d}^2}{\mathrm{d}s^2} \left[(s-p_1)^m F(s) \right] \Big|_{s=p_1} \tag{4-43}$$
$$\vdots$$
$$k_{1m} = \frac{1}{(m-1)!} \frac{\mathrm{d}^{m-1}}{\mathrm{d}s^{m-1}} \left[(s-p_1)^m F(s) \right] \Big|_{s=p_1}$$

待定系数 k_i 确定之后，即可查表并根据拉普拉斯变换的线性性质、复频域位移性质和复频域微分性质获得象函数 $F(s)$ 所对应的原函数 $f(t)$。

$$f(t) = \frac{k_{11}}{(m-1)!} t^{m-1} e^{p_1 t} + \frac{k_{12}}{(m-2)!} t^{m-2} e^{p_1 t} + \cdots + k_{1,m-1} t e^{p_1 t} + k_{1m} e^{p_1 t} + k_2 e^{p_2 t} + \cdots + k_{n-m+1} e^{p_{n-m+1} t}$$

2. $n \leqslant m$，$F(s)$ 为有理假分式

此时，象函数 $F(s)$ 可化为复频率 s 的实系数 $Q(s)$ 与有理真分式 $\dfrac{N_0(s)}{D(s)}$ 之和。

$$F(s) = \frac{N(s)}{D(s)} = Q(s) + \frac{N_0(s)}{D(s)} = B_{m-n} s^{m-n} + \cdots + B_1 s + B_0 + \frac{N_0(s)}{D(s)} \tag{4-44}$$

式中，多项式 $Q(s)$ 拉普拉斯逆变换的结果是冲激函数及其各阶导数之和

$$g(t) = B_{m-n} \delta^{(m-n)}(t) + \cdots + B_1 \delta'(t) + B_0 \delta(t)$$

余数项 $\dfrac{N_0(s)}{D(s)}$ 仍按有理真分式展开为部分分式之和后去进行拉普拉斯逆变换，然后将两部分拉普拉斯逆变换的结果根据线性性质进行叠加即可。

例 4.18 求下列函数的逆变换

$$F(s)=\frac{10(s+2)(s+5)}{s(s+1)(s+3)}$$

解 将 $F(s)$ 写成部分分式之和形式

$$F(s)=\frac{K_1}{s}+\frac{K_2}{s+1}+\frac{K_3}{s+3} \tag{4-45}$$

【拉普拉斯逆变换的 MATLAB实现例1】

分别求

$$K_1=sF(s)\Big|_{s=0}=\frac{10\times 2\times 5}{1\times 3}=\frac{100}{3}$$

$$K_2=(s+1)F(s)\Big|_{s=-1}=\frac{10\times(-1+2)\times(-1+5)}{(-1)\times(-1+3)}=-20$$

$$K_3=(s+3)F(s)\Big|_{s=-3}=\frac{10\times(-3+2)\times(-3+5)}{-3\times(-3+1)}=-\frac{10}{3}$$

$$F(s)=\frac{100}{3s}-\frac{20}{s+1}-\frac{10}{3(s+3)}$$

故

$$f(t)=\frac{100}{3}-20\mathrm{e}^{-t}-\frac{10}{3}\mathrm{e}^{-3t},\ t\geqslant 0$$

例 4.19 求下列函数的逆变换

$$F(s)=\frac{s^3+5s^2+9s+7}{(s+1)(s+2)}$$

解 用分子除以分母(长除法)得到

$$F(s)=s+2+\frac{s+3}{(s+1)(s+2)}$$

【拉普拉斯逆变换的 MATLAB实现例2】

现在式中最后一项满足 $m<n$ 的要求,可按前述部分分式展开法分解得到

$$F(s)=s+2+\frac{2}{s+1}-\frac{1}{s+2}$$

$$f(t)=\delta'(t)+2\delta(t)+2\mathrm{e}^{-t}-\mathrm{e}^{-2t} \tag{4-46}$$

最后要注明取值范围,即

$$f(t)=\delta'(t)+2\delta(t)+2\mathrm{e}^{-t}-\mathrm{e}^{-2t},\ t\geqslant 0$$

例 4.20 求下列函数的逆变换

$$F(s)=\frac{s^2+3}{(s^2+2s+5)(s+2)}$$

解 由已知可得

$$F(s)=\frac{s^2+3}{(s+1+\mathrm{j}2)(s+1-\mathrm{j}2)(s+2)}$$

$$=\frac{K_0}{s+2}+\frac{K_1}{s+1-\mathrm{j}2}+\frac{K_2}{s+1+\mathrm{j}2} \tag{4-47}$$

分别求系数,得

$$K_0=(s+2)F(s)\Big|_{s=-2}=\frac{7}{5}$$

$$K_1 = \frac{s^2+3}{(s+1+\mathrm{j}2)(s+2)}\bigg|_{s=-1+\mathrm{j}2} = \frac{-1+\mathrm{j}2}{5}$$

也即

$$A = -\frac{1}{5}, \quad B = \frac{2}{5}$$

所以其逆变换为

$$f(t) = \frac{7}{5}\mathrm{e}^{-2t} - 2\mathrm{e}^{-t}\left[\frac{1}{5}\cos 2t - \frac{2}{5}\sin 2t\right], \quad t \geq 0$$

例 4.21 求下列函数的逆变换

$$F(s) = \frac{s-2}{s(s+1)^3}$$

解 将 $F(s)$ 写成展开式

$$F(s) = \frac{K_{11}}{(s+1)^3} + \frac{K_{12}}{(s+1)^2} + \frac{K_{13}}{s+1} + \frac{K_2}{s} \tag{4-48}$$

容易求得

$$K_2 = sF(s)\big|_{s=0} = -2$$

求出与重根有关的各参数，令

$$F_1(s) = (s+1)^3 F(s) = \frac{s-2}{s}$$

利用有多重极点时的公式得

$$K_{11} = \frac{s-2}{s}\bigg|_{s=-1} = 3$$

$$K_{12} = \frac{\mathrm{d}}{\mathrm{d}s}\left(\frac{s-2}{s}\right)\bigg|_{s=-1} = 2$$

$$K_{13} = \frac{\mathrm{d}^2}{\mathrm{d}s^2}\left(\frac{s-2}{s}\right)\bigg|_{s=-1} = 2$$

于是有

$$F(s) = \frac{3}{(s+1)^3} + \frac{2}{(s+1)^2} + \frac{2}{(s+1)} - \frac{2}{s}$$

逆变换为

$$f(t) = \frac{3}{2}t^2 + 2t\mathrm{e}^{-t} + 2\mathrm{e}^{-t} - 2, \quad t \geq 0$$

4.4 复频域分析

拉普拉斯变换是分析线性连续系统的有力数学工具。它将描述系统的时域微积分方程变换为复频域的代数方程，便于运算和求解。同时，它将系统的初始状态自然地包含在象函数方程中，既可分别求得零输入响应、零状态响应，也可同时求得系统全响应。

4.4.1 微分方程的变换解

线性时不变连续系统的数学模型是常系数微分方程。在第 2 章中讨论了微分方程的时

第4章 连续时间系统的复频域分析

域解法，求解过程较为繁琐，而用拉普拉斯变换求解微分方程简单明了，方便可行。

设线性时不变系统的激励为 $f(t)$，响应为 $y(t)$，描述 n 阶系统的微分方程的一般形式为

$$\sum_{i=0}^{n} a_i y^{(i)}(t) = \sum_{j=0}^{m} b_j f^{(j)}(t) \tag{4-49}$$

式中，系数 $a_i(i=0,1,\cdots,n)$、$b_j(j=0,1,\cdots,m)$ 均为实数，设系统的初始状态为 $y(0_-)$，$y^{(1)}(0_-)$，$\cdots$，$y^{(n-1)}(0_-)$。

令 $L[y(t)] = Y(s)$，$L[f(t)] = F(s)$。由时域微分定理，$y(t)$ 及其各阶导数的拉普拉斯变换为

$$L[y^{(i)}(t)] = s^i Y(s) - \sum_{p=0}^{i-1} s^{i-1-p} y^{(p)}(0_-), \quad i=0,1,\cdots,n \tag{4-50}$$

如果 $f(t)$ 是 $t=0$ 时接入的，则在 $t=0_-$ 时 $f(t)$ 及其各阶导数均为零，即 $f^{(j)}(0_-)=0$，$j=0,1,\cdots,m$。因而 $f(t)$ 及其各阶导数的拉普拉斯变换为

$$L[f^{(i)}(t)] = s^j F(s) \tag{4-51}$$

对 n 阶系统的微分方程的一般形式进行拉普拉斯变换，得

$$\sum_{i=0}^{n} a_i [s^i Y(s) - \sum_{p=0}^{i-1} s^{i-1-p} y^{(p)}(0_-)] = \sum_{j=0}^{m} b_j s^j F(s)$$

即

$$[\sum_{i=0}^{n} a_i s^i] Y(s) - \sum_{i=0}^{n} a_i [\sum_{p=0}^{i-1} s^{i-1-p} y^{(p)}(0_-)] = [\sum_{j=0}^{m} b_j s^j] F(s) \tag{4-52}$$

由式(4-52)可解得

$$Y(s) = \frac{M(s)}{A(s)} + \frac{B(s)}{A(s)} F(s) \tag{4-53}$$

式中，$A(s) = \sum_{i=0}^{n} a_i s^i$ 是微分方程的特征多项式；$B(s) = \sum_{j=0}^{m} b_j s^j$，多项式 $A(s)$ 和 $B(s)$ 的系数仅与微分方程的系数 a_i、b_j 有关；$M(s) = \sum_{i=0}^{n} a_i [\sum_{p=0}^{i-1} s^{i-1-p} y^{(p)}(0_-)]$ 也是 s 的多项式，其系数 a_i 与响应的各初始状态 $y^{(p)}(0_-)$ 有关，而与激励无关。

由式(4-53)可看出，其第一项仅与初始状态有关而与输入无关，因而是零输入响应 $y_{zi}(t)$ 的象函数，记为 $Y_{zi}(s)$；其第二项仅与激励有关而与初始状态无关，因而是零状态响应 $y_{zs}(t)$ 的象函数，记为 $Y_{zs}(s)$。于是，式(4-53)可写为

$$Y(s) = Y_{zi}(s) + Y_{zs}(s) = \frac{M(s)}{A(s)} + \frac{B(s)}{A(s)} F(s) \tag{4-54}$$

式中，$Y_{zi}(s) = \dfrac{M(s)}{A(s)}$，$Y_{zs}(s) = \dfrac{B(s)}{A(s)} F(s)$。取式(4-54)的逆变换，得系统的全响应为

$$y(t) = y_{zi}(t) + y_{zs}(t) \tag{4-55}$$

例 4.22 描述某连续线性时不变系统的微分方程为

$$y''(t) + 3y'(t) + 2y(t) = 2f'(t) + 6f(t)$$

已知输入 $f(t) = \varepsilon(t)$，初始状态 $y(0_-) = 2$，$y'(0_-) = 1$，求系统的零输入响应、零状态响应和全响应。

解 对微分方程取拉普拉斯变换，有

$$s^2Y(s)-sy(0_-)-y'(0_-)+3sY(s)-3y(0_-)+2Y(s)=2sF(s)+6F(s)$$

即
$$(s^2+3s+2)Y(s)-[sy(0_-)+y'(0_-)+3y(0_-)]=2(s+3)F(s)$$

可解得
$$Y(s)=Y_{zi}(s)+Y_{zs}(s)=\frac{sy(0_-)+y'(0_-)+3y(0_-)}{s^2+3s+2}+\frac{2(s+3)}{s^2+3s+2}F(s) \quad (4-56)$$

将 $F(s)=L[\varepsilon(t)]=\dfrac{1}{s}$ 和各初值代入，得

$$Y_{zi}(s)=\frac{2s+7}{s^2+3s+2}=\frac{2s+7}{(s+1)(s+2)}=\frac{5}{s+1}-\frac{3}{s+2} \quad (4-57)$$

$$Y_{zs}(s)=\frac{2(s+3)}{s^2+3s+2}\cdot\frac{1}{s}=\frac{2(s+3)}{s(s+1)(s+2)}=\frac{3}{s}-\frac{4}{s+1}+\frac{1}{s+2} \quad (4-58)$$

对以上两式取逆变换，得

$$y_{zi}(t)=L^{-1}[Y_{zi}(s)]=(5e^{-t}-3e^{-2t})\varepsilon(t)$$

$$y_{zs}(t)=L^{-1}[Y_{zs}(s)]=(3-4e^{-t}+e^{-2t})\varepsilon(t)$$

系统全响应为
$$y(t)=y_{zi}(t)+y_{zs}(t)=(3+e^{-t}-2e^{-2t})\varepsilon(t)$$

在系统分析中，有时已知 $t=0_+$ 时刻的初始值，由于激励已经接入，而 $y_{zs}(t)$ 及其各阶导数在 $t=0_+$ 时刻的值常不等于零，这时就应当设法求得初始状态 $y^{(i)}(0_-)=y_{zi}^{(i)}(0_-)$，$i=0,1,\cdots,n-1$。

由于式(4-55)对于任何情况都成立，故有
$$y^{(i)}(0_+)=y_{zi}^{(i)}(0_+)+y_{zs}^{(i)}(0_+) \quad (4-59)$$

在 $t=0_-$ 时刻，显然有 $y_{zs}^{(i)}(0_-)=0$，因而 $y^{(i)}(0_-)=y_{zi}^{(i)}(0_-)$，对于零输入响应，应该有 $y_{zi}^{(i)}(0_-)=y_{zi}^{(i)}(0_+)$，于是
$$y^{(i)}(0_-)=y_{zi}^{(i)}(0_-)=y_{zi}^{(i)}(0_+)=y^{(i)}(0_+)-y_{zs}^{(i)}(0_+),\quad i=0,1,\cdots,n-1 \quad (4-60)$$

例4.23 描述某连续线性时不变系统的微分方程为
$$y''(t)+3y'(t)+2y(t)=2f'(t)+6f(t)$$
已知输入 $f(t)=\varepsilon(t)$，初始状态 $y(0_+)=2$，$y'(0_+)=2$，求 $y(0_-)$ 和 $y'(0_-)$。

解 由于零状态响应与初始状态无关，故本题的零状态响应与例4.22相同，即有
$$y_{zs}(t)=(3-4e^{-t}+e^{-2t})\varepsilon(t) \quad (4-61)$$

不难求得
$$y(0_-)=y(0_+)-y_{zs}(0_+)=2$$
$$y'(0_-)=y'(0_+)-y_{zs}'(0_+)=0$$

例4.24 描述某线性时不变连续系统的微分方程为
$$y''(t)+5y'(t)+6y(t)=2f'(t)+6f(t)$$
已知输入 $f(t)=5\cos t\varepsilon(t)$，初始状态 $y(0_-)=1$，$y'(0_-)=-1$，求系统的零输入响应、零状态响应和全响应。

解 对微分方程取拉普拉斯变换，有
$$s^2Y(s)-sy(0_-)-y'(0_-)+5sY(s)-5y(0_-)+6Y(s)=2sF(s)+6F(s)$$

即
$$(s^2+5s+6)Y(s)-[sy(0_-)+y'(0_-)+5y(0_-)]=2(s+3)F(s)$$

可解得
$$Y(s)=Y_{zi}(s)+Y_{zs}(s)=\frac{sy(0_-)+y'(0_-)+5y(0_-)}{s^2+5s+6}+\frac{2(s+3)}{s^2+5s+6}F(s)$$

将 $F(s)=L[5\cos t\varepsilon(t)]=\frac{5s}{s^2+1}$ 和各初值代入，得

$$Y_{zi}(s)=\frac{s+4}{s^2+5s+6}=\frac{s+4}{(s+2)(s+3)}=\frac{2}{s+2}-\frac{1}{s+3}$$

$$Y_{zs}(s)=\frac{2(s+3)}{s^2+5s+6}\cdot\frac{5s}{s^2+1}=\frac{10s}{(s+2)(s^2+1)}=\frac{-4}{s+2}+\frac{\sqrt{5}\,\mathrm{e}^{-\mathrm{j}26.6°}}{s-\mathrm{j}}+\frac{\sqrt{5}\,\mathrm{e}^{\mathrm{j}26.6°}}{s+\mathrm{j}}$$

对以上两式取逆变换，得
$$y_{zi}(t)=L^{-1}[Y_{zi}(s)]=(2\mathrm{e}^{-2t}-\mathrm{e}^{-3t})\varepsilon(t)$$

$$y_{zs}(t)=L^{-1}[Y_{zs}(s)]=-4\mathrm{e}^{-2t}\varepsilon(t)+2\sqrt{5}\cos(t-26.6°)\varepsilon(t)$$

系统全响应为
$$y(t)=y_{zi}(t)+y_{zs}(t)=-2\mathrm{e}^{-2t}\varepsilon(t)-\mathrm{e}^{-3t}\varepsilon(t)+2\sqrt{5}\cos(t-26.6°)\varepsilon(t)$$

4.4.2 系统函数

描述 n 阶系统的微分方程的一般形式为

$$\sum_{i=0}^{n}a_i y^{(i)}(t)=\sum_{j=0}^{m}b_j f^{(j)}(t) \quad (4-62)$$

【线性时不变连续系统复频域的MATLAB实现举例】

设 $f(t)$ 是 $t=0$ 时接入的，则其零状态相应的象函数为

$$Y_{zs}(s)=\frac{B(s)}{A(s)}F(s) \quad (4-63)$$

式中，$F(s)$ 为激励 $f(t)$ 的象函数，$A(s)$、$B(s)$ 分别为

$$\left.\begin{array}{l}A(s)=\sum_{i=0}^{n}a_i s^i \\ B(s)=\sum_{j=0}^{m}a_j s^j\end{array}\right\} \quad (4-64)$$

它们很容易根据微分方程写出。

系统零状态响应的象函数 $Y_{zs}(s)$ 与激励的象函数 $F(s)$ 之比称为系统函数 $H(s)$，用公式表示，即

$$H(s)=\frac{Y_{zs}(s)}{F(s)}=\frac{B(s)}{A(s)} \quad (4-65)$$

由描述系统的微分方程很容易写出该系统函数 $H(s)$，反之亦然。系统函数 $H(s)$ 只与描述系统的微分方程系数 a_i、b_j 有关，即只与系统的结构、元件参数有关，而与外界因素（激励、初始状态等）无关。

引入系统函数的概念后，系统零状态响应 $y_{zs}(t)$ 的象函数可写为

$$Y_{zs}(s)=H(s)F(s) \quad (4-66)$$

冲激响应 $h(t)$ 是输入 $f(t)=\delta(t)$ 时系统的零状态响应，由于 $L[\delta(t)]=1$，所以系统冲激

响应 $h(t)$ 的拉普拉斯变换
$$L[h(t)] = H(s) \tag{4-67}$$
即系统的冲激响应 $h(t)$ 与系统函数 $H(s)$ 是拉普拉斯变换对，即
$$h(t) \leftrightarrow H(s) \tag{4-68}$$
系统的阶跃响应 $g(t)$ 是输入 $f(t)=\varepsilon(t)$ 时的零状态响应，由于 $L[\varepsilon(t)] = \dfrac{1}{s}$，故有
$$\varepsilon(t) \leftrightarrow \dfrac{1}{s} H(s)$$
一般情况下，若输入为 $f(t)$，其象函数为 $F(s)$，则零状态响应的象函数
$$Y_{zs}(s) = H(s)F(s) \tag{4-69}$$
取式(4-69)的逆变换，并由时域卷积定理，有
$$y_{zs}(t) = L^{-1}[Y_{zs}(s)] = L^{-1}[H(s)F(s)]$$
$$= L^{-1}[H(s)] * L^{-1}[F(s)] = h(t) * f(t)$$

可见，时域卷积定理将连续系统的时域分析与复频域分析紧密地结合起来，使系统分析方法更加丰富，手段更加灵活。

例 4.25 描述某连续线性时不变系统的微分方程为
$$y''(t) + 4y'(t) + 3y(t) = f'(t) - 3f(t)$$
求系统的冲激响应 $h(t)$ 和阶跃响应 $g(t)$。

解 令零状态响应的象函数为 $Y_{zs}(s)$，对方程两边取拉普拉斯变换（注意：初始状态为零），得
$$s^2 Y_{zs}(s) + 4s Y_{zs}(s) + 3Y_{zs}(s) = sF(s) - 3F(s) \tag{4-70}$$
于是得系统函数
$$H(s) = \dfrac{Y_{zs}(s)}{F(s)} = \dfrac{s-3}{s^2+4s+3} = \dfrac{-2}{s+1} + \dfrac{3}{s+3}$$
$$\dfrac{1}{s} H(s) = \dfrac{s-3}{s(s^2+4s+3)} = \dfrac{-1}{s} + \dfrac{2}{s+1} + \dfrac{-1}{s+3}$$
对上两式取逆变换，得系统冲激响应和阶跃响应为
$$h(t) = L^{-1}[H(s)] = (-2e^{-t} + 3e^{-3t})\varepsilon(t)$$
$$g(t) = L^{-1}\left[\dfrac{1}{s}H(s)\right] = (-1 + 2e^{-t} - e^{-3t})\varepsilon(t)$$

4.4.3 系统复频域框图

系统分析中也常遇到用时域框图描述的系统，这时可根据系统框图中各基本运算部件的运算关系列出描述系统的微分方程，然后求该方程的解。如果根据系统的时域框图画出其响应的复频域框图，就可直接按复频域框图列写有关象函数的代数方程，然后解出响应的象函数，取其逆变换求得系统的响应，这将使运算简化。

对各种基本运算部件的输入、输出取拉普拉斯变换，并利用线性、积分等性质，可得各部件的复频域模型见表 4-3。

【力学系统的复频域分析】

第4章 连续时间系统的复频域分析

表 4-3 基本运算部件的复频域模型

名 称	时 域 模 型	s 域 模 型
数乘器	$f(t) \xrightarrow{} a \xrightarrow{} af(t)$ $f(t) \xrightarrow{a} af(t)$	$F(s) \xrightarrow{} a \xrightarrow{} aF(s)$ $F(s) \xrightarrow{a} aF(s)$
加法器	$f_1(t), f_2(t) \xrightarrow{\Sigma} f_1(t) \pm f_2(t)$	$F_1(s), F_2(s) \xrightarrow{\Sigma} F_1(s) \pm F_2(s)$
积分器	$f(t) \xrightarrow{\int} \int_{-\infty}^{t} f(x) dx$	$F(s) \xrightarrow{\frac{1}{s}} \xrightarrow{\Sigma} \frac{F(s)}{s} + \frac{f^{(-1)}(0_-)}{s}$
积分器	$f(t), g'(t) \xrightarrow{\int} g(t) = \int_0^t f(x) dx$	$F(s), sG(s) \xrightarrow{\frac{1}{s}} \frac{F(s)}{s} = G(s)$

由于含初始状态的框图比较复杂，而且人们通常关心的是系统的零状态响应，所以常采用零状态的复频域框图。这是因为系统的时域框图与其复频域框图形式上相同。

例 4.26 某线性时不变系统的时域框图如图 4.5 所示，已知输入 $f(t) = \varepsilon(t)$，求冲激响应 $h(t)$ 和零状态响应 $y_{zs}(t)$。

解 考虑到零状态，按表 4-3 中的各部件在复频域中的模型可以画出该系统复频域框图，如图 4.6 所示。

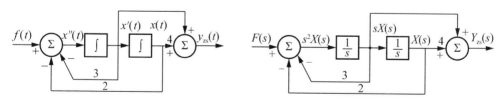

图 4.5 系统时域框图　　　　图 4.6 系统复频域框图

设图 4.6 中右端积分器输出信号为 $X(s)$，则其输入为 $sX(s)$，它也是左端积分器的输出，因而左端积分器的输入为 $s^2 X(s)$。由左端加法器的输出可列出方程为

$$s^2 X(s) = -3sX(s) - 2X(s) + F(s)$$

即

$$(s^2 + 3s + 2)X(s) = F(s)$$

由右端加法器的输出端可列出方程为

$$Y_{zs}(s) = sX(s) + 4X(s) = (s+4)X(s)$$

由以上二式消去中间变量 $X(s)$，得

$$Y_{zs}(s) = \frac{s+4}{s^2+3s+2}F(s) = H(s)F(s) \tag{4-71}$$

式中，系统函数

$$H(s) = \frac{s+4}{s^2+3s+2} = \frac{3}{s+1} - \frac{2}{s+2}$$

故系统中的冲激响应为

$$h(t) = (3e^{-t} - 2e^{-2t})\varepsilon(t)$$

由于 $F(s) = L[f(t)] = \dfrac{1}{s}$，故

$$Y_{zs}(s) = H(s)F(s) = \frac{s+4}{s^2+3s+2} \cdot \frac{1}{s} = \frac{2}{s} - \frac{3}{s+1} + \frac{1}{s+2}$$

所以，当输入 $f(t) = \varepsilon(t)$ 时的零状态响应为

$$y_{zs}(t) = (2 - 3e^{-t} + e^{-2t})\varepsilon(t)$$

4.4.4 电路复频域模型

下面讨论电路定律的复频域形式，以及与之相应的电路元件的复频域模型，以便能够据此直接建立线性时不变系统的复频域模型，从而进行线性系统的复频域分析。

1. 电路元件伏安关系的复频域形式

1）电阻

电阻元件时域中的电路模型如图 4.7(a) 所示，其伏安约束关系是

$$u(t) = Ri(t) \tag{4-72}$$
$$i(t) = Gu(t)$$

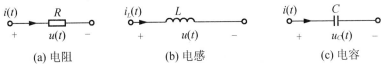

(a) 电阻　　　　(b) 电感　　　　(c) 电容

图 4.7　电路元件时域电路模型

对上述两式进行拉普拉斯变换可得电阻元件复频域中的电路模型如图 4.8 所示，其伏安约束关系如下。

$$U(s) = RI(s) \tag{4-73}$$
$$I(s) = GU(s)$$

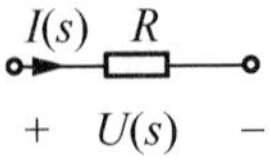

图 4.8　电阻元件复频域电路模型

2) 电感

电感元件时域中的电路模型如图 4.7(b)所示，其伏安约束关系是

$$u(t) = L\frac{di_L(t)}{dt}$$

$$i_L(t) = i_L(0_-) + \frac{1}{L}\int_{0_-}^{t} u(\xi)d\xi \tag{4-74}$$

对上述两式进行拉普拉斯变换，可得电感元件复频域中的串联电路模型和并联电路模型如图 4.9(a)和图 4.9(b)所示，其伏安约束关系如下。

$$U(s) = sLI_L(s) - Li_L(0_-)$$

$$I_L(s) = \frac{U(s)}{sL} + \frac{i_L(0_-)}{s} \tag{4-75}$$

式中，sL 称为电感 L 的复频域感抗，$\frac{1}{sL}$ 称为电感 L 的复频域感纳。$i_L(0_-)$ 是电感 L 的初始电流，$Li_L(0_-)$ 是电感初始电流引起的附加电压源，$\frac{i_L(0_-)}{s}$ 是电感初始电流引起的附加电流源。附加电源反映了电感初始电流（初始储能）的作用。

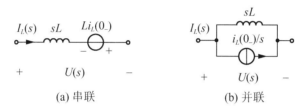

(a) 串联　　　　　　　　(b) 并联

图 4.9　电感元件复频域电路模型

3) 电容

电容元件时域中的电路模型如图 4.7(c)所示，其伏安约束关系是

$$u_C(t) = u_C(0_-) + \frac{1}{C}\int_{0_-}^{t} i(\xi)d\xi$$

$$i(t) = C\frac{du_C(t)}{dt} \tag{4-76}$$

对上述两式进行拉普拉斯变换可得电容元件复频域中的串联电路模型和并联电路模型如图 4.10(a)和图 4.10(b)所示，其伏安约束关系如下。

$$U_C(s) = \frac{I(s)}{sC} + \frac{u_C(0_-)}{s}$$

$$I(s) = sCU_C(s) - Cu_C(0_-) \tag{4-77}$$

式中，$\frac{1}{sC}$ 称为电容 C 的复频域容抗，sC 称为电容 C 的复频域容纳。$u(0_-)$ 是电容 C 的初始电压，$\frac{u(0_-)}{s}$ 是电容初始电压引起的附加电压源，$Cu(0_-)$ 是电容初始电压引起的附加电流源。附加电源反映了电容初始电压（初始储能）的作用。

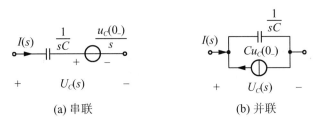

(a) 串联　　　　　　　　　(b) 并联

图 4.10　电感元件复频域电路模型

2. 基尔霍夫定律的复频域形式

基尔霍夫定律的时域形式是

$$\sum i(t) = 0 \qquad \sum u(t) = 0 \qquad (4-78)$$

对上述两式进行拉普拉斯变换，可得基尔霍夫定律的复频域形式：

$$\sum I(s) = 0 \qquad \sum U(s) = 0 \qquad (4-79)$$

这就是说，在复频域电路模型中，汇集于电路任意节点的所有支路电流象函数的代数和恒等于零，包含在电路任意回路中的所有支路电压象函数的代数和恒等于零。

用拉普拉斯变换法分析线性时不变系统求响应的步骤。

（1）画 0_- 等效电路，求初始状态。

（2）画复频域等效模型。

（3）列复频域方程（代数方程）。

（4）解复频域方程，求出响应的拉普拉斯变换 $U(s)$ 或 $I(s)$。

（5）拉普拉斯逆变换求 $u(t)$ 或 $i(t)$。

3. 复频域阻抗与复频域导纳

图 4.11 所示电路为 RLC 串联电路的时域模型，设电感 L 中的初始电流为 $i_L(0_-)$，电容 C 上的初始电压为 $u_C(0_-)$，则在给定参考方向下可列出时域中的电路方程：

$$u_R(t) + u_L(t) + u_C(t) = Ri(t) + L\frac{di(t)}{dt} + u_C(0_-) + \frac{1}{C}\int_{0_-}^{t} i(\xi)d\xi = u(t)$$

直接应用基尔霍夫定律及元件伏安关系的复频域形式可得 RLC 串联电路的复频域模型如图 4.12 所示，列方程：

$$RI(s) + sLI(s) - Li(0_-) + \frac{I(s)}{sC} + \frac{u_C(0_-)}{s} = U(s)$$

$$\left(R + sL + \frac{1}{sC}\right)I(s) = U(s) + Li(0_-) - \frac{u_C(0_-)}{s}$$

$$Z(s)I(s) = U(s) + Li(0_-) - \frac{u_C(0_-)}{s}$$

$$I(s) = \frac{U(s)}{Z(s)} + \frac{Li(0_-) - \frac{u_C(0_-)}{s}}{Z(s)} \qquad (4-80)$$

式中，$Z(s)=R+sL+\dfrac{1}{sC}$ 称为电路的复频域阻抗，令 $Y(s)=\dfrac{1}{Z(s)}$，称为电路的复频域导纳。它们仅由电路参数和复频率 s 决定，而与电路激励及初始状态无关，在形式上和电路的复阻抗 $Z(j\omega)=R+j\omega L+\dfrac{1}{j\omega C}$ 及复导纳 $Y(j\omega)=\dfrac{1}{Z(j\omega)}$ 十分相似，仅以复频率 s 取代 $j\omega$ 而已。

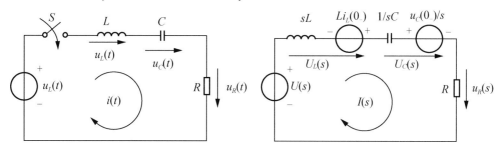

图 4.11　*RLC* 串联电路的时域模型　　　图 4.12　*RLC* 串联电路的复频域模型

在电流象函数 $I(s)$ 的表达式中，首项仅与外施激励有关，故为复频域中的零状态响应；尾项只与初始状态有关，故为复频域中的零输入响应。二者叠加后为复频域中的全响应。零值初始条件下

$$i(0_-)=0, \quad u_C(0_-)=0$$
$$U(s)=Z(s)I(s), \quad I(s)=Y(s)U(s) \tag{4-81}$$

式(4-81)被称为欧姆定律的复频域形式。

例 4.27　已知当 $t<0$ 时，开关位于"1"端，电路状态已稳定，$t=0$ 时开关从"1"端打到"2"端。用复频域模型的方法求解图 4.13 所示电路的 $u_C(t)$。

解　画出复频域网络模型如图 4.14 所示。

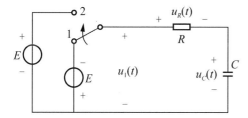 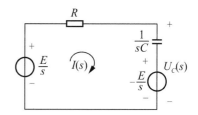

图 4.13　时域电路　　　　　　　图 4.14　复频域电路

根据图 4.14 可以写出

$$\left(R+\dfrac{1}{sC}\right)I(s)=\dfrac{E}{s}+\dfrac{E}{s} \tag{4-82}$$

求出

$$I(s)=\dfrac{2E}{s\left(R+\dfrac{1}{sC}\right)} \tag{4-83}$$

从而

$$U_C(s)=\dfrac{I(s)}{sC}-\dfrac{E}{s}=\dfrac{2E}{s(sCR+1)}-\dfrac{E}{s}=\dfrac{E\left(\dfrac{1}{RC}-s\right)}{s\left(s+\dfrac{1}{RC}\right)}=E\left[\dfrac{1}{s}-\dfrac{2}{s+\dfrac{1}{RC}}\right] \tag{4-84}$$

由拉普拉斯逆变换得

$$u_C(t) = E - 2E e^{-\frac{t}{RC}}, \quad t \geq 0 \tag{4-85}$$

例 4.28 如图 4.15 所示电路，已知 $u_s(t) = \varepsilon(t)\text{V}$，$i_s(t) = \delta(t)$，起始状态 $u_C(0_-) = 1\text{V}$，$i_L(0_-) = 2\text{A}$，求电压 $u(t)$。

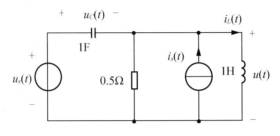

图 4.15 例 4.28 图

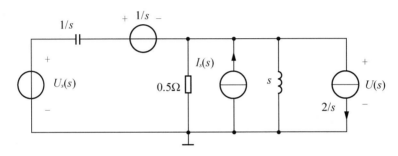

图 4.16 复频域模型图

解 对 $u_s(t)$ 和 $i_s(t)$ 进行拉普拉斯变换，得 $U_s(s) = 1/s$，$I_s(s) = 1$，画出电路的复频域模型如图 4.16 所示，根据节点电压法列出复频域电路方程

$$\left(s + 2 + \frac{1}{s}\right) U(s) = I_s(s) - \frac{2}{s} + s\left[U_s(s) - \frac{1}{s}\right] \tag{4-86}$$

整理可得

$$U(s) = \frac{s-2}{s^2 + 2s + 1} = \frac{1}{s+1} + \frac{-3}{(s+1)^2} \tag{4-87}$$

进行拉普拉斯逆变换得

$$u(t) = e^{-t}\varepsilon(t) - 3t e^{-t}\varepsilon(t) \tag{4-88}$$

4.4.5 拉普拉斯变换和傅里叶变换

拉普拉斯变换可将线性时不变系统的时域微分方程转化为复频域代数方程，且电路定律的复频域形式与频域中的向量形式十分类似。只要将电路中的激励和响应变换为对应的象函数，以复频率 s 替代 $j\omega$，同时考虑电路非零初始状态（初始储能）所引起的附加电源就可建立起复频域形式的电路数学模型，从而直接列出复频域形式的电路方程。因此，电路频域分析中述及的各种分析计算方法、定理以及各种等效变换等完全适用于复频域电路的分析。

复频域分析法的分析步骤如下。

第4章 连续时间系统的复频域分析

(1) 绘出换路后($t \geq 0$)的复频域电路模型：对电路激励进行拉普拉斯变换，并根据换路前终了时刻($t=0_-$)电感电流初值 $i_L(0_-)$ 和电容电压初值 $u_C(0_-)$ 正确确定复频域电路中的附加电源及其参考方向。

(2) 应用线性电路的分析方法求解复频域电路，获得待求电路全响应的象函数。

(3) 通过拉普拉斯逆变换获取待求电路全响应的时域解答（原函数）并绘出其波形。

通过本书例题的讲述可初步体会到复频域分析法的下述特点。

(1) 复频域分析法能自动考虑电路初始状态 $i_L(0_-)$、$u_C(0_-)$ 的影响，因而分析得到的是电路的全响应，外施激励为零时得到的是电路的零输入响应，零值初始状态时得到的是电路的零状态响应，而频域分析法则只能求取电路的零状态响应。

(2) 拉普拉斯变换的积分下限是 $t=0_-$，使用的是换路前终了时刻的电路状态，且计入了外施激励中可能包含的 $t=0$ 时刻的冲激函数 $\delta(t)$ 的作用。因此，复频域分析法无须求取 $t=0_+$ 时刻的电路状态，也无须顾及 $t=0$ 时的电路状态跃变。

(3) 复频域分析法中，电感和电容电压的象函数既包含其复频域阻抗上的电压，还包含其附加电压源的电压；电感和电容电流的象函数既包含其复频域导纳上的电流，还包含其附加电流源的电流。

(4) 复频域分析法和频域分析法都适用于线性时不变系统。

小 结

本章主要讨论建立在拉普拉斯变换基础上的复频域分析方法，依次介绍了拉普拉斯变换的定义，单边拉普拉斯变换，拉普拉斯变换存在的条件和收敛域，拉普拉斯变换的性质，拉普拉斯逆变换的方法——部分分式法，微分方程的复频域求解方法，最后介绍了电阻 R、电感 L、电容 C 的复频域等效电路模型图，利用复频域分析法求解冲激响应、零输入响应、零状态响应、全响应。

习 题 四

4.1 求下列函数的单边拉普拉斯变换，并注明收敛域。

(1) $1-e^{-t}$ (2) $3\sin t + 2\cos t$ (3) $e^t + e^{-t}$

4.2 利用常用函数的象函数及拉普拉斯变换的性质，求下列函数的拉普拉斯变换。

(1) $e^{-t}\varepsilon(t) - e^{-(t-2)}\varepsilon(t-2)$ (2) $\sin \pi t\ [\varepsilon(t)-\varepsilon(t-1)]$ (3) $\delta(4t-2)$

4.3 如已知因果函数 $f(t)$ 的象函数 $F(s) = \dfrac{1}{s^2-s+1}$，求下列函数 $y(t)$ 的象函数 $Y(s)$。

(1) $e^{-t}f\left(\dfrac{t}{2}\right)$ (2) $te^{-2t}f(3t)$

4.4 用拉普拉斯变换法解微分方程
$$y''(t)+5y'(t)+6(t)=3f(t)$$
的零输入响应和零状态响应。

(1) 已知 $f(t)=\varepsilon(t)$，$y(0_-)=1$，$y'(0_-)=2$。

(2) 已知 $f(t)=e^{-t}\varepsilon(t)$，$y(0_-)=0$，$y'(0_-)=1$。

4.5 描述某线性时不变系统的微分方程为
$$y'(t)+2y(t)=f'(t)+f(t)$$
求在下列激励下的零状态响应。

(1) $f(t)=\varepsilon(t)$。

(2) $f(t)=e^{-2t}\varepsilon(t)$。

4.6 如图 4.17 所示的复合系统由 4 个子系统组成，若各个子系统的系统函数或冲激响应分别为：$H_1(s)=\dfrac{1}{s+1}$，$H_2=\dfrac{1}{s+2}$，$h_3(t)=\varepsilon(t)$，$h_4(t)=e^{-2t}\varepsilon(t)$，求复合系统的冲激响应 $h(t)$。

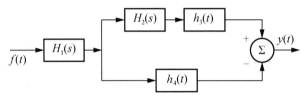

图 4.17 题 4.6 图

4.7 如图 4.18 所示的复合系统是由两个子系统组成，子系统的系统函数或冲激响应如下，求复合系统的冲激响应。

(1) $H_1(s)=\dfrac{1}{s+1}$，$h_2(t)=2e^{-2t}\varepsilon(t)$。

(2) $H_1(s)=1$，$h_2(t)=\delta(t-T)$，T 为常数。

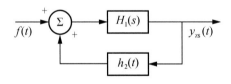

图 4.18 题 4.7 图

4.8 如图 4.19 所示系统，已知当 $f(t)=\varepsilon(t)$ 时，系统的零状态响应 $y_{zs}(t)=(1-5e^{-2t}+5e^{-3t})\varepsilon(t)$，求系数 a、b、c。

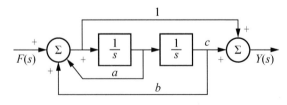

图 4.19 题 4.8 图

第5章 系统函数

系统函数在研究信号方面占据着相当重要的地位，特别是在电子通信和控制工程方面有着很广泛的应用。通过对模型建立系统函数并且对之加以分析，可以对系统性能进行更深入的研究。通过系统函数不仅可以研究输入与响应之间的关系，而且还可以对系统的稳定性、因果性和是否有界等性质做出判断，从而可以对系统进一步修正以使得系统满足设计的要求。

本章分为4个小节，将在各个小节分别介绍系统函数及其特性，系统函数与时域和频域之间的关系，系统函数的建立和系统函数的实现。在本章提到的系统均为线性时不变连续系统，关于线性时不变离散系统本章暂不做介绍。

教学要求

掌握利用系统函数的零极点求系统时域响应和频域响应的方法；掌握根据系统函数的零极点判断系统的因果性、稳定性的方法；理解信号流图的概念；掌握利用信号流图进行系统分析和系统模拟的方法。

重点与难点

1. 系统函数与系统特性
(1) 系统函数 $H(\cdot)$ 的零极点与时域和频域特性的关系。
(2) 系统函数的求法。
2. 系统稳定性
(1) 因果系统（掌握因果系统的充分必要条件和性质）。
(2) 稳定系统（理解稳定系统的定义，重点掌握判断系统稳定性的方法）。
3. 系统方框图、信号流图与系统模拟
(1) 信号流图与梅森公式（重点掌握由系统的信号流图利用梅森公式求系统函数的方法）。
(2) 系统模拟（掌握由系统函数画出直接形式、并联形式和级联形式信号流图的方法）。

5.1 系统函数及其特性

5.1.1 系统函数

设 $F(s)$ 为输入函数 $f(t)$ 经拉普拉斯变换后的象函数，$Y(s)$ 为系统输出零状态响应 $y(t)$ 经拉普拉斯变换后的象函数，那么系统函数则为

$$H(s) = \frac{Y(s)}{F(s)} \tag{5-1}$$

【线性时不变连续系统描述】

对于线性时不变连续系统，在时域可以用数学模型 n 阶的微分方程来表示输入与输出的关系，如

$$\sum_{i=0}^{n} a_i y^{(i)}(t) = \sum_{j=0}^{m} b_j f^{(j)}(t) \tag{5-2}$$

系统外施激励 $f(t)$ 为单位冲激函数 $\delta(t)$ 时，激励象函数 $F(s)=1$，系统的零状态响应就是单位冲激响应 $h(t)$。对 $h(t)$ 取拉普拉斯变换即可得到系统函数 $H(s)$。对式（5-2）取拉普拉斯变换可得

$$A(s)Y(s) = B(s)F(s) \tag{5-3}$$

$$\frac{Y(s)}{F(s)} = \frac{B(s)}{A(s)} \tag{5-4}$$

式中，$A(s)$ 为 s 的 n 次多项式，$B(s)$ 为 s 的 m 次多项式。

系统函数则为

$$H(s) = \frac{Y(s)}{F(s)} = \frac{B(s)}{A(s)} \tag{5-5}$$

5.1.2 系统的零点和极点

在 n 阶线性时不变系统复频域系统函数 $H(s)$ 的一般形式为式（5-5），在系统函数 $H(s)$ 中 $A(s)$ 为 s 的 n 次多项式，$B(s)$ 为 s 的 m 次多项式。故系统函数可以写为

$$H(s) = \frac{B(s)}{A(s)} = \frac{b_m s^m + b_{m-1} s^{m-1} + b_{m-2} s^{m-2} + \cdots + b_1 s + b_0}{a_n s^n + a_{n-1} s^{n-1} + a_{n-2} s^{n-2} + \cdots + a_1 s + a_0} \tag{5-6}$$

令 $A(s)=0$，可得

$$A(s) = a_n \prod_{i=1}^{n} (s - a_i) = 0 \tag{5-7}$$

式中，$a_1, a_2, a_3, \cdots, a_i$ 为系统函数的极点。

令 $B(s)=0$，可得

$$B(s) = b_m \prod_{i=1}^{m} (s - b_i) = 0 \tag{5-8}$$

式中，$b_1, b_2, b_3, \cdots, b_i$ 为系统函数的零点。

下面对系统函数的零极点加以讨论。

系统的零点和极点的取值可能是实数零点和极点，也有可能是复数。当出现复数零点

第5章 系统函数

或极点的时候，系统的零点或极点都是共轭出现的，也就是说系统函数在复频域平面上关于实轴对称。系统的零极点类型一般有以下几种：一阶的极点和零点，实数的一阶零极点都在 s 平面的实轴上；一阶复共轭的零点和极点，关于实轴对称；二阶的零点和极点，对于二阶的实数零点和极点同样在 s 平面的实轴上，此时的两个相同根在实轴上的一个点上；对于二阶复共轭的零点和极点，与一阶复共轭的根类似，也是关于实轴对称且两个根也在复频域平面同一个点上。

（1）当 $n>m$ 时，为严真情形。当 $|s|\to\infty$ 时，有 $\lim\limits_{|s|\to\infty}\dfrac{b_m s^m}{a_n s^n}=0$，可认为系统函数在无穷远处有一个 $n-m$ 阶的零点。

（2）当 $n=m$ 时，为真情形。当 $|s|\to\infty$ 时，有 $\lim\limits_{|s|\to\infty}\dfrac{b_m s^m}{a_n s^n}=c$，$c$ 为常数，若线性时不变系统为因果系统，则系统的零状态响应中的起始时刻有阶跃跳变。

（3）当 $n<m$ 时，$|s|\to\infty$ 时，有 $\lim\limits_{|s|\to\infty}\dfrac{b_m s^m}{a_n s^n}=\infty$，可以认为系统函数在无穷远处有一个 $m-n$ 阶的极点。这里只讨论当 $n\geqslant m$ 时的情形。

例 5.1 求 $F(s)=\dfrac{s^2+3s+2}{s^5-3s^4-5s^3+5s^2+24s+18}$ 的零点和极点，并在 s 平面内画出零点和极点的分布图。

【采用MATLAB绘制零极点图】

解 象函数 $F(s)$ 的分母多项式为

$$A(s)=s^5-3s^4-5s^3+5s^2+24s+18=(s+1)(s^2+2s+2)(s-3)^2 \tag{5-9}$$

令 $A(s)=0$ 可得系统的极点

$$s_{p1}=-1,\ s_{p2}=-1+j,\ s_{p3}=-1-j,\ s_{p4}=s_{p5}=3 \tag{5-10}$$

令 $B(s)=0$ 可得系统的零点

$$s_{\zeta 1}=-1,\ s_{\zeta 2}=-2 \tag{5-11}$$

系统函数的零点和极点分布如图 5.1 所示。

【二阶极点变化】

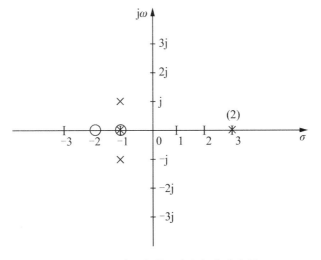

图 5.1 系统函数的零点和极点分布图

×代表极点，○代表零点

在例 5.1 中，s_{p1} 为系统函数的一阶实数极点；$s_{\zeta1}$、$s_{\zeta2}$ 为系统函数的一阶实数零点；s_{p2}、s_{p3} 为系统函数的一阶共轭复数极点；s_{p4}、s_{p5} 为系统函数的二阶实数极点。

5.2 系统函数与时域、频域之间的关系

5.2.1 系统函数与时域的关系

通过第 4 章的拉普拉斯变换不难找出系统函数与时域之间的关系。将系统函数进行部分分式展开可以得到如下的形式。

（1）当部分分式展开出现 $1/s$ 时

$$L^{-1}(1/s) \to \varepsilon(t) \tag{5-12}$$

（2）当部分分式展开出现常数 c 时，通过拉普拉斯变换的时域微分性质有

$$L(f(t)) \to F(s) \tag{5-13}$$

$$L\left(\frac{\mathrm{d}f(t)}{\mathrm{d}t}\right) \to sF(s) \tag{5-14}$$

可得

$$L^{-1}(c) \to c\delta(t) \tag{5-15}$$

（3）当部分分式展开出现 $\dfrac{1}{s+\lambda}$ 时

$$L^{-1}\left(\frac{c}{s+\lambda}\right) \to c\mathrm{e}^{-\lambda t}\varepsilon(t) \tag{5-16}$$

（4）当部分分式展开出现 $\dfrac{c}{(s+\lambda)^2}$ 时

$$L^{-1}\left(\frac{c}{(s+\lambda)^2}\right) \to ct\mathrm{e}^{-\lambda t}\varepsilon(t) \tag{5-17}$$

（5）当部分分式展开出现 $\dfrac{c}{(s+\lambda)^2+a^2}$ 时

$$L^{-1}\left(\frac{c}{(s+\lambda)^2+a^2}\right) \to c\mathrm{e}^{-\lambda t}\cos(at+\theta)\varepsilon(t) \tag{5-18}$$

其中，c、θ 为常数。

若 $\lambda>0$，系统函数的极点都分布在 s 平面的左半开平面，此时系统对应的时域函数中均有衰减因子 $\mathrm{e}^{-\lambda t}$，当 t 趋于无穷时可以看到系统函数是收敛在 0 处的。故这种情况称系统为稳定系统。

若 $\lambda=0$，系统函数的极点都分布在 s 平面的虚轴上（对于一阶系统），此时系统对应的时域函数中均没有衰减因子 $\mathrm{e}^{-\lambda t}$，当 $t \to \infty$ 时可以看到系统函数在时域里并不是衰减的。对于情况（3），系统函数是一条直线；对于情况（5），则是一条均匀振荡的正弦曲线。

若 $\lambda<0$，系统函数的极点都分布在 s 平面的右半开平面，此时系统对应的时域函数中均有增长的指数因子 $\mathrm{e}^{-\lambda t}$。随着时间的增长，系统振动幅度越来越大，此时系统是不稳定的。对于高阶（>2 阶）的极点，也就是说 $H(s)$ 存在 r 重极点。

若 $\lambda>0$,r 重极点都分布在 s 平面的左半开平面。可以证明,系统此时在 $t\to\infty$ 时是收敛的。若 $\lambda\leqslant 0$,系统是不稳定的。通过图 5.2 可以更直观地理解极点与时域的关系。

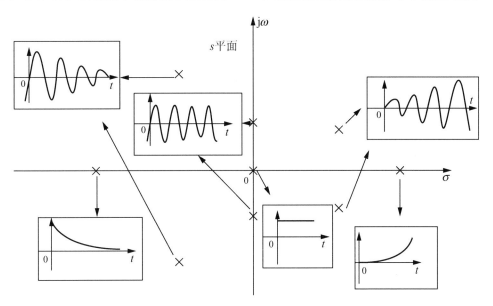

图 5.2 $H(s)$ 的极点与所对应的时域响应函数

由上述讨论可以得到如下结论。

(1) 系统的自由响应、冲激响应的函数形式是由 $H(s)$ 的极点确定的。

(2) 系统的稳定性也是由 $H(s)$ 的极点分布在 s 平面的位置确定的。当系统的全部极点分布在 s 平面的左半开平面时,系统是稳定的。$H(s)$ 在虚轴上的一阶极点对应的响应函数幅度是不随时间变化的。$H(s)$ 在虚轴上的二阶及二阶以上或右半开平面的极点对应的响应函数幅度都随着时间的增加而增大,当 $t\to\infty$ 时,它们都趋于无穷大。

5.2.2 系统函数与频域的关系

对于连续的因果系统,如果系统函数 $H(s)$ 的极点都在 s 平面的左半平面,那么它在虚轴上($s=j\omega$)也收敛。因此系统的频率响应函数如下。

$$H(j\omega)=H(s)|_{s=j\omega}=\frac{b_m\prod_{i=1}^{m}(j\omega-b_i)}{a_n\prod_{i=1}^{n}(j\omega-a_i)} \quad (5-19)$$

我们知道,任意的一维矢量在复平面里面可以用模值和相角表示,如

$$\vec{a}=|A|e^{j\theta} \quad (5-20)$$

矢量的模值为矢量的长度,矢量的辐角是自实轴沿逆时针方向转至该矢量的夹角。

变量 $j\omega$ 为一个起点为坐标原点,方向为虚轴正方向的矢量。极点 a_i 也是一个矢量,起点为坐标原点,方向为从原点指向极点,辐角的大小为自实轴沿逆时针方向转至该矢量的夹角。$j\omega-a_i$ 可以看成是两个矢量之差,如图 5.3(a)所示。当 a 变化时,差矢量 $j\omega-a_i$ 也随之变化。

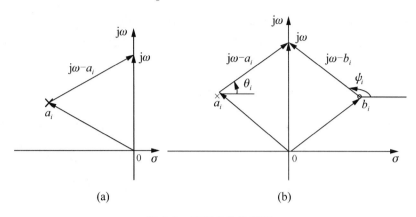

图 5.3 零极点的矢量图

对于任意极点 a_i 和零点 b_i，将 $j\omega - a_i$ 表示为

$$j\omega - a_i = A_i e^{j\theta_i} \tag{5-21}$$

同理，$j\omega - b_i$ 表示为

$$j\omega - b_i = B_i e^{j\psi_i} \tag{5-22}$$

式中，A_i、B_i 分别是差矢量 $j\omega - a_i$ 和 $j\omega - b_i$ 的模，θ_i、ψ_i 是它们的辐角，如图 5.3(b) 所示，于是式(5-19)可以表示为

$$H(j\omega) = \frac{b_m B_1 B_2 B_3 \cdots B_m e^{j(\sum_{i=1}^{m} \psi_i)}}{a_n A_1 A_2 A_3 \cdots A_n e^{j(\sum_{i=1}^{n} \theta_i)}} = |H(j\omega)| e^{j\varphi(\omega)} \tag{5-23}$$

系统函数 $H(j\omega)$ 的模值为

$$|H(j\omega)| = \frac{b_m B_1 B_2 B_3 \cdots B_m}{a_n A_1 A_2 A_3 \cdots A_n} \tag{5-24}$$

辐角 $\varphi(\omega)$ 为

$$\varphi(\omega) = \sum_{i=1}^{m} \psi_i - \sum_{i=1}^{n} \theta_i \tag{5-25}$$

当 ω 从 0（或 $-\infty$）变动时，各矢量的模值和辐角都将随之变化，差矢量 $j\omega - a_i$ 也将随之变化，根据式(5-24)和式(5-25)就可以得到其幅频特性曲线和相频特性曲线。

例 5.2 二阶系统函数为 $H(s) = \dfrac{s^2 - 2s + 2}{s^2 + 2s + 2}$，画出系统的幅频、相频特性。

解 $$H(s) = \frac{(s-1)^2 + 1}{(s+1)^2 + 1}$$

令 $A(s) = 0$，即 $(s+1)^2 + 1 = 0$，令 $B(s) = 0$，即 $(s-1)^2 + 1 = 0$，可得

$$s_{a1} = -1 + j, \quad s_{a2} = -1 - j \tag{5-26}$$
$$s_{b1} = 1 + j, \quad s_{b2} = 1 - j$$

零点和极点的分布如图 5.4 所示。

在例 5.2 中其频率特性为

$$H(j\omega) = \frac{(j\omega - s_{b1})(j\omega - s_{b2})}{(j\omega - s_{a1})(j\omega - s_{a2})} \tag{5-27}$$

由于 s_{a1} 和 s_{b1} 镜像对称，故 s_{a2} 和 s_{b2} 镜像对称，所以有 $|H(\omega)| = 1$。其相频特性为

$$\varphi(\omega) = 2\pi - 2[\arctan(\omega+1) + \arctan(\omega-1)] \tag{5-28}$$

当 $\omega=0$ 时，$\varphi(\omega)=2\pi$，当 $\omega\to\infty$ 时，$\varphi(\omega)=0$。
幅频图和相频图如图 5.5 所示。

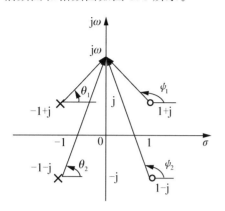

图 5.4 $H(s)$ 零点和极点的分布图

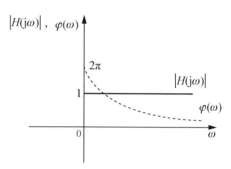

图 5.5 $H(s)$ 的幅频和相频特性曲线

从例 5.2 可以看出，系统的幅频响应为一常数，对所有频率的信号都能通过，因此被称为全通函数。在系统函数中，凡是极点在左半平面，零点在右半平面，且极点与零点关于虚轴镜像对称的函数均称为全通函数。如果系统的零点和极点都在 s 平面的左半平面，那么这种系统称为最小相移函数。

设系统函数有两个极点在左半平面，且分别为 $-a_1$、$-a_2$。$-a_1$、$-a_2$ 共轭对称。两个零点也均在左半平面，分别为 $-b_1$、$-b_2$。$-b_1$、$-b_2$ 共轭对称，则有系统函数

$$H(s)=\frac{(s+b_1)(s+b_2)}{(s+a_1)(s+a_2)}=\frac{(s+b_1)(s+b_1^*)}{(s+a_1)(s+a_1^*)} \tag{5-29}$$

其零点和极点的分布图如图 5.6 所示。

从图 5.6 可以写出 $\varphi(\omega)$ 的函数

$$\varphi_1(\omega)=(\psi_1+\psi_2)-(\theta_1+\theta_2) \tag{5-30}$$

若以 $-a_1$、$-a_2$ 为极点，以 $-b_1$、$-b_2$ 关于虚轴镜像对称的点为零点，从图 5.7 可以得到

$$\varphi_2(\omega)=(\pi-\psi_1)+(\pi-\psi_2)-(\theta_1+\theta_2)=2\pi-\psi_1-\psi_2-\theta_1-\theta_2 \tag{5-31}$$

$$\varphi_2(\omega)-\varphi_1(\omega)=2\pi-2(\psi_1+\psi_2) \tag{5-32}$$

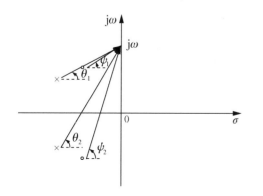

图 5.6 零点和极点都在左半平面且共轭对称

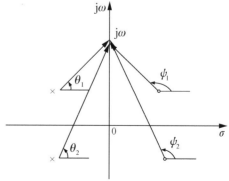

图 5.7 零点和极点关于虚轴对称

当 ω 从 0 趋于无穷时，$\psi_1+\psi_2$ 趋于 π，则 $\varphi_2(\omega)-\varphi_1(\omega)$ 趋于 0，因此有

$$\varphi_2(\omega)-\varphi_1(\omega)\geqslant 0 \tag{5-33}$$

由此可知，在幅频特性相同的条件下，零点在 s 平面的左半平面的系统具有最小的相频特性，故称为最小相移系统。任意的一个非最小相移系统可以表示为相同幅频特性的全通函数与最小相移函数的乘积。

5.3 系统的稳定性和因果性

5.3.1 系统的稳定性

稳定性是系统本身的一种属性，而与系统的输入（激励）、状态无关。直观地讲，系统在外界干扰下产生的响应在干扰消失后最终趋于零，系统就是稳定的；在干扰消失后系统响应随 t 无限增长，系统就是不稳定的。系统稳定意味着系统在有界激励 $f(t)$（$|f(t)|\leqslant M_f$）作用下的零状态响应 $y_f(t)$ 也是有界的（即 $|y_f(t)|\leqslant M_y$）。可以证明，系统具有稳定性的充要条件是系统的单位冲激响应 $h(t)$ 绝对可积，就是说

$$\int_{-\infty}^{\infty}|h(t)|\mathrm{d}t<\infty \tag{5-34}$$

据此式可知系统稳定的必要条件为

$$\lim_{t\to\pm\infty}h(t)=0 \quad (必要条件) \tag{5-35}$$

(1) 根据复频域系统函数的极点（分母 $A(s)=0$）分布可以判定系统稳定性。

① 稳定系统：全部极点位于 s 平面的左半开平面，即满足 $\lim\limits_{t\to\infty}h(t)=0$。

② 临界稳定系统：$H(s)$ 在 $\mathrm{j}\omega$ 轴上存在单阶极点，其余极点均位于 s 平面的左半开平面，即满足 $\lim\limits_{t\to\infty}h(t)=$ 有限（定或不定）值（常量或等幅振荡）。

③ 不稳定系统：在 $\mathrm{j}\omega$ 轴上存在重阶极点或在 s 平面的右半开平面上有极点分布，即满足 $\lim\limits_{t\to\infty}h(t)=\infty$。

(2) 根据罗斯准则判定系统稳定性。罗斯准则并不要求知道极点的具体值，而只需知道极点的分布区域以判定系统稳定性。罗斯准则的内容如下。

系统稳定的充分必要条件是复频域系统函数的分母多项式

$$D(s)=a_n s^n+a_{n-1}s^{n-1}+\cdots+a_1 s+a_0 \tag{5-36}$$

的全部系数 a_i 均为非零正实常数，且无缺项。罗斯阵列中第 1 列的 $n+1$ 个数字符号全为正号。

$$\begin{array}{cccccc}
1 & s^n & a_n & a_{n-2} & a_{n-4} & \cdots \\
2 & s^{n-1} & a_{n-1} & a_{n-3} & a_{n-5} & \cdots \\
3 & s^{n-2} & b_{n-1} & b_{n-3} & b_{n-5} & \cdots \\
4 & s^{n-3} & c_{n-1} & c_{n-3} & c_{n-5} & \cdots \\
\vdots & \vdots & \vdots & \vdots & \vdots & \vdots \\
n+1 & s^0 & \cdots & & &
\end{array} \tag{5-37}$$

上述罗斯阵列中第1、2行元素由分母多项式 $D(s)$ 按二阶递减取其系数分别构成。第3行及其以后的各行元素按以下规律计算。

$$b_{n-1}=-\frac{1}{a_{n-1}}\begin{vmatrix}a_n & a_{n-2}\\ a_{n-1} & a_{n-3}\end{vmatrix},\quad b_{n-3}=-\frac{1}{a_{n-1}}\begin{vmatrix}a_n & a_{n-4}\\ a_{n-1} & a_{n-5}\end{vmatrix},\cdots$$

$$c_{n-1}=-\frac{1}{b_{n-1}}\begin{vmatrix}a_{n-1} & a_{n-3}\\ b_{n-1} & b_{n-3}\end{vmatrix},\quad c_{n-3}=-\frac{1}{b_{n-1}}\begin{vmatrix}a_{n-1} & a_{n-5}\\ b_{n-1} & b_{n-5}\end{vmatrix},\cdots \quad (5-38)$$

…… …… …… …… ……

依此递推，直至第 $n+1$ 行。最后一行将只余一项非零元素。若罗斯数字阵列中第1列的 $n+1$ 个数字符号全正，则复频域系统函数 $H(s)$ 的极点全部位于 s 平面的左半开平面，系统就是稳定的；若罗斯数字阵列中第1列的 $n+1$ 个数字符号不全为正号，则符号改变的次数就是复频域系统函数 $H(s)$ 位于 s 平面右半开平面上的极点个数，系统就是不稳定的。显然，对于二阶系统 $n=2$，分母多项式 $D(s)$ 的各项系数（无缺项）均为正时，系统肯定是稳定的。

5.3.2 系统的因果性

对于连续因果系统是指系统的零状态响应 $y_{zs}(t)$ 不出现在系统的激励 $f(t)$ 之前，即对于任意的

$$f(t)=0, \quad t<0 \quad (5-39)$$

则

$$y_{zs}(t)=0, \quad t<0 \quad (5-40)$$

连续因果系统的充分必要条件是冲激响应

$$h(t)=0, \quad t<0 \quad (5-41)$$

或者系统函数 $H(s)$ 的极点都在收敛轴 $\text{Re}[s]=\sigma_0$ 的左边。

例 5.3 图 5.8 所示的连续因果系统的系数如下，判断该系统是否稳定。

(1) $a_0=2, a_1=3$；
(2) $a_0=-2, a_1=-3$；
(3) $a_0=2, a_1=-3$。

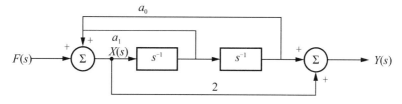

图 5.8 系统函数的框图

解 设左端加法器的输出为 $X(s)$，则可列出方程

$$X(s)=a_1 s^{-1}X(s)+a_0 s^{-2}X(s)+F(s) \quad (5-42)$$

$$Y(s)=2X(s)+s^{-2}X(s) \quad (5-43)$$

由式(5-42)及式(5-43)可以解得系统函数为

$$H(s)=\frac{Y(s)}{F(s)}=\frac{2+s^{-2}}{1-a_1s^{-1}-a_0s^{-2}}=\frac{2s^2+1}{s^2-a_1s-a_0} \qquad (5-44)$$

$$A(s)=s^2-a_1s-a_0 \qquad (5-45)$$

(1) 当 $a_0=2$，$a_1=3$ 时

$$A(s)=s^2-3s-2=0 \qquad (5-46)$$

极点为

$$p_{a1}=\frac{3+\sqrt{17}}{2},\quad p_{a2}=\frac{3-\sqrt{17}}{2} \qquad (5-47)$$

由于极点不全部在左半开平面，故系统不稳定。

(2) 当 $a_0=-2$，$a_1=-3$ 时

$$A(s)=s^2+3s+2=0 \qquad (5-48)$$

极点为

$$p_{a1}=-1<0,\quad p_{a2}=-2<0 \qquad (5-49)$$

由于极点全部在左半开平面，故系统稳定。

(3) 当 $a_0=2$，$a_1=-3$ 时

$$A(s)=s^2+3s-2=0 \qquad (5-50)$$

极点为

$$p_{a1}=\frac{-3+\sqrt{17}}{2}>0,\quad p_{a2}=\frac{-3-\sqrt{17}}{2}<0 \qquad (5-51)$$

由于极点不全部在左半开平面，故系统不稳定。

5.4 信号流图与系统结构的实现

5.4.1 信号流图

由节点和有向支路构成的能够表征系统功能及信号流动方向的图称为系统的信号流图，简称流图。信号流图中的节点"○"除表示信号变量外还对流入节点的信号具有求和作用。有向支路则表示了信号的传输方向及支路(子系统)的复频域系统函数(复频域系统函数直接写在有向支路的箭头旁边)。

1. 信号流图中的名词

(1) 节点：表示系统信号变量的点称为节点。每个节点代表一个信号。节点代表的信号等于输入该节点的全部信号之和，与输出支路无关。

激励节点：代表系统激励信号的节点称为激励节点，又称源点，如图 5.9(a)中的 X_1。激励节点的特点是其上只有流出的支路，而无流入的支路。

响应节点：代表系统响应信号的节点称为响应节点，又称汇点或阱点，如图 5.9(b)中的 X_5。响应节点的特点是其上只有流入的支路，而无流出的支路[在用 $H(s)=1$ 的支路进行隔离时]。

混合节点：既有信号输入又有信号输出的节点称为混合节点。混合节点代表的信号就是它的输出信号，该输出信号等于所有输入信号之和，而与输出支路无关。

（2）支路：连接两个节点的有向线段称为支路。每条支路代表一个子系统，支路方向表示信号的传输（流动）方向，如图5.9（a）所示，支路箭头旁标注的是相应子系统的复频域系统函数。

（3）开路：与任意节点仅相遇一次的通路称为开通路，简称开路。显然，开路是首尾节点不同，不闭合的通路，如图5.9（b）所示。其中，由激励节点至响应节点的开通路称为前向开通路，简称前向通路。

（4）通路：从任意节点出发沿支路箭头方向连续经由若干相连支路到达另一节点的路径称为通路，如图5.9（c）所示。可见，通路由一条或数条同向支路组成，且通路的复频域系统函数为通路中各支路复频域系统函数之积。

（5）环路：首尾节点重合的闭合通路称为环路，又称回路，如图5.9（d）所示。其中，只有一个节点和一条支路的环路称为自环路，简称自环。而不存在公共节点的两个环路称为互不接触的环路。

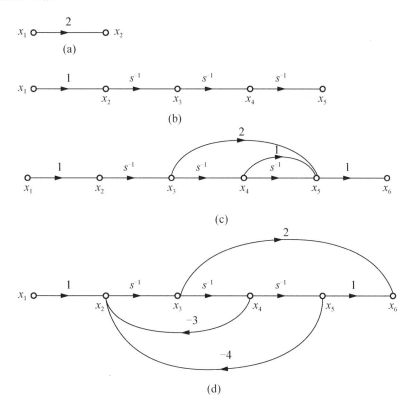

图 5.9 信号流图中的基本结构

2. 梅森公式

根据系统的信号流图直接求取复频域系统函数 $H(s)=\dfrac{Y(s)}{F(s)}$ 的计算公式称为梅森公式。

$$H(s) = \frac{Y(s)}{F(s)} = \frac{1}{\Delta} \sum_i P_i \Delta_i \qquad (5-52)$$

式中，$\Delta = 1 - \sum_i L_i(s) + \sum_{m,n} L_m(s) L_n(s) - \sum_{p,q,r} L_p(s) L_q(s) L_r(s) + \cdots$ 称为信号流图的特征行列式。

$\sum_i L_i(s)$ 为信号流图中所有不同回路的增益之和，$L_i(s)$ 为第 i 个回路的增益。

$\sum_{m,n} L_m(s) L_n(s)$ 为信号流图中所有两两互不接触回路的增益乘积之和。$L_m(s) L_n(s)$ 为两个互不接触回路的复频域系统函数之积。

$\sum_{p,q,r} L_p(s) L_q(s) L_r(s)$ 为信流图中所有 3 个互不接触回路的增益乘积之和，和式中的每项 $L_p(s) L_q(s) L_r(s)$ 为 3 个互不接触回路的增益之积。

依此类推，P_i 是由激励节点至所求响应节点的第 i 条前向开通路中所有支路增益的乘积。Δ_i 是除去第 i 条前向开通路后所余子流图的特征行列式，其求取方法同 Δ。

例 5.4 求图 5.10 所示的连续系统的系统函数 $H(s)$。

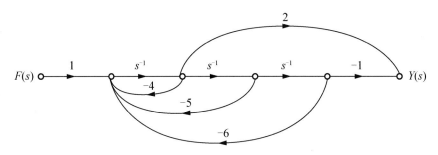

图 5.10 系统函数的信号流图

解 图 5.10 所示流图中共有 3 个回路，各回路的增益分别为

$$L_1 = -4s^{-1} \qquad (5-53)$$
$$L_2 = -5s^{-1} \cdot s^{-1} = -5s^{-2} \qquad (5-54)$$
$$L_3 = -6s^{-1} \cdot s^{-1} \cdot s^{-1} = -6s^{-3} \qquad (5-55)$$

它们没有两个以上互不接触的回路，则特征多项式为

$$\Delta = 1 - (L_1 + L_2 + L_3) = 1 + 4s^{-1} + 5s^{-2} + 6s^{-3} \qquad (5-56)$$

它有两条前向通路，其增益分别为

$$P_1 = 1 \cdot s^{-1} \cdot 2 = 2s^{-1} \qquad (5-57)$$
$$P_2 = 1 \cdot s^{-1} \cdot s^{-1} \cdot s^{-1} \cdot (-1) = -s^{-3} \qquad (5-58)$$

由于各回路都与此二前向通路接触，则其特征多项式的余因子分别为

$$\Delta_1 = 1, \quad \Delta_2 = 1 \qquad (5-59)$$

由梅森公式，可得该连续系统的系统函数为

$$H(s) = \frac{Y(s)}{F(s)} = \frac{1}{\Delta} \sum_{i=1}^{2} P_i \Delta_i = \frac{2s^{-1} - s^{-3}}{1 + 4s^{-1} + 5s^{-2} + 6s^{-3}} = \frac{2s^2 - 1}{s^3 + 4s^2 + 5s + 6} \qquad (5-60)$$

5.4.2 系统结构的实现

系统结构的实现一般有很多种方法，但是一般比较常用的有以下 3 种：直接实现的方法、级联的方法、并联的方法。

1. 直接实现的方法

系统函数

$$H(s)=\frac{Y(s)}{F(s)}=\frac{b_m s^m+b_{m-1}s^{m-1}+b_{m-2}s^{m-2}\cdots b_1 s+b_0}{s^n+a_{n-1}s^{n-1}+a_{n-2}s^{n-2}\cdots a_1 s+a_0} \quad (a_n=1) \quad (5-61)$$

将式(5-61)分子分母同时除以 s^n 可得

$$H(s)=\frac{b_m s^{m-n}+b_{m-1}s^{m-n-1}+b_{m-2}s^{m-n-2}\cdots b_1 s^{1-n}+b_0 s^{-n}}{1-(-a_{n-1}s^{-1}-a_{n-2}s^{-2}-a_{n-3}s^{-3}\cdots -a_1 s^{-n+1}-a_0 s^{-n})}Y(s) \quad (5-62)$$

将分母看成是梅森公式中特征行列式 Δ，从而可知，在此系统函数中没有两两不接触的回路，同时也没有多个回路不接触的情况。同时也可以知道，系统中每任意的两个回路都与前向通路相接触。因此可以获得 $H(s)$ 的信号流图如图 5.11 所示的两种形式。仔细观察不难发现，将图 5.11(a)中的信号传输方向都翻转且将源点与汇点对调就得到图 5.11(b)的形式，称这种变换为转置。

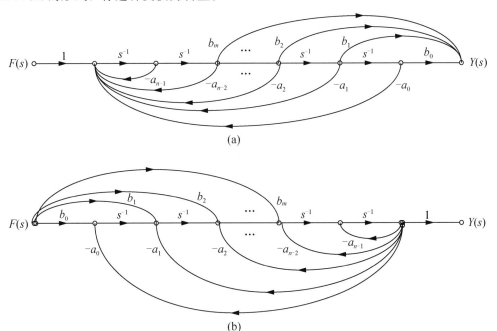

图 5.11　式(5-62)所示系统函数的信号流图

例 5.5 已知连续系统的系统函数为 $H(s)=\dfrac{3s+2}{s^3+3s^2+2s+1}$，由系统函数画出信号流图。

解
$$H(s)=\frac{3s+2}{s^3+3s^2+2s+1}=\frac{3s^{-2}+2s^{-3}}{1-(-3s^{-1}-2s^{-2}-s^{-3})} \quad (5-63)$$

由式(5-63)可得系统函数的流图如图5.12所示。

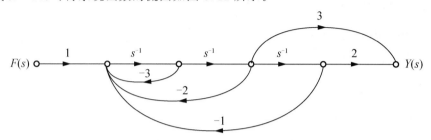

图 5.12　由系统函数直接实现的信号流图

2. 级联的方法和并联的方法

将系统函数 $H(s)$ 分解为若干因子乘积的形式称为级联。

$$H(s)=\frac{Y(s)}{F(s)}=\frac{b_m s^m+b_{m-1}s^{m-1}+b_{m-2}s^{m-2}+\cdots+b_1 s+b_0}{a_n s^n+a_{n-1}s^{n-1}+a_{n-2}s^{n-2}+\cdots+a_1 s+a_0} \quad (5-64)$$

对式(5-64)进行因式分解可得

$$H(s)=\frac{(s-b_1)(s-b_2)(s-b_3)\cdots(s-b_m)}{(s-a_1)(s-a_2)(s-a_3)\cdots(s-a_n)} \quad (5-65)$$

$$=H_1(s)H_2(s)H_3(s)\cdots H_n(s) \quad (5-66)$$

则其信号流图如图5.13(a)所示。

将系统函数 $H(s)$ 分解为若干因子累加的形式称为并联。

将式(5-64)进行部分分式展开得

$$H(s)=\frac{B_1}{s-a_1}+\frac{B_2}{s-a_2}+\frac{B_3}{s-a_3}+\cdots+\frac{B_n}{s-a_n} \quad (5-67)$$

$$=H_1(s)+H_2(s)+H_3(s)+\cdots+H_n(s) \quad (5-68)$$

其信号流图如图5.13(b)所示。

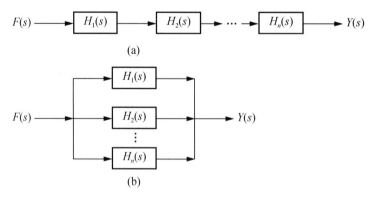

图 5.13　$H(s)$ 级联与并联图

例 5.6　画出系统函数 $H(s)=\dfrac{s-1}{(s+1)(s^2+5s+6)}$ 级联和并联的流程图。

解　(1) 级联的实现。

$$H_1(s) = \frac{1}{s+1} = \frac{s^{-1}}{1-(-s^{-1})} \quad (5-69)$$

$H_1(s)$ 的信号流图如图 5.14(a)所示。

$$H_2(s) = \frac{s-1}{s^2+5s+6} = \frac{s^{-1}-s^{-2}}{1-(-5s^{-1}-6s^{-2})} \quad (5-70)$$

$H_2(s)$ 的信号流图如图 5.14(b)所示。

$$H(s) = H_1(s)H_2(s) \quad (5-71)$$

$H(s)$ 的级联信号流图如图 5.14(c)所示。

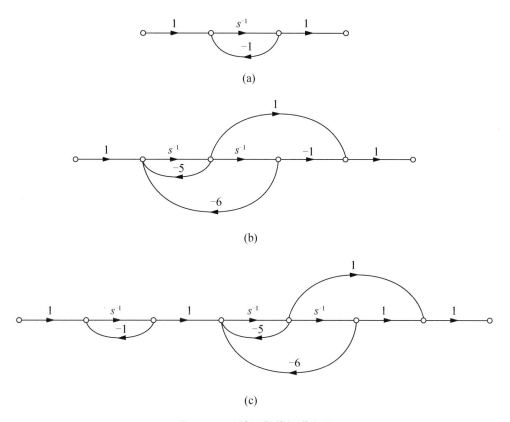

图 5.14 系统函数的级联实现

(2) 并联实现。

将系统函数 $H(s)$ 进行部分分式展开得

$$H(s) = \frac{-1}{s+1} + \frac{s+5}{s^2+5s+6} \quad (5-72)$$

$$H_1(s) = \frac{-1}{s+1} = \frac{-s^{-1}}{1-(-s^{-1})} \quad (5-73)$$

$H_1(s)$ 的信号流图如图 5.15(a)所示。

$$H_2(s) = \frac{s+5}{s^2+5s+6} = \frac{s^{-1}+5s^{-2}}{1-(-5s^{-1}-6s^{-2})} \quad (5-74)$$

$H_2(s)$ 的信号流图如图 5.15(b)所示。

$$H(s) = H_1(s) + H_2(s) \qquad (5-75)$$

$H(s)$ 的并联信号流图如图 5.15(c)所示。

也可将系统函数 $H(s)$ 部分分式展开成

$$H(s) = \frac{-1}{s+1} + \frac{3}{s+2} + \frac{-2}{s+3} \qquad (5-76)$$

分别画出 3 个部分分式的信号流图,将三者并联亦可得 $H(s)$ 的信号流图如图 5.15(d)所示。

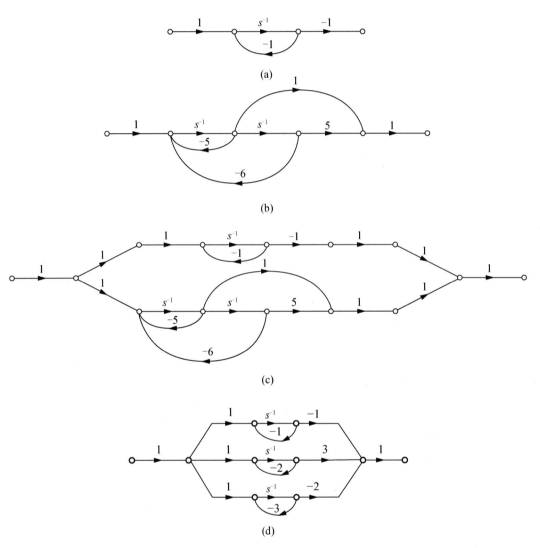

图 5.15 系统的并联实现

第5章 系统函数

小 结

本章首先介绍了什么是系统函数及系统函数的特性,接着介绍了系统函数与时域、频域之间的关系,然后讨论了如何根据系统函数判断系统的因果性和稳定性,最后介绍了系统的信号流图及系统结构的实现方法。

习 题 五

5.1 连续系统 a 和 b,其系统函数 $H(s)$ 的零点极点分布如图 5.16 所示,而且已知当 $s=0$ 时,$H(0)=1$。

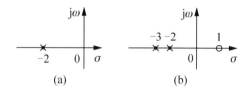

图 5.16 题 5.1 图

(1) 求出系统函数 $H(s)$ 的表示式;
(2) 粗略画出其幅频响应。

5.2 连续系统 a 和 b,其系统函数 $H(s)$ 的零点极点分布如图 5.17 所示,且已知当 $s\rightarrow\infty$ 时,$H(\infty)=1$。

(1) 求出系统函数 $H(s)$ 的表达式。
(2) 写出幅频响应 $|H(j\omega)|$ 的表示式。

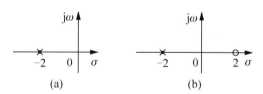

图 5.17 题 5.2 图

5.3 图 5.18 所示连续因果系统的系数如下,判断该系统是否稳定。

(1) $a_0=2$,$a_1=3$ (2) $a_0=-2$,$a_1=-3$ (3) $a_0=2$,$a_1=-3$

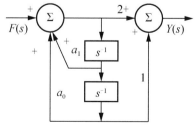

图 5.18 题 5.3 图

5.4 图 5.19 所示为反馈因果系统,已知 $G(s)=\dfrac{s}{s^2+4s+4}$,K 为常数。为使系统稳定,试确定 K 值的范围。

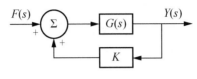

图 5.19 题 5.4 图

5.5 求图 5.20 所示连续系统的系统函数 $H(s)$。

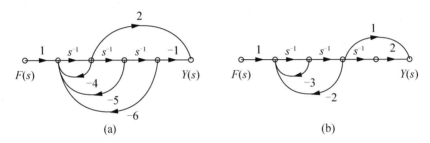

图 5.20 题 5.5 图

5.6 图 5.21 所示为连续线性时不变因果系统的信号流图。
(1) 求系统函数 $H(s)$。
(2) 列写出输入输出微分方程。
(3) 判断该系统是否稳定。

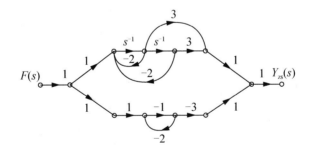

图 5.21 题 5.6 图

第6章 线性时不变系统的 z 域分析

在线性时不变连续系统中,为了避免解微分方程的困难,可以通过拉普拉斯变换把微分方程转换为代数方程。出于同样的动机,也可以通过一种称为 z 变换的数学工具,把差分方程转换为代数方程,为求解常系数差分方程提供了一个有效的方法,从而使离散系统的分析大为简化。还可以利用系统函数来分析系统的时域特性及稳定性等。

本章介绍了离散时间信号与系统 z 域分析法的一些基本理论,主要内容包括引出 z 变换的原因、离散时间信号的 z 变换、线性时不变离散系统的 z 域分析等。

教学要求

学习 z 变换的基本概念及收敛域;熟悉 z 变换的基本性质;掌握典型序列的 z 变换及其逆变换;深入理解 z 变换和拉普拉斯变换的关系;掌握离散系统的系统函数概念、求解方法及零极点分析方法;学会应用系统函数及其零极点来分析系统的时域特性和频率特性。

重点与难点

1. 典型序列的 z 变换
(1) 典型序列的 z 变换及收敛域。
(2) z 变换的性质。
(3) 用部分分式法求 z 逆变换。
2. 离散系统的系统函数
(1) 系统函数的定义和计算。
(2) 利用 z 变换求离散时间系统的零状态响应。
3. 离散系统差分方程 z 域求解
(1) 求零输入响应。
(2) 求零状态响应。
(3) 求全响应。
4. 系统稳定的 z 域差别方法

6.1 离散信号的 z 变换

6.1.1 z 变换的定义

根据复变函数理论可知,一个解析函数 $F(z)$ 在其收敛域内可展开为如下形式的罗伦级数：

$$F(z) = \sum_{k=-\infty}^{\infty} f(k) z^{-k} \tag{6-1}$$

罗伦级数中的各项系数：

$$f(k) = \frac{1}{2\pi j} \oint_c F(z) z^{k-1} dz, k = 0, \pm 1, \pm 2, \cdots \tag{6-2}$$

式中,z 为复平面(简称 z 平面)上的复变量,c 是 z 平面上复变函数 $F(z)$ 收敛域内围绕原点 $z=0$ 的任何一条简单封闭曲线。

复变函数 $F(z)$ 的收敛域是指能使罗伦级数 $\sum_{k=-\infty}^{\infty} f(k) z^{-k}$ 收敛于函数 $F(z)$ 自身的所有 z 值集合。在收敛域内,复变函数 $F(z)$ 展开为罗伦级数的结果是唯一的。也就是说,在收敛域内,连续的复变函数 $F(z)$ 与其离散的罗伦级数系数序列 $f(k)$ 之间存在着一一对应的关系。

把 $F(z)$ 称为序列 $f(k)$ 的象函数,$f(k)$ 称为函数 $F(z)$ 的原序列。由已知原序列 $f(k)$ 求其对应象函数 $F(z)$ 的过程称为 z 正变换,简称 z 变换,记为

$$F(z) = \mathbf{Z}[f(k)] \tag{6-3}$$

而将由已知象函数 $F(z)$ 求其对应原序列 $f(k)$ 的过程称为 z 逆变换,记为

$$f(k) = \mathbf{Z}^{-1}[F(z)] \tag{6-4}$$

它们构成了 z 变换对。z 变换中：$f(k)$ 为双边序列($-\infty < k < +\infty$)时称为双边 z 变换；$f(k)$ 为单边序列(只考虑 $k \geq 0$)时称为单边 z 变换,即

$$F(z) = \sum_{k=0}^{\infty} f(k) z^{-k} \tag{6-5}$$

6.1.2 z 变换的收敛域

只有在罗伦级数收敛于复变函数 $F(z)$ 时,z 变换才是有意义的。然而,不同序列 $f(k)$ 的 z 变换收敛域是不同的,都可能对应于相同的 z 变换结果 $F(z)$。因此,为了唯一确定序列 $f(k)$,不仅要给出该序列 $f(k)$ 的 z 变换结果 $F(z)$,还必须同时说明它的收敛域,即序列 $f(k)$ 由其象函数 $F(z)$ 连同收敛域共同确定。

根据级数理论可知,级数 $\sum_{k=-\infty}^{\infty} f(k) z^{-k}$ 收敛的充分必要条件是满足绝对可积,即

$$\sum_{k=-\infty}^{\infty} |f(k) z^{-k}| < \infty \tag{6-6}$$

该级数收敛半径的判定可以根据检比法或者检根法进行,设该级数通项记为

$$C_k = f(k) z^{-k}$$

第6章 线性时不变系统的z域分析

检比法(达朗贝尔准则):若 $\lim_{k\to\infty}\left|\dfrac{C_{k+1}}{C_k}\right|=\lambda$,那么 $\lambda<1$ 时级数收敛,$\lambda>1$ 时级数发散。

检根法(柯西准则):若 $\lim_{k\to\infty}\sqrt[k]{|C_k|}=\lambda$,那么 $\lambda<1$ 时级数收敛,$\lambda>1$ 时级数发散,$\lambda=1$ 时级数可能收敛,也可能发散,要视情况而定(或另行设法予以判定)。

现根据上述方法来讨论下述几类序列 z 变换的收敛域。

(1) 右序列 $f(k)U(k)$:

$$F(z)=\sum_{k=0}^{\infty}f(k)z^{-k} \qquad (6-7)$$

据检根法

$$\lim_{k\to\infty}\sqrt[k]{|f(k)z^{-k}|}=\lim_{k\to\infty}\sqrt[k]{|f(k)|}\cdot|z^{-1}|<1$$

时,级数收敛。即

$$|z|>\lim_{k\to\infty}\sqrt[k]{|f(k)|}=\rho_1$$

收敛域为 z 平面上以原点为中心、ρ_1 为半径的圆外全部区域。

(2) 左序列 $f(k)U(-k-1)$:

$$F(z)=\sum_{k=-\infty}^{-1}f(k)z^{-k}=\sum_{k'=1}^{\infty}f(-k')z^{k'} \quad (k'=-k) \qquad (6-8)$$

据检根法

$$\lim_{k'\to\infty}\sqrt[k']{|f(-k')z^{k'}|}=\lim_{k'\to\infty}\sqrt[k']{|f(-k')|}\cdot|z|<1$$

时,级数收敛,即

$$|z|>\lim_{k\to\infty}\sqrt[k']{|f(-k')|}=\rho_2$$

收敛域为 z 平面上以原点为中心、ρ_2 为半径的圆内区域。

(3) 双边序列 $f(k)$:

$$F(z)=\sum_{k=-\infty}^{\infty}f(k)z^{-k}=\sum_{k'=1}^{\infty}f(-k')z^{k'}+\sum_{k=0}^{\infty}f(k)z^{-k} \qquad (6-9)$$

双边序列是 k 从 $-\infty$ 延伸到 $+\infty$ 的序列,双边序列的 z 变换可视为右序列 z 变换与左序列 z 变换的叠加。根据上述讨论可知欲使该级数收敛,应使 $\rho_1<|z|<\rho_2$,就是说其收敛域为以原点为中心,ρ_1 和 ρ_2 为半径的 z 平面上的圆环域内。注意:$\rho_1>\rho_2$,则两级数无公共收敛域,$F(z)$ 不存在。

(4) 有限长序列:

$$F(z)=\sum_{k=n_1}^{n_2}f(k)z^{-k} \qquad (6-10)$$

有限长序列只在有限区间 $[n_1,n_2]$ 具有非零有限值,故其 z 变换为一个有限项级数,结果总是收敛的,其收敛域不难直观判定。

$n_1<0$,$n_2>0$ 时,级数中包含 z 的正幂和负幂项,收敛域为 $0<|z|<\infty$ [$f(k)$ 为有限长双边序列]。

$n_1<0$,$n_2\leqslant-1$ 时,级数中仅含 z 的正幂项,收敛域为 $|z|<\infty$ [$f(k)$ 为有限长左序列]。

$n_1 \geqslant 0$，$n_2 > 0$ 时，级数中仅含 z 的负幂项，收敛域为 $|z| > 0$ [$f(k)$ 为有限长右序列]。

可见，序列 $f(k)$ 的 z 变换 $F(z)$ 在其收敛域内是解析函数（处处连续且可导），而不应该包含任何极点。

6.1.3 典型序列的 z 变换

1. 单位采样序列

$$\mathbf{Z}[\delta(k)] = \sum_{k=-\infty}^{\infty} \delta(k) z^{-k} = 1 \qquad (6-11)$$

2. 单位阶跃序列 $U(k)$

$$\mathbf{Z}[U(k)] = \sum_{k=0}^{\infty} U(k) z^{-k} = \sum_{k=0}^{\infty} z^{-k} = 1 + z^{-1} + z^{-2} + \cdots \quad \text{（等比级数）} \qquad (6-12)$$

当 $|z^{-1}| < 1$ 时，该级数收敛。$\mathbf{Z}[U(k)] = \dfrac{1}{1-z^{-1}} = \dfrac{z}{z-1}$ 的收敛域为 $|z| > 1$。

3. 单边指数序列 $a^k U(k)$

$$\mathbf{Z}[a^k U(k)] = \sum_{k=0}^{\infty} a^k z^{-k} = \sum_{k=0}^{\infty} (az^{-1})^k = 1 + (az^{-1}) + (az^{-1})^2 + \cdots \quad \text{（等比级数）}$$

$$(6-13)$$

当 $|az^{-1}| < 1$ 时，该级数收敛。$\mathbf{Z}[a^k \varepsilon(k)] = \dfrac{1}{1-az^{-1}} = \dfrac{z}{z-a}$ 的收敛域为 $|z| > a$。

4. 左序列 $-a^k \varepsilon(-k-1)$

$$\mathbf{Z}[-a^k U(-k-1)] = -\sum_{k=-\infty}^{-1} a^k z^{-k} = -\sum_{k=1}^{\infty} (a^{-1} z)^k$$

$$= -(a^{-1} z) \sum_{k=0}^{\infty} (a^{-1} z)^k \quad \text{（等比级数）} \qquad (6-14)$$

当 $|a^{-1} z| < 1$ 时，该级数收敛。$\mathbf{Z}[-a^k \varepsilon(-k-1)] = \dfrac{-a^{-1} z}{1 - a^{-1} z} = \dfrac{z}{z-a}$ 的收敛域为 $|z| < a$。

5. 复指数序列 $e^{jk\omega_0 T} \varepsilon(k)$

$$\mathbf{Z}[e^{jk\omega_0 T} \varepsilon(k)] = \sum_{k=0}^{\infty} e^{jk\omega_0 T} z^{-k} = \sum_{k=0}^{\infty} (e^{j\omega_0 T} z^{-1})^k \quad \text{（等比级数）} \qquad (6-15)$$

当 $|e^{j\omega_0 T} z^{-1}| < 1$ 时，该级数收敛。$\mathbf{Z}[e^{j\omega_0 T} \varepsilon(k)] = \dfrac{z}{z - e^{j\omega_0 T}}$ 的收敛域为 $|z| > |e^{j\omega_0 T}| = 1$。

第6章 线性时不变系统的z域分析

6.1.4 z变换和拉普拉斯变换的关系

若将等间隔离散时间信号视为连续时间信号经过等间隔采样后获得的均匀采样信号，那么不难获得z变换和拉普拉斯变换的关系。

设均匀采样信号为

$$f_s(t) = f(t)\delta_T(t) = f(t)\sum_{k=-\infty}^{\infty}\delta(t-kT) = \sum_{k=-\infty}^{\infty}f(kT)\delta(t-kT)$$

式中，$f(t)$ 为连续时间信号，$\delta_T(t) = \sum_{k=-\infty}^{\infty}\delta(t-kT)$ 为周期冲激函数序列，T 为采样周期。

对均匀采样信号 $f_s(t)$ 进行双边拉普拉斯变换，有

$$F_s(s) = \int_{-\infty}^{\infty}\left[\sum_{k=-\infty}^{\infty}f(kT)\delta(t-kT)\right]e^{-st}dt$$
$$= \sum_{k=-\infty}^{\infty}\int_{-\infty}^{\infty}f(kT)e^{-skT}\delta(t-kT)dt = \sum_{k=-\infty}^{\infty}f(kT)e^{-skT} \qquad (6-16)$$

序列 $f(kT)$ 显然是 k 的函数，在不强调采样间隔 T 时可记为 $f(k)$。现引入新的复变量 $z = e^{sT}$，则

$$F(z) = \sum_{k=-\infty}^{\infty}f(k)z^{-k} \qquad (6-17)$$

可见，序列 $f(k)$ 的z变换等于其包络线构成的连续时间信号 $f(t)$ 的均匀采样信号 $f_s(t)$ 的拉普拉斯变换。

考虑到 T 是序列 $f(k)$ 的时间间隔，其重复角频率 $\omega_s = \dfrac{2\pi}{T}$。所以，复变量 z 与 s 的关系为

$$\left.\begin{array}{l} z = e^{sT} = re^{j\theta}, \ r = e^{\sigma T}, \ \theta = \omega T \\ s = \dfrac{\ln z}{T} = \sigma + j\omega \end{array}\right\} \qquad (6-18)$$

式(6-18)表明，z变换中的z平面与拉普拉斯变换中的s平面存在着如下的映射关系：

(1) s平面上的虚轴($\sigma=0$，$s=j\omega$)映射为z平面上的单位圆($|z|=r=1$)，s右半平面($\sigma>0$)映射为z平面上的单位圆外部区域($|z|=r>1$)，s左半平面($\sigma<0$)映射为z平面上的单位圆内部区域($|z|=r<1$)，s平面上平行虚轴的直线($\sigma=$常数)映射为z平面上的同心圆($|z|=r=$常数)。

(2) s平面上的实轴($\omega=0$，$s=\sigma$)映射为z平面上的正实轴($0\leqslant|z|=r<\infty$，$\theta=0$)，s平面上平行于实轴的直线($\omega=$常数)映射为z平面上始于原点的辐射直线($\theta=$常数)，其中s平面上通过 $\dfrac{jk\omega_s}{2}$($k=\pm1, \pm3, \pm5, \cdots$)且平行于实轴的直线映射为z平面上的负实轴($0\leqslant|z|=r<\infty$，$\theta=\omega T=\dfrac{k\omega_s}{2}\cdot\dfrac{2\pi}{\omega_s}=k\pi=\pm\pi, \pm3\pi, \cdots$)，而s平面上通过 $\dfrac{jk\omega_s}{2}$($k=0, \pm2, \pm4, \cdots$)且平行于实轴的直线映射为z平面上的正实轴($0\leqslant|z|=r<\infty$，$\theta=\omega T=\dfrac{k\omega_s}{2}\cdot\dfrac{2\pi}{\omega_s}=k\pi=0, \pm2\pi, \cdots$)。$k=0$ 时即为s平面上正实轴。

(3) 因为 $\theta = \omega T = \dfrac{2\pi\omega}{\omega_s}$，所以 $e^{j\theta}$ 是以 ω_s 为周期的周期函数，故在 s 平面上沿虚轴移动对应于 z 平面上沿单位圆周期性旋转，s 平面上每沿虚轴平移 ω_s，z 平面上就沿单位圆转动一周。

综上所述，由于 $e^{j\theta}$ 是以 ω_s 为周期的周期函数，所以 s 平面上沿虚轴方向的变化映射到 z 平面上是一种周期性变化。因此，由 z 平面映射到 s 平面并不是单值的。

6.2 z 变换的基本性质

z 变换的基本性质反映了离散信号序列 $f(k)$ 与其 z 变换 $F(z)$ 之间的对应关系，从而揭示了离散信号时域特性与 z 域特性间的内在联系。它不仅便于求取复杂信号序列的象函数，而且有助于获取象函数的原序列。

1. 线性性质

设 $f_1(k)$、$f_2(k)$ 为双边序列，a、b 为任意常数，如果

$$\mathbf{Z}[f_1(k)] = F_1(z), \quad \rho_{11} < |z| < \rho_{12}$$
$$\mathbf{Z}[f_2(k)] = F_2(z), \quad \rho_{21} < |z| < \rho_{22} \tag{6-19}$$

那么 $\mathbf{Z}[af_1(k) + bf_2(k)] = aF_1(z) + bF_2(z)$ 的收敛域至少为上两个收敛域的公共重叠部分。

可见，z 变换是一种线性运算，表现出叠加性和均匀性。

例 6.1 试求正弦序列的 $\sin k\omega_0 \varepsilon(k)$ 的 z 变换。

解 因为
$$\mathbf{Z}[e^{jk\omega_0}\varepsilon(k)] = \dfrac{z}{z - e^{j\omega_0}}, \quad |z| > 1$$

所以
$$\mathbf{Z}[\sin k\omega_0 \varepsilon(k)] = \mathbf{Z}\left[\dfrac{1}{2}(e^{jk\omega_0} - e^{-jk\omega_0})\varepsilon(k)\right] = \mathbf{Z}\left[\dfrac{1}{2}e^{jk\omega_0}\varepsilon(k)\right] - \mathbf{Z}\left[\dfrac{1}{2}e^{-jk\omega_0}\varepsilon(k)\right]$$
$$= \dfrac{1}{2} \cdot \dfrac{z}{z - e^{j\omega_0}} - \dfrac{1}{2} \cdot \dfrac{z}{z - e^{-j\omega_0}} = \dfrac{z\sin\omega_0}{z^2 - 2z\cos\omega_0 + 1}, \quad |z| > 1$$

同理可得
$$\mathbf{Z}[\cos k\omega_0 \varepsilon(k)] = \dfrac{z(z - \cos\omega_0)}{z^2 - 2z\cos\omega_0 + 1}, \quad |z| > 1$$

2. 移位性质

1) 双边 z 变换

设双边序列 $f(k)$ 的双边 z 变换为

$$\mathbf{Z}[f(k)] = F(z), \quad \rho_1 < |z| < \rho_2 \tag{6-20}$$

那么，其移位序列 $f(k \pm m)$ 的双边 z 变换为

$$\mathbf{Z}[f(k \pm m)] = z^{\pm m} F(z), \quad \rho_1 < |z| < \rho_2 \tag{6-21}$$

式中，m 为任意正整数。

证明： 根据双边 z 变换的定义

第6章 线性时不变系统的z域分析

$$\mathbf{Z}[f(k\pm m)] = \sum_{k=-\infty}^{\infty} f(k\pm m)z^{-k}$$

$$= \sum_{k=-\infty}^{\infty} f(k\pm m)z^{-(k\pm m)}z^{\pm m} \xrightarrow{\text{令}n=k\pm m} z^{\pm m}\sum_{k=-\infty}^{\infty} f(n)z^{-n} \quad (6-22)$$

$$= z^{\pm m}F(z), \quad \rho_1 < |z| < \rho_2$$

可见，序列 $f(k)$ 沿 k 轴左移或右移 m 个单位后所得序列 $f(k\pm m)$ 的 z 变换等于原序列 $f(k)$ 的 z 变换 $F(z)$ 与位移因子 z^m 或 z^{-m} 的乘积。由于位移因子为 z 的正幂项或负幂项，只会使 z 变换在 $z=0$ 处的收敛情况受到影响，故具有环形收敛域的序列 z 变换，移位后 z 变换的收敛域维持不变。

2）单边 z 变换

(1) $f(k)$ 为双边序列。若

$$\mathbf{Z}[f(k)\varepsilon(k)] = F(z), \quad |z| > \rho_0$$

则

$$\mathbf{Z}[f(k-m)] = z^{-m}\left[F(z) + \sum_{k=-m}^{-1} f(k)z^{-k}\right], \quad |z| > \rho_0$$

$$\mathbf{Z}[f(k+m)] = z^{m}\left[F(z) - \sum_{k=0}^{m-1} f(k)z^{-k}\right], \quad |z| > \rho_0$$

(2) $f(k)$ 为因果序列（单位右序列）。若

$$\mathbf{Z}[f(k)\varepsilon(k)] = F(z), \quad |z| > \rho_0$$

则

$$\mathbf{Z}[f(k-m)\varepsilon(k-m)] = z^{-m}F(z), \quad |z| > \rho_0$$

证明： 根据单边 z 变换的定义，$f(k)$ 为双边序列时，有

$$\mathbf{Z}[f(k-m)\varepsilon(k)] = \sum_{k=0}^{\infty} f(k-m)z^{-k} = \sum_{k=0}^{\infty} f(k-m)z^{-(k-m)}\cdot z^{-m}, \text{令} n = k-m$$

$$= z^{-m}\sum_{n=-m}^{\infty} f(n)z^{-n} = z^{-m}\left[\sum_{n=0}^{\infty} f(n)z^{-n} + \sum_{n=-m}^{-1} f(n)z^{-n}\right]$$

$$= z^{-m}\left[F(z) + \sum_{n=-m}^{-1} f(k)z^{-k}\right], \quad |z| > \rho_0$$

$$(6-23)$$

当 $f(k)$ 为因果序列，且 $k<m$ 时

$$f(k-m) = 0$$

故

$$f(k-m)\varepsilon(k-m) = f(k-m)\varepsilon(k)$$

则有

$$\mathbf{Z}[f(k-m)\varepsilon(k-m)] = \mathbf{Z}[f(k-m)\varepsilon(k)] = z^{-m}F(z), \quad |z| > \rho_0$$

同理可证，当 $f(k)$ 为双边序列时

$$\mathbf{Z}[f(k+m)] = z^m \left[F(z) - \sum_{k=0}^{m-1} f(k) z^{-k} \right], \ |z| > \rho_0$$

例 6.2 试求单位矩形序列 $G_N(k) = \begin{cases} 1, & 0 \leqslant k \leqslant N-1 \\ 0, & k<0, \ k \geqslant N \end{cases}$ 的 z 变换。

解 因为 $\qquad G_N(k) = \varepsilon(k) - \varepsilon(k-N)$

所以 $\qquad \mathbf{Z}[G_N(k)] = \mathbf{Z}[\varepsilon(k) - \varepsilon(k-N)]$

$$= \frac{z}{z-1} - z^{-N} \frac{z}{z-1} = \frac{z(1-z^{-N})}{z-1}, \ |z| > 1$$

推论： 根据移位性质，可以推得

$$\mathbf{Z}[\delta(k-m)] = z^{-m}, \quad |z| > 0$$

$$\mathbf{Z}[\varepsilon(k-m)] = \frac{z}{z-1} z^{-m}, \quad |z| > 1 \tag{6-24}$$

3. 周期性质

该序列 $f_1(k)$ 是除 $0 \leqslant k \leqslant N$ 以外序列值恒零的有限序列，且 $\mathbf{Z}[f_1(k)] = F_1(z)$，那么，由有限序列 $f_1(k)$ 构成的单边周期序列 $f(k) = \sum\limits_{n=0}^{\infty} f_1(k-nN)$ 的 z 变换为

$$F(z) = \mathbf{Z}[f(k)] = \frac{F_1(z)}{1-z^{-N}}, \ |z| > 1 \tag{6-25}$$

证明： 因为

$$f(k) = f(k+N) = \sum_{n=0}^{\infty} f_1(k-nN) = f_1(k) + f_1(k-N) + f_1(k-2N) + \cdots$$

所以根据 z 变换的线性性质和移位性质，可得

$$F(z) = \mathbf{Z}[f_1(k) + f_1(k-N) + f_1(k-2N) + \cdots]$$
$$= F_1(z)(1 + z^{-N} + z^{-2N} + \cdots) \tag{6-26}$$

显然，式 (6-26) 中的等比级数 $(1+z^{-N}+z^{-2N}+\cdots)$ 在 $|z|>1$ 时收敛，故根据 z 变换的周期性质，不难求得单边周期性单位采样序列 $\delta_N(k)$（每 N 个单位采样一次）的 z 变换

$$\mathbf{Z}[\delta_N(k)\varepsilon(k)] = \frac{1}{1-z^{-N}} = \frac{z^N}{z^N-1}, \ |z| > 1 \tag{6-27}$$

4. z 域尺度变换性质

设双边序列 $f(k)$ 的 z 变换为

$$\mathbf{Z}[f(k)] = F(z), \ \rho_1 < |z| < \rho_2$$

那么

$$\mathbf{Z}[a^k f(k)] = F\left(\frac{z}{a}\right), \ \rho_1 < \left|\frac{z}{a}\right| < \rho_2 \quad (\text{式中 } a \text{ 为常数})$$

可见，时域中序列 $f(k)$ 乘以指数序列 a^k 对应于 z 域中其象函数尺度上压缩 a 倍，即为 $F\left(\dfrac{z}{a}\right)$。

第6章 线性时不变系统的z域分析

证明：据z变换定义，有

$$\mathbf{Z}[a^k f(k)] = \sum_{k=-\infty}^{\infty} a^k f(k) z^{-k} = \sum_{k=-\infty}^{\infty} f(k) \left(\frac{z}{a}\right)^{-k} = F\left(\frac{z}{a}\right), \quad \rho_1 < \left|\frac{z}{a}\right| < \rho_2 \quad (6-28)$$

例 6.3 求序列 $f(k) = e^{k\alpha} \cos k\omega_0 \varepsilon(k)$ 的 z 变换 $F(z)$，式中 α 为实常数。

解 因为

$$\mathbf{Z}[\cos k\omega_0 \varepsilon(k)] = \frac{z(z - \cos \omega_0)}{z^2 - 2z\cos \omega_0 + 1}, \quad |z| > 1$$

所以据 z 变换的 z 域尺度变换性质，可得 $F(z)$ 为

$$\mathbf{Z}[e^{k\alpha} \cos k\omega_0 \varepsilon(k)] = \frac{\left(\dfrac{z}{e^\alpha}\right)\left(\dfrac{z}{e^\alpha} - \cos \omega_0\right)}{\left(\dfrac{z}{e^\alpha}\right)^2 - 2\left(\dfrac{z}{e^\alpha}\right)\cos \omega_0 + 1} = \frac{z(z - e^\alpha \cos \omega_0)}{z^2 - 2z e^\alpha \cos \omega_0 + e^{2\alpha}}, \quad |z| > |e^\alpha|$$

根据 z 变换的 z 域尺度变换性质，不难推得下述关系：

$$\mathbf{Z}[a^{-k} f(k)] = F(az), \quad \rho_1 < az < \rho_2$$

$$\mathbf{Z}[(-1)^k f(k)] = F(-z), \quad \rho_1 < z < \rho_2$$

5. z 域微分性质

设双边序列 $f(k)$ 的 z 变换为

$$\mathbf{Z}[f(k)] = F(z), \quad \rho_1 < |z| < \rho_2$$

那么

$$\mathbf{Z}[k f(k)] = -z \frac{dF(z)}{dz}, \quad \rho_1 < |z| < \rho_2$$

证明：根据 z 变换定义，有

$$\mathbf{Z}[k f(k)] = \sum_{k=-\infty}^{\infty} k f(k) z^{-k} = z \sum_{k=-\infty}^{\infty} f(k)(k z^{-k-1})$$

$$= z \sum_{k=-\infty}^{\infty} f(k) \left(-\frac{dz^{-k}}{dz}\right) = -z \frac{d}{dz} \sum_{k=-\infty}^{\infty} f(k) z^{-k}$$

$$= -z \frac{dF(z)}{dz}, \quad \rho_1 < |z| < \rho_2$$

根据复变函数理论，罗伦级数在它的收敛域内可以逐项求导或积分，故收敛域维持不变。z 域微分性质可推广至序列 $f(k)$ 乘以 k^m（m 为正整数）的情况，即

$$\mathbf{Z}[k^m f(k)] = \left(-z \frac{d}{dz}\right)^m F(z), \quad \rho_1 < |z| < \rho_2 \quad (6-29)$$

式中，$\left(-z \dfrac{d}{dz}\right)^m = \underbrace{-z \dfrac{d}{dz}\left[-z \dfrac{d}{dz}\left[-z \dfrac{d}{dz} \cdots\right]\right]}_{m\text{次}}$ 表示连续 m 次求导并乘以 $(-z)$。

6. z 域积分性质

设双边序列 $f(k)$ 的 z 变换为

$$\mathbf{Z}[f(k)] = F(z), \quad \rho_1 < |z| < \rho_2$$

那么

$$\mathbf{Z}\left[\frac{f(k)}{k+m}\right]=z^m\int_z^\infty \frac{F(x)}{x^{m+1}}\mathrm{d}x,\quad \rho_1<|z|<\rho_2$$

式中，m 为整数，且 $k+m>0$。

证明： 根据 z 变换定义

$$\mathbf{Z}\left[\frac{f(k)}{k+m}\right]=\sum_{k=-\infty}^{\infty}\frac{f(k)}{k+m}z^{-k}=z^m\sum_{k=-\infty}^{\infty}f(k)\left(\frac{z^{-(k+m)}}{k+m}\right)\int_z^\infty \mathrm{d}\left[\frac{-x^{-(k+m)}}{k+m}\right]$$

$$=z^m\sum_{k=-\infty}^{\infty}f(k)\int_z^\infty x^{-(k+m+1)}\mathrm{d}x=z^m\sum_{k=-\infty}^{\infty}\int_z^\infty f(k)x^{-(k+m+1)}\mathrm{d}x$$

$$=z^m\int_z^\infty\sum_{k=-\infty}^{\infty}f(k)x^{-k}x^{-(m+1)}\mathrm{d}x=z^m\int_z^\infty\frac{F(x)}{x^{m+1}}\mathrm{d}x$$

其收敛域与 $F(z)$ 相同，即 $\rho_1<|z|<\rho_2$。若令 $m=0$，则

$$\mathbf{Z}\left[\frac{f(k)}{k}\right]=\int_z^\infty\frac{F(x)}{x}\mathrm{d}x,\quad \rho_1<|z|<\rho_2 \quad (\text{式中 }k>0)$$

7. 部分和性质

设序列 $y(k)$ 是另一序列 $f(i)$ 的前 k 项之和 $y(k)=\sum_{i=0}^{k}f(i)$，且

$$\mathbf{Z}[f(i)]=F(z),\quad \rho_1<|z|<\rho_2 \tag{6-30}$$

那么，$\mathbf{Z}[y(k)]=\dfrac{z}{z-1}F(z)$ 的收敛域为 $|z|>1$ 与 $\rho_1<|z|<\rho_2$ 的公共部分。

证明： 因为

$$y(k)=\sum_{i=0}^{k}f(i)\quad y(k-1)=\sum_{i=0}^{k-1}f(i)$$

所以

$$y(k)-y(k-1)=f(k)$$

根据 z 变换的线性性质和移位性质，有

$$\mathbf{Z}[y(k)-y(k-1)]=\mathbf{Z}[y(k)]-z^{-1}\mathbf{Z}[y(k)]$$
$$=(1-z^{-1})\mathbf{Z}[y(k)]=\mathbf{Z}[f(k)] \tag{6-31}$$

故

$$\mathbf{Z}[y(k)]=\frac{1}{1-z^{-1}}F(z)=\frac{z}{z-1}F(z)$$

$\mathbf{Z}[y(k)]$ 的收敛域为 $|z|>1$ 和 $F(z)$ 收敛域 $\rho_1<|z|<\rho_2$ 的公共重叠部分。

8. 时域折叠性质

设双边序列 $f(k)$ 的 z 变换为

$$\mathbf{Z}[f(k)]=F(z),\quad \rho_1<|z|<\rho_2$$

那么

$$\mathbf{Z}[f(-k)]=F(z^{-1}),\quad \rho_1<|z|<\rho_2$$

证明： 根据 z 变换定义，有

$$\mathbf{Z}[f(-k)] = \sum_{k=-\infty}^{\infty} f(-k) z^{-k} \xrightarrow{\diamondsuit n=-k} \sum_{n=-\infty}^{\infty} f(n) z^{n}$$
$$= \sum_{n=-\infty}^{\infty} f(n)(z^{-1})^{-n} = F(z^{-1}) \qquad (6-32)$$

9. 时域卷积定理

设序列 $f_1(k)$、$f_2(k)$ 的 z 变换分别为
$$\mathbf{Z}[f_1(k)] = F_1(z), \quad \rho_{11} < |z| < \rho_{12}$$
$$\mathbf{Z}[f_2(k)] = F_2(z), \quad \rho_{21} < |z| < \rho_{22} \qquad (6-33)$$

那么，时域中序列 $f_1(k)$、$f_2(k)$ 卷积和的 z 变换为
$$\mathbf{Z}[f_1(k) * f_2(k)] = F_1(z) F_2(z)$$
收敛域为 $F_1(z)$ 和 $F_2(z)$ 收敛域的公共重叠部分。

证明：根据 z 变换定义及卷积和运算，有

$$\mathbf{Z}[f_1(k) * f_2(k)] = \sum_{k=-\infty}^{\infty} [f_1(k) * f_2(k)] z^{-k} = \sum_{k=-\infty}^{\infty} \sum_{n=-\infty}^{\infty} f_1(n) f_2(k-n) z^{-k} \quad (交换求和顺序)$$
$$= \sum_{n=-\infty}^{\infty} \sum_{k=-\infty}^{\infty} f_1(n) f_2(k-n) z^{-k} = \sum_{n=-\infty}^{\infty} f_1(n) \sum_{k=-\infty}^{\infty} f_2(k-n) z^{-(k-n)} z^{-n}$$
$$= \sum_{n=-\infty}^{\infty} f_1(n) z^{-n} F_2(z) = F_1(z) F_2(z)$$

10. 初值定理

设序列 $f(k)$ 的单边 z 变换为
$$\mathbf{Z}[f(k)\varepsilon(k)] = F(z), \quad |z| > \rho_0$$
那么
$$f(0) = \lim_{z \to \infty} F(z)$$

证明：根据 z 变换定义，有

$$F(z) = \mathbf{Z}[f(k)\varepsilon(k)] = \sum_{k=0}^{\infty} f(k) z^{-k} = f(0) + f(1) z^{-1} + f(2) z^{-2} + \cdots \qquad (6-34)$$

显然，$z \to \infty$ 时，存在下述关系：
$$\left. \begin{aligned} f(0) &= \lim_{z \to \infty} F(z) \\ f(1) &= \lim_{z \to \infty} z[F(z) - f(0)] \\ &\vdots \\ f(m) &= \lim_{z \to \infty} z^m \left[F(z) - \sum_{k=0}^{m-1} f(k) z^{-k} \right] \end{aligned} \right\} \qquad (6-35)$$

11. 终值定理

若序列 $f(k)$ 为因果序列[即 $k < 0$ 时，$f(k) = 0$]，且该序列 z 变换为
$$\mathbf{Z}[f(k)] = \sum_{k=0}^{\infty} f(k) z^{-k} = F(z) \quad |z| > \rho_0$$

那么，当 $k \to \infty$，序列 $f(k)$ 收敛，终值 $f(\infty)$ 存在时

$$f(\infty) = \lim_{k \to \infty} f(k) = \lim_{z \to 1}(z-1)F(z) \tag{6-36}$$

证明：据单边 z 变换的移位性质和线性性质，有

$$\mathbf{Z}[f(k+1)\varepsilon(k)] = z\left[F(z) - \sum_{k=0}^{\infty} f(k)z^{-k}\right] = zF(z) - zf(0)$$

$$\mathbf{Z}[f(k+1)\varepsilon(k) - f(k)\varepsilon(k)] = zF(z) - zf(0) - F(z)$$
$$= \sum_{k=0}^{\infty}[f(k+1) - f(k)]z^{-k} \tag{6-37}$$

故
$$(z-1)F(z) = zf(0) + [f(1)-f(0)] + [f(2)-f(1)]z^{-1} + [f(3)-f(2)]z^{-2} + \cdots$$

显然，$z \to 1$ 时，有

$$f(\infty) = \lim_{z \to 1}(z-1)F(z) \tag{6-38}$$

由上述证明过程可知，欲使 $\lim_{z \to 1}(z-1)F(z)$ 存在，$F(z)$ 的极点必须位于 z 平面上的单位圆内（在单位圆上只能有一阶极点且位于 $z=+1$ 处）。

初值定理和终值定理可以直接由象函数 $F(z)$ 去求序列 $f(k)$ 的初值 $f(0)$ 和终值 $f(\infty)$，而无须进行 z 逆变换，但应注意，它们只用于因果序列。

12. z 域卷积定理

设序列 $f_1(k)$、$f_2(k)$ 的 z 变换分别为

$$\begin{aligned} \mathbf{Z}[f_1(k)] &= F_1(z), \rho_{11} < |z| < \rho_{12} \\ \mathbf{Z}[f_2(k)] &= F_2(z), \rho_{21} < |z| < \rho_{22} \end{aligned} \tag{6-39}$$

那么

$$\mathbf{Z}[f_1(k)f_2(k)] = \frac{1}{2\pi\mathrm{j}}\oint_{c_1} F_1(v) F_2\left(\frac{z}{v}\right) v^{-1}\mathrm{d}v,\ \rho_{11} < |z| < \rho_{12}$$

或

$$\mathbf{Z}[f_1(k)f_2(k)] = \frac{1}{2\pi\mathrm{j}}\oint_{c_2} F_1\left(\frac{z}{v}\right) F_2(v) v^{-1}\mathrm{d}v,\ \rho_{21} < |z| < \rho_{22}$$

⎫公共部分

式中，$\mathbf{Z}[f_1(k)f_2(k)]$ 的收敛域一般为 $F_1(v)$ 与 $F_2\left(\dfrac{z}{v}\right)$ 或者 $F_2(v)$ 与 $F_1\left(\dfrac{z}{v}\right)$ 收敛域的重叠部分；c_1、c_2 分别是 $F_1(v)$ 与 $F_2\left(\dfrac{z}{v}\right)$ 或 $F_2(v)$ 与 $F_1\left(\dfrac{z}{v}\right)$ 收敛域重叠部分内逆时针绕向的闭合曲线。

证明：根据 z 变换和 z 逆变换的定义，有

$$\begin{aligned} \mathbf{Z}[f_1(k)f_2(k)] &= \sum_{k=-\infty}^{\infty}[f_1(k)f_2(k)]z^{-k} \\ &= \sum_{k=-\infty}^{\infty}\left[\frac{1}{2\pi\mathrm{j}}\oint_{c_1} F_1(z)z^{k-1}\mathrm{d}z\right]f_2(k)z^{-k} \\ &= \frac{1}{2\pi\mathrm{j}}\sum_{k=-\infty}^{\infty}\left[\oint_{c_1} F_1(v)v^k\frac{\mathrm{d}v}{v}\right]f_2(k)z^{-k} \end{aligned}$$

$$= \frac{1}{2\pi j} \oint_{c_1} F_1(v) \sum_{k=-\infty}^{\infty} f_2(k) \left(\frac{z}{v}\right)^{-k} \frac{dv}{v}$$

$$= \frac{1}{2\pi j} \oint_{c_1} F_1(v) F_2\left(\frac{z}{v}\right) v^{-1} dv$$

同理可证

$$\mathbf{Z}[f_1(k)f_2(k)] = \frac{1}{2\pi j} \oint_{c_2} F_1\left(\frac{z}{v}\right) F_2(v) v^{-1} dv$$

6.3　z 逆变换

根据 z 域象函数 $F(z)$ 及其收敛域确定对应时域原序列 $f(k)$ 的过程称为 z 逆变换。

1. 幂级数展开法

根据 z 变换的定义

$$F(z) = \sum_{k=-\infty}^{\infty} f(k) z^{-k} \tag{6-40}$$

可知，只要在给定的收敛域内将 z 域象函数 $F(z)$ 展开为 z^{-1} 的幂级数，则级数的系数序列就是原序列 $f(k)$。

一般情况下，z 域象函数 $F(z)$ 为有理函数，其分子 $N(z)$ 和分母 $D(z)$ 都是 z 的实系数多项式，即

$$F(z) = \frac{N(z)}{D(z)} = \frac{b_m z^m + b_{m-1} z^{m-1} + \cdots + b_2 z^2 + b_1 z + b_0}{a_n z^n + a_{n-1} z^{n-1} + \cdots + a_2 z^2 + a_1 z + a_0} \tag{6-41}$$

则可分为两种类型利用长除法将 $F(z)$ 展开为 z^{-1} 的幂级数形式，获得其对应的时域原序列 $f(k)$。具体如下。

(1) 若 $F(z)$ 的收敛域 $|z| > \rho$，则其对应的序列 $f(k)$ 必为因果（有始）序列。此时，可将 $F(z)$ 的分子 $N(z)$ 和分母 $D(z)$ 按 z 的降幂排列进行多项式除法，从而获得 $F(z)$ 的幂级数。

(2) 若 $F(z)$ 的收敛域 $|z| < \rho$，则其对应的序列 $f(k)$ 必为左（有终）序列。此时，可将 $F(z)$ 的分子 $N(z)$ 和分母 $D(z)$ 按 z 的升幂排列进行多项式除法，从而获得 $F(z)$ 的幂级数。

幂级数展开法方法简单，特别适于计算机运算，但不易获得序列 $f(k)$ 的闭合形式解答。

2. 部分分式展开法

z 域象函数 $F(z)$ 通常是 z 的有理函数，一般可表示成有理分式的形式

$$F(z) = \frac{N(z)}{D(z)} = \frac{b_m z^m + b_{m-1} z^{m-1} + \cdots + b_2 z^2 + b_1 z + b_0}{a_n z^n + a_{n-1} z^{n-1} + \cdots + a_2 z^2 + a_1 z + a_0} \tag{6-42}$$

就因果序列而言，其 z 变换的收敛域为 $|z| > \rho$，为保证其在 $z = \infty$ 处收敛，其分子多项式 $N(z)$ 的最高幂次 m 应不大于分母多项式 $D(z)$ 的最高幂次 n，即 $m \leqslant n$。这和因果序列的 z 变换不包含 z 的正幂次项是一致的。

为了能够直接利用典型序列与其 z 变换的对应关系，同时考虑到基本序列 $\delta(k)$ 和 $a^k \varepsilon(k)$ 的 z 变换是 1 和 $\dfrac{z}{z-a}$，可按如下步骤进行操作。

(1) 将 z 域象函数 $F(z)$ 除以 z，获得 $\dfrac{F(z)}{z}$。

(2) 将有理分式 $\dfrac{F(z)}{z}$ 展开为部分分式之和的形式。

(3) 将上述展开式的两边同乘以 z 后获得 $F(z)$ 的部分分式表达式。

(4) 对 $F(z)$ 的各个部分分式进行 z 逆变换。

(5) 据 z 变换的线性性质即可由上述各部分分式 z 逆变换的结果求得象函数 $F(z)$ 的原序列 $f(k)$。

象函数 $F(z)$ 的 z 逆变换与 $F(z)$ 的极点性质有关，现分 3 种情况讨论如下。

(1) $\dfrac{F(z)}{z}$ 仅含单实极点。

$\dfrac{F(z)}{z}$ 仅含单实极点 $p_0, p_1, p_2 \cdots p_n$（其中 $p_0 = 0$）时，则

$$\frac{F(z)}{z} = \sum_{i=0}^{n} \frac{k_i}{z-p_i} \qquad (6-43)$$

式中，k_i 为待定系数，可按下式确定

$$k_i = (z-p_i)\frac{F(z)}{z}\bigg|_{z=p_i} \qquad (6-44)$$

结果得象函数 $F(z)$ 的部分分式展开形式

$$F(z) = \sum_{i=0}^{n} \frac{k_i z}{z-p_i} = k_0 + \sum_{i=1}^{n} \frac{k_i z}{z-p_i} \qquad (6-45)$$

根据 z 变换的线性性质和典型序列的 z 变换即可求得原序列

$$f(k) = k_0 \delta(k) + \sum_{i=1}^{n} k_i p_i^k \varepsilon(k) \qquad (6-46)$$

(2) $\dfrac{F(z)}{z}$ 含有共轭单极点。

$\dfrac{F(z)}{z}$ 的 $n+1$ 个单极点中，$p_1 = c + \mathrm{j}d$ 和 $p_2 = c - \mathrm{j}d$ 为共轭单极点，其余 $p_0, p_3, \cdots, p_n$ 为单实极点时

$$\frac{F(z)}{z} = \frac{k_0}{z} + \frac{k_1}{z-p_1} + \frac{k_2}{z-p_2} + \sum_{i=3}^{n} \frac{k_i}{z-p_i} \qquad (6-47)$$

式中，待定系数 $k_i(i=0,1,2,\cdots,n)$ 的确定方法与 $\dfrac{F(z)}{z}$ 仅含单实极点时相同，即

$$k_i = (z-p_i)\frac{F(z)}{z}\bigg|_{z=p_i} \qquad (6-48)$$

由于 $\dfrac{F(z)}{z}$ 的分子分母均为 z 的实系数多项式，所以共轭复数极点必以共轭形式成对出现，而共轭极点对应的待定系数亦必为共轭复数，今设 $p_1 = c+\mathrm{j}d = r\mathrm{e}^{\mathrm{j}\beta}$，$p_2 = c-\mathrm{j}d = r\mathrm{e}^{-\mathrm{j}\beta}$，$k_1 = |k_1|\mathrm{e}^{\mathrm{j}\theta}$，$k_2 = |k_1|\mathrm{e}^{-\mathrm{j}\theta}$，那么

$$F(z) = k_0 + \frac{|k_1|\mathrm{e}^{\mathrm{j}\theta} z}{z-r\mathrm{e}^{\mathrm{j}\beta}} + \frac{|k_1|\mathrm{e}^{-\mathrm{j}\theta} z}{z-r\mathrm{e}^{-\mathrm{j}\beta}} + \sum_{i=3}^{n} \frac{k_i z}{z-p_i} \qquad (6-49)$$

z 逆变换后可得原序列为

$$f(k) = k_0\delta(k) + |k_1|e^{j\theta}(re^{j\beta})^k\varepsilon(k) + |k_1|e^{-j\theta}(re^{-j\beta})^k\varepsilon(k) + \sum_{i=3}^{n}k_i p_i^k \varepsilon(k) \quad (6-50)$$

$$= k_0\delta(k) + 2|k_1|r^k\cos(\beta k+\theta)\varepsilon(k) + \sum_{i=3}^{n}k_i p_i^k \varepsilon(k)$$

(3) $\dfrac{F(z)}{z}$ 含有重极点。

$\dfrac{F(z)}{z}$ 的 $n+1$ 个极点中，设 $z=p_1$ 为 r 阶重极点，其余 p_0，p_{r+1}，$\cdots$，p_n 均为单实极点，则

$$\frac{F(z)}{z} = \frac{k_0}{z} + \frac{k_{11}}{(z-p_1)^r} + \frac{k_{12}}{(z-p_1)^{r-1}} + \cdots + \frac{k_{1r}}{z-p_1} + \sum_{i=r+1}^{n}\frac{k_i}{z-p_i} \quad (6-51)$$

$$= \frac{k_0}{z} + \sum_{q=1}^{r}\frac{k_{1q}}{(z-p_1)^{r-q+1}} + \sum_{i=r+1}^{n}\frac{k_i}{z-p_i}$$

式中，单极点 p_0、p_i 对应的待定系数 k_0、k_i 的确定方法仍与 $\dfrac{F(z)}{z}$ 仅含单实极点时相同，即

$$k_i = (z-p_i)\frac{F(z)}{z}\bigg|_{z=p_i},\ i=0,\ r+1,\ r+2,\ \cdots,\ n \quad (6-52)$$

而重极点 p_1 对应的待定系数 k_{1q} 则按下式求取：

$$k_{1q} = \frac{1}{(q-1)!}\frac{d^{q-1}}{dz^{q-1}}\left[(z-p_1)^r\frac{F(z)}{z}\right]_{z=p_1},\ q=1,2,\cdots,r \quad (6-53)$$

结果象函数 $F(z)$ 的部分分式之和的形式为

$$F(z) = k_0 + \sum_{q=1}^{r}\frac{k_{1q}z}{(z-p_1)^{r-q+1}} + \sum_{i=r+1}^{n}\frac{k_i z}{z-p_i} \quad (6-54)$$

据常用 z 变换可得

$$f(k) = k_0\delta(k) + \sum_{q=1}^{r}\frac{k(k-1)(k-2)\cdots(k-r+q+1)}{(r-q)!}k_{1q}(p_1)^{k-r+q}\varepsilon(k-r+q) + \sum_{i=r+1}^{n}k_i(p_i)^k\varepsilon(k)$$

(6-55)

说明：因为

$$\mathbf{Z}^{-1}\left[\frac{z}{z-a}\right] = a^k\varepsilon(k),\ |z|>a$$

那么，可得(据 z 域微分性质逐次证明)如下对应关系。

$$\frac{d}{da}\left[\frac{z}{z-a}\right] = \frac{z}{(z-a)^2} \quad \Leftrightarrow \quad \frac{d}{da}[a^k\varepsilon(k)] = ka^{k-1}\varepsilon(k-1)$$

$$\frac{d^2}{da^2}\left[\frac{z}{z-a}\right] = 2\frac{z}{(z-a)^3} \quad \Leftrightarrow \quad \frac{d^2}{da^2}[a^k\varepsilon(k)] = k(k-1)a^{k-2}\varepsilon(k-2) \quad (6-56)$$

$$\frac{d^3}{da^3}\left[\frac{z}{z-a}\right] = 2\times 3\frac{z}{(z-a)^4} \quad \Leftrightarrow \quad \frac{d^3}{da^3}[a^k\varepsilon(k)] = k(k-1)(k-2)a^{k-3}\varepsilon(k-3)$$

$$\frac{d^4}{da^4}\left[\frac{z}{z-a}\right]=2\times3\times4\,\frac{z}{(z-a)^5} \Leftrightarrow \frac{d^4}{da^4}[a^k\varepsilon(k)]=k(k-1)(k-2)(k-3)a^{k-4}\varepsilon(k-4)$$

$$\vdots$$

$$\frac{d^{r-q}}{da^{r-q}}\left[\frac{z}{z-a}\right]=(r-q)!\,\frac{z}{(z-a)^{r-q+1}} \Leftrightarrow \frac{d^{r-q}}{da^{r-q}}[a^k\varepsilon(k)]=k(k-1)\cdots(k-r+q+1)a^{k-r+q}\varepsilon(k-r+q)$$

3. 反演积分法

一般情况下,双边序列 $f(k)$ 的 z 变换 $F(z)$ 为

$$F(z)=\mathbf{Z}[f(k)]=\sum_{k=-\infty}^{\infty}f(k)z^{-k},\quad \rho_1<|z|<\rho_2 \tag{6-57}$$

是一个在 z 平面上以原点为圆心的环形域内处处解析的复变函数。它在该环形域内的任何一点都可展开为含有 z^{-1} 的正负幂项的罗伦级数,而且展开的结果是唯一性的。因此,可通过罗伦级数的系数公式进行 z 逆变换,以求取序列 $f(k)$。下式为计算 z 逆变换的反演积分公式:

$$f(k)=\frac{1}{2\pi j}\oint_c F(z)z^{k-1}dz,\quad k=0,\pm1,\pm2,\cdots \tag{6-58}$$

式中,c 是 $\rho_1<|z|<\rho_2$ 环形收敛域内围绕原点 $z=0$ 逆时针方向的任一简单封闭曲线。

根据复变函数的留数定理,上述 z 逆变换反演积分的结果等于曲线 c 所包围的函数 $F(z)z^{k-1}$ 极点的留数之和,即

$$f(k)=\sum_i \text{Res}[F(z)z^{k-1}]_{z=z_i},\quad k=0,\pm1,\pm2,\cdots \tag{6-59}$$

式中,Res 表示极点的留数,z_i 为函数 $F(z)z^{k-1}$ 的极点,i 为曲线 c 所围极点的个数。

(1) 如果 $z=z_i$ 是函数 $F(z)z^{k-1}$ 的一阶极点,那么 $F(z)z^{k-1}$ 在 z_i 的留数为

$$\text{Res}[F(z)z^{k-1}]_{z=z_i}=(z-z_i)F(z)z^{k-1}\big|_{z=z_i} \tag{6-60}$$

(2) 如果 $z=z_i$ 是函数 $F(z)z^{k-1}$ 的 r 阶极点,那么 $F(z)z^{k-1}$ 在 z_i 的留数为

$$\text{Res}[F(z)z^{k-1}]_{z=z_i}=\frac{1}{(r-1)!}\frac{d^{r-1}}{dz^{r-1}}[(z-z_i)^r F(z)z^{k-1}]\bigg|_{z=z_i} \tag{6-61}$$

应用反演积分法(留数法)进行 z 逆变换时,应注意 $F(z)$ 收敛域内曲线 c 包围极点的情况以及对不同 k 值,在 $z=0$ 处的极点阶次的可能变化,现分述如下。

1) 象函数 $F(z)$ 的收敛域为 $|z|>\rho_1$ (即 $\rho_2\to\infty$)

由于象函数 $F(z)$ 的收敛域为 $|z|>\rho_1$ 的圆外区域,函数 $F(z)z^{k-1}$ 的极点全部位于闭合曲线 c 内,沿闭合曲线 c 逆时针方向积分时,函数 $F(z)z^{k-1}$ 的全部极点均位于左手侧,故据复变函数理论

$$f(k)=\begin{cases}0, & k<0 \\ \sum_{c内极点}\text{Res}[F(z)z^{k-1}], & k\geqslant 0\end{cases} \tag{6-62}$$

显然,$f(k)$ 是因果序列。

2) 象函数 $F(z)$ 的收敛域为 $|z|<\rho_2$

由于象函数 $F(z)$ 的收敛域为 $|z|<\rho_2$ 的圆内区域,函数 $F(z)z^{k-1}$ 的极点全部位于闭

第6章 线性时不变系统的z域分析

合曲线 c 外，沿闭合曲线 c 顺时针方向积分时，函数 $F(z)z^{k-1}$ 的全部极点均位于左手侧，故据复变函数理论

$$f(k) = \begin{cases} -\sum_{c\text{外极点}} \text{Res}[F(z)z^{k-1}], & k < 0 \\ 0, & k \geqslant 0 \end{cases} \qquad (6-63)$$

可见，$f(k)$ 为左序列。

3) 象函数 $F(z)$ 的收敛域为 $\rho_1 < |z| < \rho_2$

由于象函数 $F(z)$ 的收敛域为 $\rho_1 < |z| < \rho_2$ 的环形区域，函数 $F(z)z^{k-1}$ 的极点将分别位于闭合曲线 c 的内外，据复变函数理论，综合上述两种情况，可得

$$f(k) = \begin{cases} -\sum_{c\text{外极点}} \text{Res}[F(z)z^{k-1}], & k < 0 \\ \sum_{c\text{内极点}} \text{Res}[F(z)z^{k-1}], & k \geqslant 0 \end{cases} \qquad (6-64)$$

此时，$f(k)$ 为双边序列。

6.4 离散系统的 z 域分析

离散系统的 z 域分析就是利用 z 变换将时域中描述系统特性的差分方程转换成 z 域中的代数方程进行分析，再将分析结果通过 z 逆变换还原成时域中的解答。

1. 零输入响应的 z 域分析

线性时不变离散时间系统在外施激励 $f(k)=0$（零输入）时的差分方程为

$$\sum_{i=0}^{n} a_i y(k-i) = 0 \qquad (6-65)$$

考虑到响应为 $k \geqslant 0$ 时的值，则初始条件为 $y(-1), y(-2), \cdots, y(-n)$。对上述 n 阶差分方程的两边同时取单边 z 变换，并据 z 变换的移位性质，可得

$$\sum_{i=0}^{n} a_i z^{-i} \left[Y(z) + \sum_{k=-i}^{-1} y(k) z^{-k} \right] = 0 \qquad (6-66)$$

故

$$Y(z) = \frac{-\sum_{i=0}^{n} \left[a_i z^{-i} \sum_{k=-i}^{-1} y(k) z^{-k} \right]}{\sum_{i=0}^{n} a_i z^{-i}}$$

继而通过 z 逆变换可求得离散系统时域中的零输入响应序列

$$y(k) = \mathbf{Z}^{-1}[Y(z)]$$

2. 零状态响应的 z 域分析

线性时不变离散时间系统在外施激励 $f(k)$ 作用下的差分方程为

$$\sum_{i=0}^{n} a_i y(k-i) = \sum_{r=0}^{m} b_r f(k-r) \qquad (6-67)$$

考虑到响应为 $k \geq 0$ 时的值，则零状态下有 $y(-1) = y(-2) = \cdots = y(-n) = 0$，且激励 $f(k)$ 为因果序列，$k < 0$ 时 $f(k) = 0$，对上述 n 阶差分方程两边同时取单边 z 变换的结果为

$$\sum_{i=0}^{n} a_i z^{-i} Y(z) = \sum_{r=0}^{m} b_r z^{-r} F(z) \tag{6-68}$$

故在 $m \leq n$ 时

$$Y(z) = F(z) \frac{\sum_{r=0}^{m} b_r z^{-r}}{\sum_{i=0}^{n} a_i z^{-i}}$$

继而通过 z 逆变换可求得离散系统时域中的零状态响应序列

$$y(k) = \mathbf{Z}^{-1}[Y(z)]$$

3. 全响应的 z 域分析

线性时不变离散时间系统的外施激励和初始状态均不为零时的响应称为全响应，其差分方程为

$$\sum_{i=0}^{n} a_i y(k-i) = \sum_{r=0}^{m} b_r f(k-r) \tag{6-69}$$

考虑到一般情况[非零初始状态与激励 $f(k)$ 非因果序列]，两边 z 变换的结果为

$$\sum_{i=0}^{n} a_i z^{-i} \left[Y(z) + \sum_{k=-i}^{-1} y(k) z^{-k} \right] = \sum_{r=0}^{m} b_r z^{-r} \left[F(z) + \sum_{j=-r}^{-1} f(j) z^{-j} \right] \tag{6-70}$$

对上述代数方程求解得全响应象函数 $Y(z)$，继而通过 z 逆变换求得时域中全响应序列 $y(k)$。

此外，还可根据线性时不变系统的叠加性、均匀性和时不变性，将全响应分解为零输入响应 $y_x(k)$ 和零状态响应 $y_f(k)$，分别求解后进行叠加，即

$$y(k) = y_x(k) + y_f(k) \tag{6-71}$$

6.5　z 域系统函数

1. z 域系统函数 $H(z)$ 的定义

线性时不变离散时间系统的零状态响应 $y_f(k)$ 等于系统激励 $f(k)$ 与系统单位序列响应 $h(k)$ 的卷积和，即

$$y_f(k) = f(k) * h(k) \tag{6-72}$$

若设系统零状态响应 $y_f(k)$、激励 $f(k)$ 和单位序列响应 $h(k)$ 的 z 变换分别为 $Y_f(z)$、$F(z)$ 和 $H(z)$，那么，根据 z 变换的时域卷积定理，可得

$$Y_f(z) = F(z) \cdot H(z) \tag{6-73}$$

线性时不变离散时间系统的系统函数则定义为系统零状态响应的 z 变换与其对应激励的 z 变换之比，即

第6章 线性时不变系统的z域分析

$$H(z) = \frac{Y_f(z)}{F(z)} \tag{6-74}$$

据此不难看出，z 域系统函数 $H(z)$ 和时域系统单位序列响应 $h(k)$ 构成 z 变换对，即存在

$$H(z) = \mathbf{Z}[h(k)] = \sum_{k=0}^{\infty} h(k) z^{-k} \tag{6-75}$$

如果激励序列 $f(k) = z^k$ 为幂函数，那么时域中系统的零状态响应为

$$\begin{aligned} y_f(k) &= f(k) * h(k) = h(k) * f(k) \\ &= \sum_{i=0}^{\infty} h(i) f(k-i) = \sum_{i=0}^{\infty} h(i) z^{k-i} \\ &= z^k \sum_{i=0}^{\infty} h(i) z^{-i} = z^k H(z) \end{aligned} \tag{6-76}$$

故 z 域系统函数 $H(z)$ 又可视为线性时不变离散时间系统对幂函数激励序列 z^k 的加权函数。

2. z 域系统函数 $H(z)$ 的求取

z 域系统函数 $H(z)$ 一般有下述几种求取方法。

(1) 已知系统激励及其零状态响应的 z 变换时，可根据 z 域系统函数 $H(z)$ 的定义 $H(z) = \dfrac{Y_f(z)}{F(z)}$ 求之。

(2) 已知系统差分方程时，可对差分方程两边取单边 z 变换，并考虑到 $k<0$ 时 $y(k)=0$，$f(k)=0$，进而求得 z 域系统函数 $H(z)$。

(3) 已知系统的单位序列响应 $h(k)$ 时，可直接对其进行 z 变换求得 z 域系统函数 $H(z) = \mathbf{Z}[h(k)]$。

(4) 已知系统的传输算子 $H(E)$，那么 z 域系统函数 $H(z) = H(E)|_{E=z}$。

(5) 已知系统时域模拟图，则可令 $z^{-1} = E^{-1}|_{E=z}$ 得到相应的 z 域模拟图或信号流图，然后根据梅森公式求得 z 域系统函数 $H(z)$。

3. z 域系统函数 $H(z)$ 的应用

z 域系统函数 $H(z)$ 是离散时间系统的一种数学抽象，反映了系统自身的固有特性，在实际工程分析中应用十分广泛，主要表现在以下几个方面。

(1) 可用于求取系统的单位序列响应，即 $h(k) = \mathbf{Z}^{-1}[H(z)]$。

(2) 可用于求取系统在给定激励下对应的零状态响应，即 $y_f(k) = \mathbf{Z}^{-1}[H(z)F(z)]$。

(3) 给定系统的初始状态时，可由 z 域系统函数 $H(z)$ 求得系统的零输入响应 $y_x(k)$。

(4) 由 z 域系统函数 $H(z)$ 可绘出系统模拟图。

(5) 由 z 域系统函数 $H(z)$ 可写出系统的差分方程。

(6) 据 z 域系统函数 $H(z)$ 可进行系统稳定性判别。

(7) 据 z 域系统函数 $H(z)$ 可分析稳定系统的频率特性。

(8) 据 z 域系统函数 $H(z)$ 可求取稳定系统的正弦稳态响应。

(9) 据 z 域系统函数 $H(z)$ 的零极点分布可分析研究系统的时域特性和频域特性。

【一阶、二阶系统的极点变化】

6.6 z 域系统函数 $H(z)$ 的零极点分析

n 阶线性时不变离散时间系统的 z 域系统函数可写为如下形式：

$$H(z) = \frac{Y_f(z)}{F(z)} = \frac{\sum_{r=0}^{m} b_r z^{-r}}{\sum_{i=0}^{n} a_i z^{-i}} = G \frac{\prod_{r=1}^{m}(1 - z_r z^{-1})}{\prod_{i=1}^{n}(1 - p_i z^{-1})} \quad (m \leqslant n) \quad (6-77)$$

式中，z 域系统函数 $H(z)$ 的分子、分母（均为 $\frac{1}{z}$ 的实系数多项式）被分别写成因式分解的形式；其中，G 为实常数，z_r 是 $H(z)$ 的零点，p_i 是 $H(z)$ 的极点；它们均由差分方程中的系数 a_i、b_r 决定。

1. z 域系统函数 $H(z)$ 的零极点分布与系统的时域特性

由于 z 域系统函数 $H(z)$ 与系统的单位序列响应 $h(k)$ 构成 z 变换对，故可根据 $H(z)$ 的零极点分布确定系统单位序列响应 $h(k)$ 的性质。

z 域系统函数 $H(z)$ 仅含一阶极点（可以是实数，也可以是成对的共轭复数）时，根据部分分式展开法可得

$$\begin{aligned} h(k) &= \mathbf{Z}^{-1}[H(z)] = \mathbf{Z}^{-1}\left[\sum_{i=0}^{n} \frac{A_i z}{z - p_i}\right] \\ &= \mathbf{Z}^{-1}\left[A_0 + \sum_{i=1}^{n} \frac{A_i z}{z - p_i}\right] = A_0 \delta(k) + \sum_{i=1}^{n} A_i p_i^k \varepsilon(k) \end{aligned} \quad (6-78)$$

式中，$p_0 = 0$，待定系数 $A_i(i=0, 1, 2, \cdots, n)$ 取决于 z 域系统函数 $H(z)$ 的零点、极点和常量 G。

可见，离散时间系统的时域特性可由其单位序列响应 $h(k)$ 反映，而 z 域系统函数 $H(z)$ 的极点 p_i 决定了 $h(k)$ 的性质，零点 z_r 则只影响 $h(k)$ 的幅度和相位（即只影响待定系数 A_i）。

就一阶极点而言，$H(z)$ 的所有极点位于 z 平面单位圆内（即 $|p_i|<1$）时，$h(k)$ 将随 k 值增大按指数规律衰减。故 $k \to \infty$ 时，$h(k) \to 0$；$H(z)$ 含有 z 平面单位圆上的极点（即 $|p_i|=1$）而其余极点均位于单位圆内时，$h(k)$ 将随 k 值的增大而逐渐稳定在某一有限范围内变化；$H(z)$ 含有 z 平面单位圆外极点（即 $|p_i|>1$）时，$h(k)$ 将随 k 值增大按指数规律增加，故 $k \to \infty$ 时，$h(k) \to \infty$。

对于重极点来说，同样可根据 $H(z)$ 的极点分布去研究 $h(k)$ 的性质。而且不难得出，$H(z)$ 的重极点位于 z 平面单位圆内时，必有 $k \to \infty$ 时，$h(k) \to 0$；$H(z)$ 的重极点位于 z 平面单位圆上及其以外（即 $|p_i| \geqslant 1$）时，必有 $k \to \infty$ 时，$h(k) \to \infty$。

2. z 域系统函数 $H(z)$ 的零极点分布与系统的频率特性

可以通过线性时不变离散时间系统，对正弦序列激励的稳态响应来研究系统的频率特性。

设正弦序列激励
$$f(k) = A\sin k\omega T\varepsilon(k)$$
则
$$F(z) = \frac{Az\sin \omega T}{(z-e^{j\omega T})(z-e^{-j\omega T})}$$
有
$$Y_f(z) = F(z)H(z) = \frac{Az\sin \omega T}{(z-e^{j\omega T})(z-e^{-j\omega T})}H(z)$$
$$= \frac{az}{z-e^{j\omega T}} + \frac{bz}{z-e^{-j\omega T}} + \sum_{i=0}^{n}\frac{A_i z}{z-p_i}$$

上式在把 $Y_f(z)$ 展为部分分式之和时，仅考虑 $H(z)$ 的极点 p_i 全部位于 z 平面单位圆内（即 $H(z)$ 的收敛域包括单位圆），故 $H(z)$ 的极点 p_i 不会与 $F(z)$ 的极点 $e^{\pm j\omega T}$ 重合。其中，待定系数 a、b 为

$$a = (z-e^{j\omega T})\frac{Y(z)}{z}\bigg|_{z=e^{j\omega T}} = \frac{A\sin \omega T}{z-e^{-j\omega T}}H(z)\bigg|_{z=e^{j\omega T}} = \frac{A}{j2}H(e^{j\omega T})$$
$$b = (z-e^{-j\omega T})\frac{Y(z)}{z}\bigg|_{z=e^{-j\omega T}} = \frac{A\sin \omega T}{z-e^{j\omega T}}H(z)\bigg|_{z=e^{-j\omega T}} = -\frac{A}{j2}H(e^{-j\omega T})$$
(6-79)

而

$$H(e^{j\omega T}) = H(z)\big|_{z=e^{j\omega T}} = \sum_{k=0}^{\infty}h(k)z^{-k}\big|_{z=e^{j\omega T}} = \sum_{k=0}^{\infty}h(k)e^{-jk\omega T} = \sum_{k=0}^{\infty}h(k)\cos k\omega T - j\sum_{k=0}^{\infty}h(k)\sin k\omega T$$

$$H(e^{-j\omega T}) = H(z)\big|_{z=e^{-j\omega T}} = \sum_{k=0}^{\infty}h(k)z^{-k}\big|_{z=e^{-j\omega T}} = \sum_{k=0}^{\infty}h(k)e^{jk\omega T} = \sum_{k=0}^{\infty}h(k)\cos k\omega T + j\sum_{k=0}^{\infty}h(k)\sin k\omega T$$

可见，$H(e^{j\omega T})$ 和 $H(e^{-j\omega T})$ 是复数共轭的，若令 $H(e^{j\omega T}) = |H(e^{j\omega T})|e^{j\varphi(\omega T)}$，则

$$H(e^{-j\omega T}) = |H(e^{j\omega T})|e^{-j\varphi(\omega T)}$$

就是说

$$|H(e^{j\omega T})| = |H(e^{-j\omega T})|,\ \varphi(-\omega T) = -\varphi(\omega T)$$

将上述结果代入 $Y(z)$ 的部分分式展开式中，可得

$$Y_f(z) = \frac{A|H(e^{j\omega T})|}{j2}\left(\frac{ze^{j\varphi}}{z-e^{j\omega T}} - \frac{ze^{-j\varphi}}{z-e^{-j\omega T}}\right) + \sum_{i=0}^{n}\frac{A_i z}{z-p_i} \quad (6-80)$$

经 z 逆变换后可得系统的零状态响应 $Y_f(k)$，由于 $H(z)$ 的极点 p_i 全部位于 z 平面单位圆内，故 $k\to\infty$ 时，$H(z)$ 极点对应的各指数衰减序列都趋于零，系统的零状态响应 $Y_f(k)$ 中将只余 $F(z)$ 极点 $e^{\pm j\omega T}$（位于 z 平面单位圆上）所对应的稳态响应

$$Y_d(k) = \frac{A|H(e^{j\omega T})|}{j2}\left[e^{j(k\omega T+\varphi)} - e^{-j(k\omega T+\varphi)}\right] = A|H(e^{j\omega T})|\sin[k\omega T+\varphi(\omega T)] \quad (6-81)$$

显然，线性时不变离散时间系统对正弦序列激励的稳态响应为同频正弦序列。一般情况下，正弦序列激励

$$f(k) = A\sin(k\omega T+\theta)\varepsilon(k) = \text{Im}[Ae^{j(k\omega T+\theta)}\varepsilon(k)]$$

时，系统稳态响应
$$Y_d(k) = A|H(e^{j\omega T})|\sin[k\omega T+\theta+\varphi(\omega T)]$$
$$= \mathrm{Im}[A|H(e^{j\omega T})|e^{j(k\omega T+\theta+\varphi)}]$$
$$= \mathrm{Im}[AH(e^{j\omega T})e^{j(k\omega T+\theta)}]$$

余弦序列激励
$$f(k) = A\cos(k\omega T+\theta)\varepsilon(k) = \mathrm{Re}[Ae^{j(k\omega T+\theta)}\varepsilon(k)]$$

时，系统稳态响应
$$Y_d(k) = A|H(e^{j\omega T})|\cos[k\omega T+\theta+\varphi(\omega T)]$$
$$= \mathrm{Re}[A|H(e^{j\omega T})|e^{j(k\omega T+\theta+\varphi)}]$$
$$= \mathrm{Re}[AH(e^{j\omega T})e^{j(k\omega T+\theta)}]$$

故在复指数序列激励
$$f(k) = Ae^{j(k\omega T+\theta)}\varepsilon(k)$$

时，系统稳态响应
$$Y_d(k) = AH(e^{j\omega T})e^{j(k\omega T+\theta)} = A|H(e^{j\omega T})|e^{j(k\omega T+\theta+\varphi)}$$

综上所述，$H(e^{j\omega T})$ 反映了正弦序列激励下离散时间系统稳态输出序列的幅度和相位相对于输入序列的变化，故称为系统的频率特性，其模值 $|H(e^{j\omega T})|$ 称为系统的幅频特性，其幅角 $\varphi(\omega T)$ 称为系统的相频特性。

若已知 z 域系统函数 $H(z)$ 及其 z 平面上的零极点分布，即

$$H(z) = G\frac{\prod_{r=1}^{m}(z-z_r)}{\prod_{i=1}^{n}(z-p_i)} \tag{6-82}$$

那么系统的频率特性

$$H(e^{j\omega T}) = H(z)\big|_{z=e^{j\omega T}} = G\frac{\prod_{r=1}^{m}(e^{j\omega T}-z_r)}{\prod_{i=1}^{n}(e^{j\omega T}-p_i)} = |H(e^{j\omega T})|e^{j\varphi(\omega T)} \tag{6-83}$$

令因式
$$e^{j\omega T}-z_r = B_r e^{j\theta_r}$$
$$e^{j\omega T}-p_i = A_i e^{j\psi_i}$$

则系统的幅频特性
$$|H(e^{j\omega T})| = G\frac{\prod_{r=1}^{m}B_r}{\prod_{i=1}^{n}A_i}$$

系统的相频特性
$$\varphi(\omega T) = \sum_{r=1}^{m}\theta_r - \sum_{i=1}^{n}\psi_i$$

式中，A_i、ψ_i 分别表示 z 平面上极点 p_i 到单位圆上某点 $e^{j\omega T}$ 的复数矢量 $(e^{j\omega T}-p_i)$ 的模值和幅角；B_r、θ_r 分别表示 z 平面上零点 z_r 到单位圆上某点 $e^{j\omega T}$ 的复数矢量 $(e^{j\omega T}-z_r)$ 的模值和幅角。可见 $H(z)$ 的零极点分布直接影响着系统的频率特性。

第6章 线性时不变系统的z域分析

为了研究不同频率下的系统频率特性,可令 $e^{j\omega T}$ 中的 ωT 变化,即沿 z 平面上单位圆绕行。由于 $e^{j\omega T}$ 是周期 $\omega T = 2\pi$ 的周期函数,故 $H(e^{j\omega T})$ 也是周期 $\omega T = 2\pi$ 的周期函数。就是说只要沿 z 平面上单位圆绕行一周,就可得到系统的全部频率特性。显然,位于 $z=0$ 处的零点或极点对幅频特性不产生作用而只影响相频特性;位于单位圆附近的零点或极点在某 ωT 值下会使 $(e^{j\omega T}-z_r)$ 的模值 B_r 或 $(e^{j\omega T}-p_i)$ 的模值 A_i 最小,从而使相应的幅频特性出现谷值或峰值。据此,离散时间系统可以构成低通、高通、带通、带阻、全通等各种数字滤波器。

6.7 离散时间系统的稳定性

【二阶系统的定性分析】

离散时间系统若对所有满足

$$|f(k)| \leqslant M_f \tag{6-84}$$

的激励,其零状态响应满足

$$|y_f(k)| \leqslant M_y \tag{6-85}$$

时,该系统是稳定的。式中,M_f、M_y 为有界正常数。

可以证明,离散时间系统稳定的充分必要条件是

$$\sum_{k=-\infty}^{\infty}|h(k)| \leqslant M \quad (M \text{为有界正常数}) \tag{6-86}$$

即单位序列响应满足绝对可和的离散时间系统是稳定的。对于因果系统,上述充要条件可写为

$$\sum_{k=0}^{\infty}|h(k)| \leqslant M \quad (M \text{为有界正常数}) \tag{6-87}$$

1. 根据 $H(z)$ 的极点分布判定系统稳定性

$H(z)$ 的零极点分布与系统单位序列响应 $h(k)$ 之间的对应关系可知:稳定因果系统 z 域系统函数 $H(z)$ 的收敛域至少应为 $|z| \geqslant 1$,其全部极点都应位于 z 平面单位圆内,单位圆上及圆外不存在极点。如果 $H(z)$ 在单位圆上仅存在一阶单极点,而其余极点均位于单位圆内时,则对应的为临界稳定系统,它是一种特殊的不稳定系统。

需要指出:对非因果系统,不应要求其 z 域系统函数 $H(z)$ 的全部极点限定在 z 平面单位圆内。

2. 根据 $H(z)$ 的分母多项式判定系统稳定性

根据 $H(z) = \dfrac{N(z)}{D(z)}$ 的极点位置判定系统稳定性需要求出其分母多项式

$$D(z) = 0 \tag{6-88}$$

(即对应系统差分方程的特征方程)的全部根,这在 z 域系统函数分母多项式 $D(z)$ 的阶数较高时往往是比较困难的,为此,可采用 Jury 判别法对 $H(z)$ 的分母多项式 $D(z)$ 直接列表进行检验。

设 n 阶离散时间系统的 z 域系统函数 $H(z)$ 的分母多项式 $D(z)$ 为

$$D(z)=a_n z^n+a_{n-1}z^{n-1}+\cdots+a_2 z^2+a_1 z+a_0 \tag{6-89}$$

那么可列出表 6-1。

表 6-1

行＼列	z^n	z^{n-1}	z^{n-2}	⋯	z^2	z	z^0
1	a_n	a_{n-1}	a_{n-2}	⋯	a_2	a_1	a_0
2	a_0	a_1	a_2	⋯	a_{n-2}	a_{n-1}	a_n
3	c_{n-1}	c_{n-2}	c_{n-3}	⋯	c_1	c_0	
4	c_0	c_1	c_2	⋯	c_{n-2}	c_{n-1}	
5	d_{n-2}	d_{n-3}	d_{n-4}	⋯	d_0		
6	d_0	d_1	d_2	⋯	d_{n-2}		
⋮	⋮	⋮	⋮				
$2n-3$	r_2	r_1	r_0				

表 6-1 中第 1 行是 $D(z)$ 的各项系数，第 2 行是第 1 行系数的反序排列，第 3 行系数按下式求取：

$$c_{n-1}=\begin{vmatrix} a_n & a_0 \\ a_0 & a_n \end{vmatrix};\quad c_{n-2}=\begin{vmatrix} a_n & a_1 \\ a_0 & a_{n-1} \end{vmatrix};\quad c_{n-3}=\begin{vmatrix} a_n & a_2 \\ a_0 & a_{n-2} \end{vmatrix};\quad \cdots \quad 依此类推$$

表 6-1 中第 4 行是第 3 行系数的反序排列，第 5 行系数由第 3、4 两行求取：

$$d_{n-2}=\begin{vmatrix} c_{n-1} & c_0 \\ c_0 & c_{n-1} \end{vmatrix};\quad d_{n-3}=\begin{vmatrix} c_{n-1} & c_1 \\ c_0 & c_{n-2} \end{vmatrix};\quad \cdots \quad 依此类推$$

照此继续下去，求得的两行都要比前两行少一项，直至 $2n-3$ 行为止。

Jury 准则：z 域系统函数 $H(z)$ 的全部极点（即 $D(z)=0$ 的所有根）位于 z 平面单位圆内的充分必要条件是

$$\left.\begin{aligned} &D(1)>0 \\ &(-1)^n \cdot D(-1)>0 \\ &a_n>|a_0| \\ &c_{n-1}>|c_0| \\ &d_{n-2}>|d_0| \\ &\quad\vdots \\ &r_2>|r_0| \end{aligned}\right\} \tag{6-90}$$

就是说各奇数行的第 1 个系数必然大于最后一个系数的绝对值，从而即可判定系统的稳定性。

第6章 线性时不变系统的z域分析

小 结

本章主要讨论对应于拉普拉斯变换的离散序列z变换;依次介绍了z变换的基本概念及收敛域,z变换和拉普拉斯变换的关系,z变换的基本性质,用幂级数展开法、部分分式法或留数法求z逆变换;最后介绍了离散系统的z域分析,求解零输入响应、零状态响应、全响应、单位序列响应的方法。

习 题 六

6.1 已知 $f(n)=\varepsilon(n)$,计算其z变换 $F(z)$。

6.2 已知 $f(n)=\varepsilon(n)+2^n\varepsilon(n)$,计算其z变换 $F(z)$。

6.3 已知差分方程 $y(n)=by(n-1)+x(n)$,式中 $x(n)=a^n u(n)$,$y(-1)=1$,求 $y(n)$。

6.4 设有一离散线性时不变系统的系统方程为 $y(n)-2.5y(n-1)+y(n-2)=x(n)$,输入 $x(n)=\varepsilon(n)$,起始状态为 $y(-1)=-1$,$y(-2)=1$,求输出 $y(n)$,$t\geqslant 0$。

第7章 系统的状态变量分析

系统分析就是建立描述系统的数学模型并求出它的解。描述系统的方法可分为输入-输出法和状态变量法。

输入-输出法也称为外部法或经典法,前面几章对系统的分析方法即为此方法,它强调用系统的输入、输出之间的关系来描述系统的特性。其特点如下。

(1) 适用于单输入单输出系统,对于多输入多输出系统将增加复杂性。

(2) 只研究系统输出与输入的外部特性,而对系统的内部情况一无所知,也无法控制。

随着科学技术的发展,人们意识到系统的可观测性和可控制性、系统的最优控制与设计等问题。为适应这种变化,引入了状态变量法,也称为内部法。状态变量法用 n 个状态变量的一阶微分或差分方程组(状态方程)来描述系统。其优点如下。

(1) 提供系统的内部特性以便研究。

(2) 便于分析多输入多输出系统。

(3) 一阶方程组便于计算机数值求解,并容易推广用于时变系统和非线性系统。

教学要求

理解状态变量的概念;掌握状态方程和输出方程的一般形式;掌握连续系统状态方程的建立;掌握连续系统状态方程的求解。

重点与难点

(1) 状态变量与状态方程。理解状态变量的概念,掌握状态方程和输出方程的一般形式。

(2) 连续系统状态方程的建立(根据动态电路建立状态方程的步骤;根据系统的微分方程、系统函数 $H(s)$、框图或信号流图建立状态方程和输出方程的方法)。

第7章 系统的状态变量分析

7.1 状态变量与状态方程

7.1.1 状态与状态变量的概念

现在从一个电路系统的实例来介绍状态和状态变量的概念。图 7.1 所示是一个 3 阶电路系统，系统的激励为电压源 $u_{s1}(t)$ 和 $u_{s2}(t)$，指定输出为 $u(t)$ 和 $i_C(t)$。如果还想要了解电路内部的 3 个变量：电容器（以下简称电容）上的电压 $u_C(t)$ 和电感器（以下简称电感）上的电流 $i_{L1}(t)$、$i_{L2}(t)$ 在激励作用下的变化情况，则首先需要找出对应这 3 个内部变量与系统激励的关系。

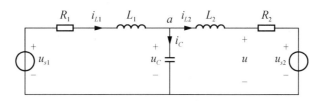

图 7.1 3 阶电路系统

根据元件的伏安特性和 KCL、KVL，由节点 a 及两个网孔可列出如下方程。

$$C\frac{du_C(t)}{dt}+i_{L2}(t)-i_{L1}(t)=0$$

$$R_1 i_{L1}(t)+L_1\frac{di_{L1}(t)}{dt}+u_C(t)-u_{s1}(t)=0$$

$$L_2\frac{di_{L2}(t)}{dt}+R_2 i_{L2}(t)+u_{s2}(t)-u_C(t)=0$$

整理后的方程为

$$\left.\begin{aligned}\frac{du_C(t)}{dt}&=\frac{1}{C}i_{L1}(t)-\frac{1}{C}i_{L2}(t)\\ \frac{di_{L1}(t)}{dt}&=-\frac{1}{L_1}u_C(t)-\frac{R_1}{L_1}i_{L1}(t)+\frac{1}{L_1}u_{s1}(t)\\ \frac{di_{L2}(t)}{dt}&=\frac{1}{L_2}u_C(t)-\frac{R_2}{L_2}i_{L2}(t)-\frac{1}{L_2}u_{s2}(t)\end{aligned}\right\} \quad (7-1)$$

式(7-1)是由 3 个内部变量 $u_C(t)$、$i_{L1}(t)$ 和 $i_{L2}(t)$ 构成的一阶微分方程组。如果知道初始时刻 $t=t_0$ 的值 $u_C(t_0)$、$i_{L1}(t_0)$ 和 $i_{L2}(t_0)$，则由微分方程理论，根据 $t\geqslant t_0$ 时给定激励 $u_{s1}(t)$ 和 $u_{s2}(t)$ 就可以唯一地确定该方程组在 $t\geqslant t_0$ 时的解 $u_C(t)$、$i_{L1}(t)$ 和 $i_{L2}(t)$。那么，系统的输出就可以通过 3 个内部变量和系统的激励求出。

$$\left.\begin{aligned}u(t)&=R_2 i_{L2}(t)+u_{s2}(t)\\ i_C(t)&=i_{L1}(t)-i_{L2}(t)\end{aligned}\right\} \quad (7-2)$$

这是一组代数方程。

由以上分析可知，在分析一个系统时只需要知道 $t=t_0$ 时这些变量的值和 $t\geqslant t_0$ 时系统的激励就能完全确定系统在任何时间 $t \geq t_0$ 的全部行为或是信息。一般而言，系统在 $t=t_0$ 时刻的状态可以看成是确定系统未来的响应所需的有关历史的全部信息，也就是系统在 $t<t_0$ 工作的积累结果，并在 $t=t_0$ 时以元件储能的方式表现出来。

由此，状态的一般定义为两个动态系统在某一时刻 t_0 的状态是表示该系统所必需的最少的一组数值，已知这组数值和 $t \geq t_0$ 时系统的激励就能完全确定 $t \geq t_0$ 时系统的全部工作情况。

状态变量是描述状态随时间 t 变化的一组变量，它们在某时刻的值就组成了系统在该时刻的状态。对 n 阶动态系统需要 n 个独立的状态变量，常用 $x_1(t)$、$x_2(t)$、$\cdots$、$x_n(t)$ 表示。

根据系统状态的一般定义，状态变量的选取并不是唯一的。图 7.1 所示的电路系统，状态变量除可取两个电感上的电流和电容的电压外，还可取 $i_C(t)$、$u_{L1}(t)$ 和 $u_{L2}(t)$ 为状态变量。如果对于一个 3 阶系统用 x_1、x_2、x_3 来表示，那么这组变量的各种线性组合在其系数行列式不等于零的情况下也同样可以表示该系统的状态。这是因为 g_1、g_2、g_3 与 x_1、x_2、x_3 存在唯一的对应关系。

$$\left.\begin{aligned} g_1 &= a_{11}x_1 + a_{12}x_2 + a_{13}x_3 \\ g_2 &= a_{21}x_1 + a_{22}x_2 + a_{23}x_3 \\ g_3 &= a_{31}x_1 + a_{32}x_2 + a_{33}x_3 \end{aligned}\right\} \tag{7-3}$$

再有，如果系统有 n 个状态变量 $x_i(t)$，$i=1,2,\cdots,n$，那么就将用这 n 个状态变量作分量构成的矢量(向量) $x(t)$ 称为系统的状态矢量(向量)。状态空间就是状态矢量所有可能值的集合。系统在任意时刻的状态都可由状态空间的一点来表示。当 t 变动时，它所描绘出的曲线称为状态轨迹。

7.1.2 状态方程和输出方程

在给定系统和激励信号并选定状态变量的情况下，用状态变量分析系统时，一般分两步进行。第一步是根据系统的初始状态和 $t \geq t_0$ 时的激励求出状态变量；第二步是用这些状态变量来确定初始时刻以后的系统输出。状态变量是通过求解由状态变量构成的一阶微分方程组来得到的，该一阶微分方程组称为状态方程。状态方程描述了状态变量的一阶导数与状态变量和激励之间的关系，而描述输出与状态变量和激励之间关系的一组代数方程称为输出方程。通常将状态方程和输出方程总称为动态方程或系统方程。

对于一般的 n 阶多输入-输出连续线性时不变系统，状态方程和输出方程为

$$\left.\begin{aligned} \dot{x}_1 &= a_{11}x_1 + a_{12}x_2 + \cdots + a_{1n}x_n + b_{11}f_1 + b_{12}f_2 + \cdots + b_{1p}f_p \\ \dot{x}_2 &= a_{21}x_1 + a_{22}x_2 + \cdots + a_{2n}x_n + b_{21}f_1 + b_{22}f_2 + \cdots + b_{2p}f_p \\ &\vdots \\ \dot{x}_n &= a_{n1}x_1 + a_{n2}x_2 + \cdots + a_{nn}x_n + b_{n1}f_1 + b_{n2}f_2 + \cdots + b_{np}f_p \end{aligned}\right\} \text{状态方程} \tag{7-4}$$

$$\left.\begin{aligned} y_1 &= c_{11}x_1 + c_{12}x_2 + \cdots + c_{1n}x_n + d_{11}f_1 + d_{12}f_2 + \cdots + d_{1p}f_p \\ y_2 &= c_{21}x_1 + c_{22}x_2 + \cdots + c_{2n}x_n + d_{21}f_1 + d_{22}f_2 + \cdots + d_{2p}f_p \\ &\vdots \\ y_q &= c_{q1}x_1 + c_{q2}x_2 + \cdots + c_{qn}x_n + d_{q1}f_1 + d_{q2}f_2 + \cdots + d_{qp}f_p \end{aligned}\right\} \text{输出方程} \tag{7-5}$$

式中，x_1、x_2、$\cdots$、x_n 为系统的 n 个状态变量，加点"·"表示取一阶导数；f_1、f_2、$\cdots$、f_p 为系统的 p 个输入信号；y_1、y_2、$\cdots$、y_q 为系统的 q 个输出信号，如图 7.2 所示。

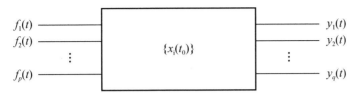

图 7.2 多输入-输出系统

状态方程为
$$\dot{\boldsymbol{x}}(t) = \boldsymbol{A}\boldsymbol{x}(t) + \boldsymbol{B}\boldsymbol{f}(t) \tag{7-6}$$

输出方程为
$$\boldsymbol{y}(t) = \boldsymbol{C}\boldsymbol{x}(t) + \boldsymbol{D}\boldsymbol{f}(t) \tag{7-7}$$

式中

$$\boldsymbol{x}(t) = \begin{bmatrix} x_1(t) & x_2(t) & \cdots & x_n(t) \end{bmatrix}^{\mathrm{T}}$$
$$\dot{\boldsymbol{x}}(t) = \begin{bmatrix} \dot{x}_1(t) & \dot{x}_2(t) & \cdots & \dot{x}_n(t) \end{bmatrix}^{\mathrm{T}}$$
$$\boldsymbol{f}(t) = \begin{bmatrix} f_1(t) & f_2(t) & \cdots & f_p(t) \end{bmatrix}^{\mathrm{T}}$$
$$\boldsymbol{y}(t) = \begin{bmatrix} y_1(t) & y_2(t) & \cdots & y_q(t) \end{bmatrix}^{\mathrm{T}}$$

分别为状态矢量、状态矢量的一阶导数，输入矢量和输出矢量。上标 T 表示转置运算。

$$\boldsymbol{A} = \begin{bmatrix} a_{11} & a_{12} & \cdots & a_{1n} \\ a_{21} & a_{22} & \cdots & a_{2n} \\ \vdots & \vdots & \ddots & \vdots \\ a_{n1} & a_{n2} & \cdots & a_{nn} \end{bmatrix} \quad \boldsymbol{B} = \begin{bmatrix} b_{11} & b_{12} & \cdots & b_{1p} \\ b_{21} & b_{22} & \cdots & b_{2p} \\ \vdots & \vdots & \ddots & \vdots \\ b_{n1} & b_{n2} & \cdots & b_{np} \end{bmatrix}$$

$$\boldsymbol{C} = \begin{bmatrix} c_{11} & c_{12} & \cdots & c_{1n} \\ c_{21} & c_{22} & \cdots & c_{2n} \\ \vdots & \vdots & \ddots & \vdots \\ c_{q1} & c_{q2} & \cdots & c_{qn} \end{bmatrix} \quad \boldsymbol{D} = \begin{bmatrix} d_{11} & d_{12} & \cdots & d_{1p} \\ d_{21} & d_{22} & \cdots & d_{2p} \\ \vdots & \vdots & \ddots & \vdots \\ d_{q1} & d_{q2} & \cdots & d_{qp} \end{bmatrix}$$

分别为系数矩阵，由系统的参数确定，对线性时不变系统，它们都是常数矩阵；$\boldsymbol{A}$ 为 $n \times n$ 方阵，称为系统矩阵；$\boldsymbol{B}$ 为 $n \times p$ 矩阵，称为控制矩阵；$\boldsymbol{C}$ 为 $q \times n$ 矩阵，称为输出矩阵；$\boldsymbol{D}$ 为 $q \times p$ 的矩阵。且式（7-6）和式（7-7）是线性时不变连续系统状态方程和输出方程的标准形式。

7.2 连续系统状态方程的建立

建立给定系统状态方程的方法大体可分为两类：直接法和间接法。直接法是根据给定的系统结构直接列写系统状态方程，特别适合于电路系统的分析；间接法可根据描述系统的输入-输出方程、系统函数、系统的框图或信号流图等来建立状态方程，常用来研究控制系统。

7.2.1 由电路图直接建立状态方程

为建立电路的状态方程,首先要选择状态变量。因为电容和电感的伏安特性中包含了状态变量的一阶导数,便于用 KCL、KVL 列写状态方程,同时电容电压和电感电流又直接与系统的储能状态相联系。所以,对线性时不变电路,常常选用电容电压和电感电流为状态变量。

对于一个 n 阶系统,选取状态变量的个数应为 n,并且必须保证这 n 个状态变量相互独立。对电路来说,必须保证所选状态变量为独立的电容电压和独立的电感电流,如图 7.3 所示。

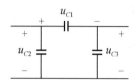
(a) 任选两个电容电压是独立的

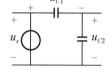
(b) 任选一个电容电压是独立的

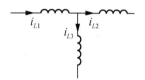
(c) 任选两个电感电流是独立的

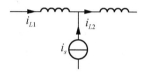
(d) 任选一个电感电流是独立的

图 7.3 非独立的电容电压和电感电流

图 7.3 所示为在电路中可能出现的 4 种非独立电容电压和非独立电感电流的电路结构。图 7.3(a)所示为电路中只含电容的回路;图 7.3(b)所示为电路中只含电容和理想电压源的回路;图 7.3(c)所示为电路中只含电感的节点或割集;图 7.3(d)所示为电路中只含电感和理想电流源的节点或割集。用 KCL 和 KVL 可以明显看出它们的非独立性。当出现上述情况时,任意去掉其中的一个电容电压[图 7.3(a)和图 7.3(b)]或电感电流[图 7.3(c)和图 7.3(d)]就可使得剩下的电容电压和电感电流保证独立性。

建立电路的状态方程,就是要根据电路列出各状态变量的一阶微分方程。在选取独立的电容电压 u_C 和电感电流 i_L 作为状态变量之后,由电容和电感的伏安关系 $i_C = C \dfrac{\mathrm{d}u_C}{\mathrm{d}t}$、$u_L = L \dfrac{\mathrm{d}i_L}{\mathrm{d}t}$ 可知,为使方程中含有状态变量 u_C 的一阶导数 $\dfrac{\mathrm{d}u_C}{\mathrm{d}t}$,可对接有该电容的独立节点列 KCL 电流方程;为使方程中含有状态变量 i_L 的一阶导数 $\dfrac{\mathrm{d}i_L}{\mathrm{d}t}$,可对接有该电感的独立回路列 KVL 电压方程。对列出的方程只保留状态变量和输入激励,设法消去其他中间的变量,经整理即可给出标准的状态方程。对于输出方程,由于它是简单的代数方程,通常可用观察法由电路直接列出。

根据上述分析可以归纳出,由电路图直接列写状态方程和输出方程的步骤如下。

(1) 选电路中所有独立的电容电压和电感电流作为状态变量。

(2) 对接有所选电容的独立节点列出 KCL 电流方程,对含有所选电感的独立回路列写 KVL 电压方程。

(3) 若上一步所列的方程中含有除激励以外的非状态变量,则利用适当的 KCL、KVL 方程将它们消去,然后整理给出标准的状态方程形式。

(4) 用观察法由电路或前面已推导出的一些关系直接列写输出方程,并整理成标准形式。

例 7.1 电路如图 7.4 所示,以电阻 R_1 上的电压 u_{R1} 和电阻 R_2 上的电流 i_{R2} 为输出列写电路的状态方程和输出方程。

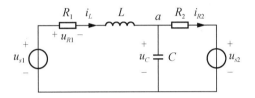

图 7.4 例 7.1 的图

解 选状态变量 $x_1(t)=i_L(t)$ 和 $x_2(t)=u_C(t)$。

对含有电感的左网孔列写 KVL 方程,有

$$L\dot{x}_1(t)+R_1x_1(t)+x_2(t)=u_{s1}(t) \tag{7-8}$$

对接有电容的节点 a 列出 KCL 方程,有

$$C\dot{x}_2(t)+i_{R2}(t)=x_1(t) \tag{7-9}$$

式(7-9)中含有多余变量 $i_{R2}(t)$,设法消去则应列写右网孔的 KVL 方程为

$$Ri_{R2}(t)+u_{s2}(t)-x_2(t)=0$$

于是

$$i_{R2}(t)=\frac{x_2(t)-u_{s2}(t)}{R_2} \tag{7-10}$$

将它代入式(7-9)得

$$C\dot{x}_2(t)+\frac{x_2(t)-u_{s2}(t)}{R_2}=x_1(t) \tag{7-11}$$

将式(7-8)和式(7-11)整理成矩阵形式得

$$\begin{bmatrix}\dot{x}_1(t)\\ \dot{x}_2(t)\end{bmatrix}=\begin{bmatrix}-\dfrac{R_1}{L} & -\dfrac{1}{L}\\ \dfrac{1}{C} & -\dfrac{1}{R_2C}\end{bmatrix}\begin{bmatrix}x_1(t)\\ x_2(t)\end{bmatrix}+\begin{bmatrix}\dfrac{1}{L} & 0\\ 0 & \dfrac{1}{R_2C}\end{bmatrix}\begin{bmatrix}u_{s1}(t)\\ u_{s2}(t)\end{bmatrix} \tag{7-12}$$

从图 7.4 中可见,流过 R_1 上的电流为 $x_1(t)$,故其上电压为

$$u_{R1}(t)=R_1x_1(t)$$

电阻 R_2 上的电流 $i_{R2}(t)$ 已由式(7-10)给出,那么电路的输出方程为

$$\begin{bmatrix}u_{R1}(t)\\ i_{R2}(t)\end{bmatrix}=\begin{bmatrix}R_1 & 0\\ 0 & \dfrac{1}{R_2}\end{bmatrix}\begin{bmatrix}x_1(t)\\ x_2(t)\end{bmatrix}+\begin{bmatrix}0 & 0\\ 0 & -\dfrac{1}{R_2}\end{bmatrix}\begin{bmatrix}u_{s1}(t)\\ u_{s2}(t)\end{bmatrix} \tag{7-13}$$

例 7.2 写出图 7.5 所示电路的状态方程，若以 R_5 上的电压 u_5 和电源电流 i_1 为输出，列写其状态方程和输出方程。

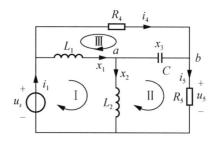

图 7.5 例 7.2 图示

解 选电感电流 i_{L1}、i_{L2} 和电容电压 u_C 为状态变量，并令

$$x_1 = i_{L1}, \quad x_2 = i_{L2}, \quad x_3 = u_C$$

对于接有电容的节点 a，列出电流方程为

$$C\dot{x}_3 = x_1 - x_2 \tag{7-14}$$

选仅包含电感 L_2 的回路 II 和仅包含电感 L_1 的回路 III，列出电压方程为

$$\begin{aligned} L_2 \dot{x}_2 &= x_3 + R_5 i_5 \\ L_1 \dot{x}_1 &= -x_3 + R_4 i_4 \end{aligned} \tag{7-15}$$

式(7-15)中出现非状态变量 i_4、i_5，应设法消去。可以利用除节点 a、回路 II 及回路 III 以外的独立节点电流方程和独立回路电压方程。选 u_s、R_4、R_5 组成的回路，可列出电压方程为

$$u_s = R_4 i_4 + R_5 i_5 \tag{7-16}$$

由节点 b 可列出其节点电流方程为

$$i_5 = i_4 + i_C = i_4 + C\dot{x}_3 \tag{7-17}$$

将式(7-14)代入式(7-17)，可得

$$i_5 = i_4 + x_1 - x_2 \tag{7-18}$$

由式(7-16)和式(7-18)可求解出 i_4 和 i_5 为

$$\left.\begin{aligned} i_4 &= \frac{1}{R_4 + R_5}(u_s - R_5 x_1 + R_5 x_2) \\ i_5 &= \frac{1}{R_4 + R_5}(u_s + R_4 x_1 - R_4 x_2) \end{aligned}\right\} \tag{7-19}$$

将 i_4、i_5 代入式(7-15)后加以整理，所得方程与式(7-14)便是图 7.5 所示电路图的状态方程，其矩阵形式为

$$\begin{bmatrix} \dot{x}_1 \\ \dot{x}_2 \\ \dot{x}_3 \end{bmatrix} = \begin{bmatrix} \dfrac{-R_4 R_5}{L_1(R_4+R_5)} & \dfrac{R_4 R_5}{L_1(R_4+R_5)} & \dfrac{-1}{L_1} \\ \dfrac{R_4 R_5}{L_2(R_4+R_5)} & \dfrac{-R_4 R_5}{L_2(R_4+R_5)} & \dfrac{1}{L_2} \\ \dfrac{1}{C} & -\dfrac{1}{C} & 0 \end{bmatrix} \begin{bmatrix} x_1 \\ x_2 \\ x_3 \end{bmatrix} + \begin{bmatrix} \dfrac{R_4}{L_1(R_4+R_5)} \\ \dfrac{R_5}{L_2(R_4+R_5)} \\ \end{bmatrix} [u_s] \tag{7-20}$$

第7章 系统的状态变量分析

电路的输出,即 R_5 上的电压 u_5 和电源电流 i_1 为

$$y_1 = u_5 = R_5 i_5$$
$$y_2 = i_1 = x_1 + x_4 \tag{7-21}$$

将式(7-19)代入式(7-21),加以整理可得输出方程为

$$\begin{bmatrix} y_1 \\ y_2 \end{bmatrix} = \begin{bmatrix} u_s \\ i_1 \end{bmatrix} = \begin{bmatrix} \dfrac{R_4 R_5}{R_4 + R_5} & \dfrac{-R_4 R_5}{R_4 + R_5} & 0 \\ \dfrac{R_4}{R_4 + R_5} & \dfrac{R_5}{R_4 + R_5} & 0 \end{bmatrix} \begin{bmatrix} x_1 \\ x_2 \\ x_3 \end{bmatrix} + \begin{bmatrix} \dfrac{R_5}{R_4 + R_5} \\ \dfrac{1}{R_4 + R_5} \end{bmatrix} [u_s] \tag{7-22}$$

由此可见,电路的状态方程是一阶微分方程组。当电路结构稍微复杂时,手工列写会很繁杂,此时可借助计算机的相应软件完成编写工作。

7.2.2 由输入-输出方程建立状态方程

输入-输出方程与状态方程是描述系统的两种不同的方法。根据需要,常常要求将这两种描述方式进行转换。由此,需要解决的问题便是:已知系统的外部描述(输入-输出方程、系统函数、模拟框图、信号流图等),如何写出其状态方程及输出方程。根据长期的演算总结,其具体方法如下。

(1) 由系统的输入-输出方程或系统函数,首先画出其信号流图或框图。
(2) 选一阶子系统(积分器)的输出作为状态变量。
(3) 根据每个一阶子系统的输入输出关系列状态方程。
(4) 在系统的输出端列输出方程。

例 7.3 已知某系统的微分方程为 $y''(t) + 3y'(t) + 2y(t) = 2f'(t) + 8f(t)$,试求该系统的状态方程和输出方程。

解 由微分方程不难写出其系统函数为

$$H(s) = \dfrac{2(s+4)}{s^2 + 3s + 2}$$

方法一:根据系统函数可画出直接形式的信号流图,如图 7.6(a)所示。

设状态变量为 $x_1(t)$、$x_2(t)$,则由后一个积分器,有

$$\dot{x}_1 = x_2 \tag{7-23}$$

由前一个积分器,有

$$\dot{x}_2 = -2x_1 - 3x_2 + f \tag{7-24}$$

系统输出端,有

$$y(t) = 8x_1 + 2x_2 \tag{7-25}$$

系统的状态方程为式(7-23)和式(7-24),输出方程为式(7-25)。

方法二:根据系统函数可将其分为两个部分的乘积,即

$$H(s) = \dfrac{2(s+4)}{s^2 + 3s + 2} = \dfrac{s+4}{s+1} \cdot \dfrac{2}{s+2}$$

将它分为两个串联在一起的子系统,信号流图如图 7.6(b)所示。

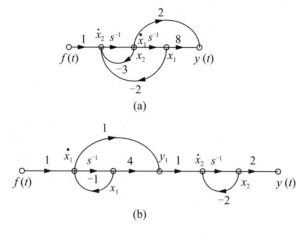

图 7.6　例 7.3 的信号流图

设状态变量为 $x_1(t)$、$x_2(t)$，则

$$\dot{x}_1 = -x_1 + f \tag{7-26}$$

设中间变量 $y_1(t)$ 为

$$y_1 = \dot{x}_1 + 4x_1 = 3x_1 + f$$

那么

$$\dot{x}_2 = y_1 - 2x_2 = 3x_1 - 2x_2 + f \tag{7-27}$$

则系统输出端

$$y(t) = 2x_2 \tag{7-28}$$

观察式(7-26)和式(7-27)，由线性方程组的概念可得状态方程的矩阵形式为

$$\begin{bmatrix} \dot{x}_1 \\ \dot{x}_2 \end{bmatrix} = \begin{bmatrix} -1 & 0 \\ 3 & -2 \end{bmatrix} \begin{bmatrix} x_1 \\ x_2 \end{bmatrix} + \begin{bmatrix} 1 \\ 1 \end{bmatrix} [f] \tag{7-29}$$

式(7-26)和式(7-27)为系统的状态方程，式(7-28)为系统的输出方程。

方法三：根据系统函数可将其分为两个部分的加和，即

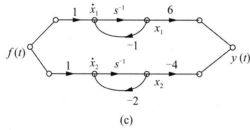

将它分为两个并联在一起的子系统，信号流图如图 7.6(c)所示。

设状态变量为 $x_1(t)$、$x_2(t)$，上面的积分器有

$$\dot{x}_1 = -x_1 + f \tag{7-30}$$

下面的积分器有
$$\dot{x}_2 = -2x_2 + f \tag{7-31}$$
则系统输出端
$$y(t) = 6x_1 - 4x_2 \tag{7-32}$$

式(7-30)和式(7-31)为系统的状态方程，式(7-32)为系统的输出方程。

观察式(7-30)和式(7-31)，由线性方程组的概念可得状态方程的矩阵形式为
$$\begin{bmatrix} \dot{x}_1 \\ \dot{x}_2 \end{bmatrix} = \begin{bmatrix} -1 & 0 \\ 0 & -2 \end{bmatrix} + \begin{bmatrix} 1 \\ 1 \end{bmatrix}[f] \tag{7-33}$$

由方法二中的式(7-29)和式(7-33)比较可知，$H(s)$相同的系统，状态变量的选择并不唯一。状态方程和输出方程随状态变量选取的不同而不同。

例 7.4 某系统框图如图 7.7 所示，状态变量如图标示，试列出其状态方程和输出方程。

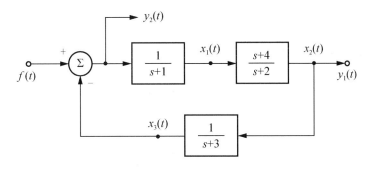

图 7.7 例 7.4 图

解 对 3 个一阶系统有 $\dot{x}_1 + x_1 = y_2$，其中
$$y_2 = f - x_3$$
则有
$$\dot{x}_1 = -x_1 - x_3 + f \tag{7-34}$$
又
$$\dot{x}_2 + 2x_2 = \dot{x}_1 + 4x_1 = 3x_1 - x_3 + f$$
所以得
$$\dot{x}_2 = 3x_1 - 2x_2 - x_3 + f \tag{7-35}$$
再有
$$\dot{x}_3 + 3x_3 = x_2$$
即
$$\dot{x}_3 = x_2 - 3x_3 \tag{7-36}$$
那么，输出方程则为
$$\left.\begin{array}{l} y_1(t) = x_2 \\ y_2(t) = -x_3 + f \end{array}\right\} \tag{7-37}$$

7.2.3 由状态方程列输入-输出方程

前面讲了由输入-输出方程得到状态方程，现在反过来讲由状态方程如何得到输入-输出方程。下面将从例题来入手进行讲解。

例 7.5 已知某系统的动态方程如下，列出描述 $y(t)$ 与 $f(t)$ 之间的微分方程。

$$\dot{x}(t) = \begin{bmatrix} -4 & 1 \\ -3 & 0 \end{bmatrix} x(t) + \begin{bmatrix} 1 \\ 1 \end{bmatrix} [f(t)] \qquad y(t) = \begin{bmatrix} 1 & 0 \end{bmatrix} x(t)$$

解 方法一：由输出方程得

$$y(t) = x_1(t) \tag{7-38}$$

$$y'(t) = x_1'(t) = -4x_1(t) + x_2(t) + f(t) \tag{7-39}$$

$$x_2'(t) = -3x_1(t) + f(t) \tag{7-40}$$

$$\begin{aligned} y''(t) &= -4x_1'(t) + x_2'(t) + f'(t) \\ &= -4[-4x_1(t) + x_2(t) + f(t)] + x_2'(t) + f'(t) \\ &= 13x_1(t) - 4x_2(t) - 3f(t) + f'(t) \end{aligned}$$

$$y'' + ay' + by = (13 - 4a + b)x_1 + (-4 + a)x_2 + f'(t) + (a-3)f(t)$$

$$a = 4, \; b = 3$$

$$y'' + 4y' + 3y = f'(t) + f(t) \tag{7-41}$$

方法二：对方程取拉普拉斯变换，零状态。

$$\dot{x}(t) = \begin{bmatrix} -4 & 1 \\ -3 & 0 \end{bmatrix} x(t) + \begin{bmatrix} 1 \\ 1 \end{bmatrix} [f(t)]$$

$$sX(s) = \begin{bmatrix} -4 & 1 \\ -3 & 0 \end{bmatrix} X(s) + \begin{bmatrix} 1 \\ 1 \end{bmatrix} F(s) \tag{7-42}$$

$$\left(sI - \begin{bmatrix} -4 & 1 \\ -3 & 0 \end{bmatrix} \right) X(s) = \begin{bmatrix} 1 \\ 1 \end{bmatrix} F(s)$$

$$X(s) = \left(sI - \begin{bmatrix} -4 & 1 \\ -3 & 0 \end{bmatrix} \right)^{-1} \begin{bmatrix} 1 \\ 1 \end{bmatrix} F(s) \tag{7-43}$$

$$Y(s) = \begin{bmatrix} 1 & 0 \end{bmatrix} X(s) \tag{7-44}$$

$$Y(s) = \begin{bmatrix} 1 & 0 \end{bmatrix} \left(sI - \begin{bmatrix} -4 & 1 \\ -3 & 0 \end{bmatrix} \right)^{-1} \begin{bmatrix} 1 \\ 1 \end{bmatrix} F(s) \tag{7-45}$$

$$H(s) = \frac{Y(s)}{F(s)} = \begin{bmatrix} 1 & 0 \end{bmatrix} \left(sI - \begin{bmatrix} -4 & 1 \\ -3 & 0 \end{bmatrix} \right)^{-1} \begin{bmatrix} 1 \\ 1 \end{bmatrix} \tag{7-46}$$

因为

$$\left(sI - \begin{bmatrix} -4 & 1 \\ -3 & 0 \end{bmatrix} \right)^{-1} = \begin{bmatrix} s+4 & -1 \\ 3 & s \end{bmatrix}^{-1} = \frac{\begin{bmatrix} s & 1 \\ -3 & s+4 \end{bmatrix}}{s^2 + 4s + 3}$$

$$H(s) = \begin{bmatrix} 1 & 0 \end{bmatrix} \frac{\begin{bmatrix} s & 1 \\ -3 & s+4 \end{bmatrix}}{s^2+4s+3} \begin{bmatrix} 1 \\ 1 \end{bmatrix} = \frac{\begin{bmatrix} s & 1 \end{bmatrix} \begin{bmatrix} 1 \\ 1 \end{bmatrix}}{s^2+4s+3} = \frac{s+1}{s^2+4s+3} \quad (7-47)$$

$$y''+4y'+3y = f'(t)+f(t) \quad (7-48)$$

7.3 连续系统状态方程的求解

对连续系统,状态方程和输出方程的一般形式为

$$\dot{x}(t) = Ax(t) + Bf(t) \quad (7-49)$$
$$y(t) = Cx(t) + Df(t) \quad (7-50)$$

下面对如何求解这些方程进行介绍。

7.3.1 用拉普拉斯变换法求解状态方程

假设有状态矢量 $x(t)$ 的分量 $x_i(t)(i=1,2,\cdots,n)$ 的拉普拉斯变换为 $X_i(s)$,即

$$X_i(s) = L[x_i(t)]$$

由矩阵积分运算的定义可知,n 状态矢量 $x(t)$,p 输入,q 输出矢量的拉普拉斯变换分别为

$$X(t) = L[x(t)] = [L[x_1(t)] \ L[x_2(t)] \ \cdots \ L[x_n(t)]]^T$$
$$F(s) = L[f(t)] = [L[f_1(t)] \ L[f_2(t)] \ \cdots \ L[f_p(t)]]^T$$
$$Y(s) = L[y(t)] = [L[y_1(t)] \ L[y_2(t)] \ \cdots \ L[y_q(t)]]^T$$

由单边拉普拉斯变换的微分性质和线性特性分别有

$$L[\dot{x}(t)] = sX(s) - x(0_-)$$
$$L[Ax(t)] = AX(s)$$

式中,$x(0_-)$ 为初始状态矢量,A 为常数矩阵。那么,此时式(7-49)的单边拉普拉斯变换为

$$sX(s) - x(0_-) = AX(s) + BF(s)$$

移项整理可得

$$(sI-A)X(s) = x(0_-) + BF(s)$$

对上式左乘 $(sI-A)^{-1}$,得

$$X(s) = (sI-A)^{-1}x(0_-) + (sI-A)^{-1}BF(s)$$
$$= \Phi(s)x(0_-) + \Phi(s)BF(s) \quad (7-51)$$

式中

$$\Phi(s) = (sI-A)^{-1} \quad (7-52)$$

这常被称为预解矩阵。对式(7-52)求拉普拉斯逆变换得到状态矢量的解为

$$x(t) = L^{-1}[\Phi(s)x(0_-)] + L^{-1}[\Phi(s)BF(s)] \quad (7-53)$$
$$= x_{zi}(t) + x_{zs}(t)$$

可以看出,状态矢量的零输入解和零状态解为

$$x_{zi}(t) = L^{-1}[\boldsymbol{\Phi}(s)\boldsymbol{x}(0_-)] \tag{7-54}$$

$$x_{zs}(t) = L^{-1}[\boldsymbol{\Phi}(s)\boldsymbol{B}\boldsymbol{F}(s)] \tag{7-55}$$

输出方程(7-50)取拉普拉斯变换得

$$\boldsymbol{Y}(s) = \boldsymbol{C}\boldsymbol{X}(s) + \boldsymbol{D}\boldsymbol{F}(s) \tag{7-56}$$

将式(7-51)代入式(7-56)得

$$\boldsymbol{Y}(s) = \boldsymbol{C}\boldsymbol{\Phi}(s)\boldsymbol{x}(0_-) + [\boldsymbol{C}\boldsymbol{\Phi}(s)\boldsymbol{B} + \boldsymbol{D}]\boldsymbol{F}(s) \tag{7-57}$$

对式(7-57)求拉普拉斯逆变换,可得响应为

$$\boldsymbol{y}(t) = L^{-1}[\boldsymbol{C}\boldsymbol{\Phi}(s)\boldsymbol{x}(0_-)] + L^{-1}\{[\boldsymbol{C}\boldsymbol{\Phi}(s)\boldsymbol{B} + \boldsymbol{D}]\boldsymbol{F}(s)\} \tag{7-58}$$

由式(7-58)看出,第一项为系统的零输入响应矢量 $\boldsymbol{y}_{zi}(t)$,第二项为系统的零状态响应矢量 $\boldsymbol{y}_{zs}(t)$,即

$$\boldsymbol{y}_{zi}(t) = L^{-1}[\boldsymbol{C}\boldsymbol{\Phi}(s)\boldsymbol{x}(0_-)] \tag{7-59}$$

$$\boldsymbol{y}_{zs}(t) = L^{-1}\{[\boldsymbol{C}\boldsymbol{\Phi}(s)\boldsymbol{B} + \boldsymbol{D}]\boldsymbol{F}(s)\} \tag{7-60}$$

7.3.2 系统函数矩阵 $\boldsymbol{H}(s)$ 与系统稳定性的判断

由式(7-57),可得零状态响应为

$$\boldsymbol{Y}_{zs}(s) = [\boldsymbol{C}\boldsymbol{\Phi}(s)\boldsymbol{B} + \boldsymbol{D}]\boldsymbol{F}(s) = \boldsymbol{H}(s)\boldsymbol{F}(s) \tag{7-61}$$

式中

$$\boldsymbol{H}(s) = \boldsymbol{C}\boldsymbol{\Phi}(s)\boldsymbol{B} + \boldsymbol{D} \tag{7-62}$$

$\boldsymbol{H}(s)$ 是一个 $q \times p$ 阶矩阵,常称为系统的函数矩阵或转移函数矩阵。其矩阵形式为

$$\boldsymbol{H}(s) = \begin{bmatrix} H_{11}(s) & H_{12}(s) & \cdots & H_{1p}(s) \\ H_{21}(s) & H_{22}(s) & \cdots & H_{2p}(s) \\ \vdots & \vdots & \ddots & \vdots \\ H_{q1}(s) & H_{q2}(s) & \cdots & H_{qp}(s) \end{bmatrix} \tag{7-63}$$

系统函数矩阵中第 i 行第 j 列的元素

$$H_{ij}(s) = \frac{\text{由第 } j \text{ 个输入所引起的第 } i \text{ 个输出 } Y_i(s) \text{ 的响应分量}}{\text{第 } j \text{ 个输入 } F_j(s)}$$

称为第 i 个输出相对于第 j 个输入的转移函数。

因为

$$\boldsymbol{\Phi}(s) = (s\boldsymbol{I} - \boldsymbol{A})^{-1} = \frac{\text{adj}(s\boldsymbol{I} - \boldsymbol{A})}{\det(s\boldsymbol{I} - \boldsymbol{A})}$$

代入式(7-62),得

$$\boldsymbol{H}(s) = \frac{\boldsymbol{C}\text{adj}(s\boldsymbol{I} - \boldsymbol{A})\boldsymbol{B} + \boldsymbol{D}\det(s\boldsymbol{I} - \boldsymbol{A})}{\det(s\boldsymbol{I} - \boldsymbol{A})}$$

可知,系统的特征多项式即为 $\det(s\boldsymbol{I} - \boldsymbol{A})$,所以 $\boldsymbol{H}(s)$ 的极点就是特征方程

$$\det(s\boldsymbol{I} - \boldsymbol{A}) = 0 \tag{7-64}$$

的根,即系统的特征根。其中 adj 表示伴随矩阵,det 表示行列式。判断特征根是否在左半平面可以判断因果系统是否稳定,就是说系统是否稳定只与状态方程中的系统矩阵 $\boldsymbol{A}$ 有关。

第7章 系统的状态变量分析

例 7.6 已知线性时不变系统的状态方程和输出方程为

$$\begin{bmatrix} \dot{x}_1(t) \\ \dot{x}_2(t) \end{bmatrix} = \begin{bmatrix} -1 & 2 \\ -1 & -4 \end{bmatrix} \begin{bmatrix} x_1(t) \\ x_2(t) \end{bmatrix} + \begin{bmatrix} 0 \\ 1 \end{bmatrix} [f(t)]$$

$$[y(t)] = \begin{bmatrix} 1 & 1 \end{bmatrix} \begin{bmatrix} x_1 \\ x_2 \end{bmatrix} + [1][f(t)]$$

初始状态 $x_1(0_-)=3$,$x_2(0_-)=2$,输入 $f(t)=\delta(t)$。试求系统的状态变量和输出,并且判断该系统是否稳定。

解 先求系统的状态变量和输出。

矩阵

$$(s\boldsymbol{I}-\boldsymbol{A}) = s\begin{bmatrix} 1 & 0 \\ 0 & 1 \end{bmatrix} - \begin{bmatrix} -1 & 2 \\ -1 & -4 \end{bmatrix} = \begin{bmatrix} s+1 & -2 \\ 1 & s+4 \end{bmatrix}$$

预解矩阵

$$\boldsymbol{\Phi}(s) = (s\boldsymbol{I}-\boldsymbol{A})^{-1} = \frac{\mathrm{adj}(s\boldsymbol{I}-\boldsymbol{A})}{\det(s\boldsymbol{I}-\boldsymbol{A})}$$

$$= \frac{1}{(s+2)(s+3)} \begin{bmatrix} s+4 & 2 \\ -1 & s+1 \end{bmatrix}$$

上式代入式(7-51),得

$$\boldsymbol{X}(s) = \boldsymbol{\Phi}(s)[\boldsymbol{x}(0_-) + \boldsymbol{B}F(s)]$$

$$= \frac{1}{(s+2)(s+3)} \begin{bmatrix} s+4 & 2 \\ -1 & s+1 \end{bmatrix} \left(\begin{bmatrix} 3 \\ 2 \end{bmatrix} + \begin{bmatrix} 0 \\ 1 \end{bmatrix}[1] \right)$$

$$= \frac{1}{(s+2)(s+3)} \begin{bmatrix} s+4 & 2 \\ -1 & s+1 \end{bmatrix} \begin{bmatrix} 3 \\ 3 \end{bmatrix}$$

$$= \begin{bmatrix} \dfrac{3(s+6)}{(s+2)(s+3)} \\ \dfrac{3s}{(s+2)(s+3)} \end{bmatrix} = \begin{bmatrix} \dfrac{12}{s+2} - \dfrac{9}{s+3} \\ \dfrac{9}{s+3} - \dfrac{6}{s+2} \end{bmatrix}$$

求逆变换可得

$$x(t) = \begin{bmatrix} 12\mathrm{e}^{-2t} - 9\mathrm{e}^{-3t} \\ 9\mathrm{e}^{-3t} - 6\mathrm{e}^{-2t} \end{bmatrix} \varepsilon(t)$$

直接将状态矢量代入输出方程即可求得系统的输出:

$$y(t) = \begin{bmatrix} 1 & 1 \end{bmatrix} \boldsymbol{x}(t) + f(t)$$

$$= \begin{bmatrix} 1 & 1 \end{bmatrix} \begin{bmatrix} 12\mathrm{e}^{-2t} - 9\mathrm{e}^{-3t} \\ 9\mathrm{e}^{-3t} - 6\mathrm{e}^{-2t} \end{bmatrix} \boldsymbol{\varepsilon}(t) + \boldsymbol{\delta}(t)$$

$$= \boldsymbol{\delta}(t) + 6\mathrm{e}^{-2t}\boldsymbol{\varepsilon}(t)$$

再判断该系统的稳定性。

系统函数 $H(s)$ 的极点就是 $|s\boldsymbol{I}-\boldsymbol{A}|=0$ 的根。因为 $|s\boldsymbol{I}-\boldsymbol{A}|=(s+2)(s+3)$,所以 $H(s)$ 的根为 -2、-3。由此可知系统函数 $H(s)$ 的特征根都在左半平面内,故而该系统稳定。

例 7.7 已知系统的状态方程与输出方程分别为

$$\dot{x}(t) = \begin{bmatrix} -1 & 0 \\ 1 & 0 \end{bmatrix} x(t) + \begin{bmatrix} 1 \\ 0 \end{bmatrix} f(t)$$

$$y(t) = \begin{bmatrix} 1 & 0 \\ 0 & 1 \end{bmatrix} x(t) + \begin{bmatrix} 6 \\ 0 \end{bmatrix} f(t)$$

并知

$$x(0) = \begin{bmatrix} 6 \\ 6 \end{bmatrix}, \quad f(t) = e^{2t} \varepsilon(t)$$

求系统的输出 $y(t)$。

解 (1) 求 $\Phi(s)$，$F(s)$。

$$\Phi(s) = [sI - A]^{-1} = \begin{bmatrix} s+1 & 0 \\ -1 & s \end{bmatrix}^{-1} = \frac{1}{s(s+1)} \begin{bmatrix} s & 0 \\ 1 & s+1 \end{bmatrix} = \begin{bmatrix} \dfrac{1}{s+1} & 0 \\ \dfrac{1}{s(s+1)} & \dfrac{1}{s} \end{bmatrix}$$

$$F(s) = \frac{1}{s-2}$$

(2) 计算 $X(s)$。

$$X(s) = \Phi(s)x(0) + \Phi(s)BF(s)$$

$$= \begin{bmatrix} \dfrac{1}{s+1} & 0 \\ \dfrac{1}{s(s+1)} & \dfrac{1}{s} \end{bmatrix} \begin{bmatrix} 6 \\ 6 \end{bmatrix} + \begin{bmatrix} \dfrac{1}{s+1} & 0 \\ \dfrac{1}{s(s+1)} & \dfrac{1}{s} \end{bmatrix} \begin{bmatrix} 6 \\ 0 \end{bmatrix} \dfrac{1}{s-2} = \begin{bmatrix} \dfrac{6(s-1)}{(s+1)(s-2)} \\ \dfrac{6(s^2-3)}{s(s+1)(s-2)} \end{bmatrix}$$

(3) 计算 $F(s)$。

$$Y(s) = CX(s) + DF(s)$$

$$= \begin{bmatrix} 1 & 0 \\ 0 & 1 \end{bmatrix} \begin{bmatrix} \dfrac{6(s-1)}{(s+1)(s-2)} \\ \dfrac{6(s^2-3)}{s(s+1)(s-2)} \end{bmatrix} + \begin{bmatrix} 6 \\ 0 \end{bmatrix} \dfrac{1}{s-2} = \begin{bmatrix} \dfrac{12s}{(s+1)(s-2)} \\ \dfrac{6(s^2-3)}{s(s+1)(s-2)} \end{bmatrix}$$

(4) 取拉普拉斯逆变换，算得

$$y(t) = \begin{bmatrix} 4e^{-t} + 8e^{2t} \\ 9 - 4e^{-t} + e^{2t} \end{bmatrix} \varepsilon(t)$$

例 7.8 描述某因果系统的状态方程为

$$\dot{x}(t) = \begin{bmatrix} 0 & 1 \\ -K & -1 \end{bmatrix} x(t) + \begin{bmatrix} 1 & 2 \\ 4 & 5 \end{bmatrix} f(t)$$

求常数 K 在什么范围内取值系统是稳定的。

解 系统的特征多项式为

$$\det(sI - A) = \det \begin{bmatrix} s & -1 \\ K & s+1 \end{bmatrix} = s^2 + s + K$$

特征根为

$$s_{1,2}=-\frac{1}{2}\pm\frac{1}{2}\sqrt{1-4K}$$

若要使系统的特征根都在 s 平面的左半平面内，则有

$$1-4K<1$$

解得 $K>0$，即当 $K>0$ 时系统为稳定的。

7.3.3 用时域法求解状态方程

矩阵指数函数 e^{At} 的定义为

$$e^{At}=I+At+\frac{1}{2!}A^2t^2+\cdots+\frac{1}{i!}A^it^i+\cdots=\sum_{i=0}^{\infty}\frac{1}{i!}A^it^i \tag{7-65}$$

其主要性质有以下几点。

(1) $$e^{At}e^{-At}=I \tag{7-66}$$

(2) $$e^{-At}=(e^{At})^{-1} \tag{7-67}$$

(3) $$\frac{d}{dt}e^{At}=Ae^{At}=e^{At}A \tag{7-68}$$

(4) $$\frac{d}{dt}[e^{-At}x(t)]=-e^{-At}Ax(t)+e^{-At}\dot{x}(t) \tag{7-69}$$

以上各式中 A 为 $n\times n$ 的方阵，e^{At} 也是一个 $n\times n$ 的方阵。

起始状态矢量为 $x(0_-)$，在 $t=0$ 接入激励的因果系统，给状态方程式(7-49)两边左乘 e^{-At}，移项得

$$e^{-At}\dot{x}(t)-e^{-At}Ax(t)=e^{-At}Bf(t)$$

根据式(7-69)的性质有

$$\frac{d}{dt}[e^{-At}x(t)]=e^{-At}Bf(t)$$

对两边从 0_- 到 t 积分，得

$$e^{-At}x(t)-x(0_-)=\int_{0_-}^{t}e^{-A\tau}Bf(\tau)d\tau$$

再对上式左乘 e^{At}，利用式(7-66)，移项得

$$x(t)=e^{At}x(0_-)+\int_{0_-}^{t}e^{A(t-\tau)}Bf(\tau)d\tau,\ t\geqslant 0 \tag{7-70}$$

$$=x_{zi}(t)+x_{zs}(t)$$

容易看出，式中

$$x_{zi}(t)=e^{At}x(0_-) \tag{7-71}$$

$$x_{zs}(t)=\int_{0_-}^{t}e^{A(t-\tau)}Bf(\tau)d\tau \tag{7-72}$$

它们分别为状态矢量的零输入解和零状态解。矩阵指数函数 e^{At} 在求解中至关重要，所以常常将其称为状态转移矩阵，用 $\varphi(t)$ 表示。那么有预解矩阵 $\Phi(s)$ 与状态转移矩阵 $\varphi(t)$ 是拉普拉斯变换对，即

$$\varphi(t)=e^{At}\leftrightarrow\Phi(s)=(sI-A)^{-1} \tag{7-73}$$

根据两个函数矩阵的卷积积分可以将矩阵矢量的解写为

$$x(t) = \varphi(t)x(0_-) + [\varphi(t)B\varepsilon(t)] * f(t) \qquad (7-74)$$

式中，$\varepsilon(t)$ 为标量函数。

将式(7-74)代入输出方程式(7-50)，得

$$y(t) = C\varphi(t)x(0_-) + [C\varphi(t)B\varepsilon(t)] * f(t) + Df(t) \qquad (7-75)$$
$$= y_{zi}(t) + y_{zs}(t)$$

式中

$$y_{zi}(t) = C\varphi(t)x(0_-) \qquad (7-76)$$
$$y_{zs}(t) = [C\varphi(t)B\varepsilon(t)] * f(t) + Df(t) \qquad (7-77)$$

式(7-76)及式(7-77)分别为系统的零输入响应矢量和零状态响应矢量。

因为 $Df(t) = [D\delta(t)] * f(t)$，$\delta(t)$ 为标量矢量，则式(7-77)进一步写为

$$y_{zs}(t) = [C\varphi(t)B\varepsilon(t) + D\delta(t)] * f(t) \qquad (7-78)$$
$$= h(t) * f(t)$$

式中，$h(t)$ 是一个 $q \times p$ 阶矩阵，称为冲激响应矩阵，其矩阵形式为

$$h(t) = \begin{bmatrix} h_{11}(t) & h_{12}(t) & \cdots & h_{1p}(t) \\ h_{21}(t) & h_{22}(t) & \cdots & h_{2p}(t) \\ \vdots & \vdots & \ddots & \vdots \\ h_{q1}(t) & h_{q2}(t) & \cdots & h_{qp}(t) \end{bmatrix} \qquad (7-79)$$

冲激响应矩阵的意义是：第 i 行第 j 列的元素 $h_{ij}(t)$ 是当第 j 个输入 $f_j(t) = \delta(t)$，而其余输入分量均为零时，所引起第 i 个输出 $y_i(t)$ 的零状态响应。观察式(7-78)和式(7-61)可知，$h(t)$ 与 $H(s)$ 是拉普拉斯变换对。

根据以上的分析可知，无论是状态方程的解还是输出方程的解都可分解为两部分。一部分是零输入解，由初始状态 $x(0_-)$ 引起；另一部分为零状态解，由激励 $f(t)$ 引起。而这两部分的变化规律都与状态转移矩阵 $\varphi(t) = e^{At}$ 有关，因此可说 $\varphi(t)$ 体现了系统变化的实质，也是求解状态方程和输出方程的关键。下面介绍时域法中最常用的方法——"多项式法"。其基本思路是依据凯莱-哈密顿定理将 e^{At} 定义式(7-65)中的无穷项和转化为有限项之和。

凯莱-哈密顿定理指出，对于 n 阶方阵 A，当 $i \geqslant n$ 时，有

$$A^i = b_0 I + b_1 A + b_2 A^2 + \cdots + b_{n-1} A^{n-1} \qquad (7-80)$$

即对于 A 高于或等于 n 的幂指数可用 A^{n-1} 以下幂次的各项线性组合表示。于是将 e^{At} 定义式(7-65)中高于或等于 n 次的各项幂指数全部用 A^{n-1} 以下幂次的各项幂指数的线性组合表示，经整理后即可将 e^{At} 转化为有限项之和

$$e^{At} = \alpha_0 I + \alpha_1 A + \alpha_2 A^2 + \cdots + \alpha_{n-1} A^{n-1} \qquad (7-81)$$

注意，式(7-81)中系数 $\alpha_j(j=0,1,2,\cdots,n-1)$ 均为时间 t 的函数，此处为简便将 t 省略了。

由凯莱-哈密顿定理还可以得出：如果将方阵 A 的特征根 $\lambda_i(i=1,2,\cdots,n)$，即 A 的特征多项式 $\det(\lambda I - A) = 0$ 的根替代式(7-81)中的矩阵 A，方程仍成立，即

$$e^{\lambda_i t} = \alpha_0 + \alpha_1 \lambda_i + \alpha_2 \lambda_i^2 + \cdots + \alpha_{n-1} \lambda_i^{n-1} \qquad (7-82)$$

如果 A 的某个特征根(如 λ_1)为 r 重根，对此特征根则必须有 r 个方程

$$\begin{rcases}\alpha_0+\alpha_1\lambda_1+\alpha_2\lambda_1^2+\cdots+\alpha_{n-1}\lambda_1^{n-1}=e^{\lambda_1 t}\\ \frac{d}{d\lambda_1}[\alpha_0+\alpha_1\lambda_1+\alpha_2\lambda_1^2+\cdots+\alpha_{n-1}\lambda_1^{n-1}]=\frac{d}{d\lambda_1}[e^{\lambda_1 t}]\\ \frac{d^2}{d\lambda_1^2}[\alpha_0+\alpha_1\lambda_1+\alpha_2\lambda_1^2+\cdots+\alpha_{n-1}\lambda_1^{n-1}]=\frac{d^2}{d\lambda_1^2}[e^{\lambda_1 t}]\\ \vdots\\ \frac{d^{n-1}}{d\lambda_1^{n-1}}[\alpha_0+\alpha_1\lambda_1+\alpha_2\lambda_1^2+\cdots+\alpha_{n-1}\lambda_1^{n-1}]=\frac{d^{n-1}}{d\lambda_1^{n-1}}[e^{\lambda_1 t}]\end{rcases} \quad (7-83)$$

可以如式(7-83)建立 n 个含有待定函数 $\alpha_j(j=0,1,2,\cdots,n-1)$ 的方程组,联立求解该方程组即可求出待定函数 α_j。将它们代入式(7-81)即可求得 $\varphi(t)$。

例 7.9 有矩阵

$$\boldsymbol{A}=\begin{bmatrix}1 & 0 & 0\\ 0 & 1 & 0\\ 0 & 1 & 2\end{bmatrix}$$

【线性时不变连续系统与离散系统比较】

求状态转移矩阵 $\boldsymbol{\varphi}(t)=e^{\boldsymbol{A}t}$。

解 由于 $\boldsymbol{A}$ 为3阶方阵,故矩阵函数 $e^{\boldsymbol{A}t}$ 可表示为 $\boldsymbol{A}$ 的二次多项式,即

$$e^{\boldsymbol{A}t}=\alpha_0\boldsymbol{I}+\alpha_1\boldsymbol{A}+\alpha_2\boldsymbol{A}^2 \quad (7-84)$$

列出 $\boldsymbol{A}$ 的特征方程为

$$\det(\lambda\boldsymbol{I}-\boldsymbol{A})=\det\begin{bmatrix}\lambda-1 & 0 & 0\\ 0 & \lambda-1 & 0\\ 0 & -1 & \lambda-2\end{bmatrix}=(\lambda-1)^2(\lambda-2)=0$$

特征根为 $\lambda_1=1$(二重根)、$\lambda_2=2$。

对于二重根 λ_1,有

$$\alpha_0+\alpha_1\lambda_1+\alpha_2\lambda_1^2=e^{\lambda_1 t} \quad (7-85)$$

$$\frac{d}{d\lambda_1}[\alpha_0+\alpha_1\lambda_1+\alpha_2\lambda_1^2]=\frac{d}{d\lambda_1}[e^{\lambda_1 t}]$$

即

$$\alpha_1+2\alpha_2\lambda_1=te^{\lambda_1 t} \quad (7-86)$$

对于单根 λ_2,有

$$\alpha_0+\alpha_1\lambda_2+\alpha_2\lambda_2^2=e^{\lambda_2 t} \quad (7-87)$$

代入 $\lambda_1=1$、$\lambda_2=2$,可得

$$\alpha_0+\alpha_1+\alpha_2=e^t$$
$$\alpha_1+2\alpha_2=te^t$$
$$\alpha_0+2\alpha_1+4\alpha_2=e^{2t}$$

解得

$$\alpha_0=-2te^t+e^{2t}$$
$$\alpha_1=2e^t+3te^t-2e^{2t}$$
$$\alpha_2=-e^t-te^t+e^{2t}$$

由此可得

$$e^{At} = (-2te^t + e^{2t})\begin{bmatrix} 1 & 0 & 0 \\ 0 & 1 & 0 \\ 0 & 0 & 1 \end{bmatrix} + (2e^t + 3te^t - 2e^{2t})\begin{bmatrix} 1 & 0 & 0 \\ 0 & 1 & 0 \\ 0 & 1 & 2 \end{bmatrix}$$

$$+ (-e^t - te^t + e^{2t})\begin{bmatrix} 1 & 0 & 0 \\ 0 & 1 & 0 \\ 0 & 1 & 2 \end{bmatrix}^2$$

$$= \begin{bmatrix} e^t & 0 & 0 \\ 0 & e^t & 0 \\ 0 & e^{2t} - e^t & e^{2t} \end{bmatrix}$$

例 7.10 描述线性时不变系统的状态方程和输出方程为

$$\begin{bmatrix} \dot{x}_1(t) \\ \dot{x}_2(t) \end{bmatrix} = \begin{bmatrix} -1 & 2 \\ -1 & 4 \end{bmatrix}\begin{bmatrix} x_1(t) \\ x_2(t) \end{bmatrix} + \begin{bmatrix} 0 \\ 1 \end{bmatrix}[f(t)]$$

$$[y(t)] = \begin{bmatrix} 1 & 1 \end{bmatrix}\begin{bmatrix} x_1 \\ x_2 \end{bmatrix} + [1][f(t)]$$

初始状态为 $x_1(0_-) = 3$，$x_2(0_-) = 2$，输入 $f(t) = \delta(t)$。试用时域法求方程的解和系统的输出。

解 （1）求方程转移矩阵 $\boldsymbol{\varphi}(t)$。

系统矩阵

$$\boldsymbol{A} = \begin{bmatrix} -1 & 2 \\ -1 & -4 \end{bmatrix}$$

系统的特征方程为

$$\det(\lambda \boldsymbol{I} - \boldsymbol{A}) = \det\begin{bmatrix} \lambda + 1 & -2 \\ 1 & \lambda + 4 \end{bmatrix} = (\lambda + 2)(\lambda + 3) = 0$$

得特征根为 $\lambda_1 = -2$，$\lambda_2 = -3$。状态转移矩阵可写为

$$\boldsymbol{\varphi}(t) = e^{At} = \alpha_0 \boldsymbol{I} + \alpha_1 \boldsymbol{A}$$

于是

$$\alpha_0 + \alpha_1 \lambda_1 = e^{\lambda_1 t}$$
$$\alpha_0 + \alpha_1 \lambda_2 = e^{\lambda_2 t}$$

代入特征值得

$$\alpha_0 - 2\alpha_1 = e^{-2t}$$
$$\alpha_0 - 3\alpha_1 = e^{-3t}$$

解得

$$\alpha_0 = 3e^{-2t} - 2e^{-3t}$$
$$\alpha_1 = e^{-2t} - e^{-3t}$$

于是

$$\varphi(t) = e^{At} = \alpha_0 \boldsymbol{I} + \alpha_1 \boldsymbol{A}$$

$$= (3e^{-2t} - 2e^{-3t})\begin{bmatrix} 1 & 0 \\ 0 & 1 \end{bmatrix} + (e^{-2t} - e^{-3t})\begin{bmatrix} -1 & 2 \\ -1 & -4 \end{bmatrix}$$

$$= \begin{bmatrix} 2e^{-2t} - e^{-3t} & 2e^{-2t} - 2e^{-3t} \\ -e^{-2t} + e^{-3t} & -e^{-2t} + 2e^{-3t} \end{bmatrix}$$

(2) 求状态方程的解。

由于
$$x(t) = \boldsymbol{\varphi}(t)\boldsymbol{x}(0_-) + [\boldsymbol{\varphi}(t)\boldsymbol{B}\varepsilon(t)] * \boldsymbol{f}(t)$$

将有关矩阵代入得

$$\boldsymbol{x}(t) = \begin{bmatrix} 2e^{-2t} - e^{-3t} & 2e^{-2t} - 2e^{-3t} \\ -e^{-2t} + e^{-3t} & -e^{-2t} + 2e^{-3t} \end{bmatrix} \begin{bmatrix} 3 \\ 2 \end{bmatrix} + \left\{ \begin{bmatrix} 2e^{-2t} - e^{-3t} & 2e^{-2t} - 2e^{-3t} \\ -e^{-2t} + e^{-3t} & -e^{-2t} + 2e^{-3t} \end{bmatrix} \begin{bmatrix} 0 \\ 1 \end{bmatrix} \varepsilon(t) \right\} * \boldsymbol{\delta}(t)$$

$$= \begin{bmatrix} 10e^{-2t} - 7e^{-3t} \\ -5e^{-2t} + 7e^{-3t} \end{bmatrix} + \begin{bmatrix} 2e^{-2t} - 2e^{-3t} \\ -e^{-2t} + 2e^{-3t} \end{bmatrix} \varepsilon(t)$$

$$= \begin{bmatrix} 12e^{-2t} - 9e^{-3t} \\ -6e^{-2t} + 9e^{-3t} \end{bmatrix}, \quad t \geq 0$$

由上式可得状态变量的零输入解和零状态解为

$$\boldsymbol{x}_{zi}(t) = \begin{bmatrix} 10e^{-2t} - 7e^{-3t} \\ -5e^{-2t} + 7e^{-3t} \end{bmatrix}, \quad t \geq 0$$

$$\boldsymbol{x}_{zs}(t) = \begin{bmatrix} 2e^{-2t} - 2e^{-3t} \\ -e^{-2t} + 2e^{-3t} \end{bmatrix}, \quad t \geq 0$$

(3) 求输出。

将 $\boldsymbol{x}(t)$ 和 $\boldsymbol{y}(t)$ 代入输出方程，得全响应为

$$\boldsymbol{y}(t) = [1 \quad 1]\boldsymbol{x}(t) + \boldsymbol{f}(t) = [1 \quad 1] \begin{bmatrix} 12e^{-2t} - 9e^{-3t} \\ -6e^{-2t} + 9e^{-3t} \end{bmatrix} + \boldsymbol{\delta}(t)$$

$$= \boldsymbol{\delta}(t) + 6e^{-2t}, \quad t \geq 0$$

例 7.11 已知系统在零输入条件下的状态方程为

$$\boldsymbol{\lambda}(t) = e^{\boldsymbol{A}t}\boldsymbol{\lambda}(0_-)$$

当 $\boldsymbol{\lambda}(0_-) = \begin{bmatrix} 2 \\ 1 \end{bmatrix}$ 时，$\boldsymbol{\lambda}(t) = \begin{bmatrix} 2e^{-t} \\ e^{-t} \end{bmatrix} u(t)$；当 $\boldsymbol{\lambda}(0_-) = \begin{bmatrix} 1 \\ 1 \end{bmatrix}$ 时，$\boldsymbol{\lambda}(t) = \begin{bmatrix} e^{-t} + 2te^{-t} \\ e^{-t} + te^{-t} \end{bmatrix} u(t)$，求 $e^{\boldsymbol{A}t}$ 和 $\boldsymbol{A}$。

解 因为 $\boldsymbol{\lambda}(t) = e^{\boldsymbol{A}t}\boldsymbol{\lambda}(0_-)$，所以有

$$\begin{bmatrix} 2e^{-t} \\ e^{-t} \end{bmatrix} = e^{\boldsymbol{A}t} \begin{bmatrix} 2 \\ 1 \end{bmatrix}, \quad \begin{bmatrix} e^{-t} + 2te^{-t} \\ e^{-t} + te^{-t} \end{bmatrix} = e^{\boldsymbol{A}t} \begin{bmatrix} 1 \\ 1 \end{bmatrix}$$

将上述两式合并写在一起有

$$\begin{bmatrix} 2e^{-t} & e^{-t} + 2te^{-t} \\ e^{-t} & e^{-t} + te^{-t} \end{bmatrix} = e^{\boldsymbol{A}t} \begin{bmatrix} 2 & 1 \\ 1 & 1 \end{bmatrix}$$

这样

$$e^{\boldsymbol{A}t} = \begin{bmatrix} 2e^{-t} & e^{-t} + 2te^{-t} \\ e^{-t} & e^{-t} + te^{-t} \end{bmatrix} \begin{bmatrix} 2 & 1 \\ 1 & 1 \end{bmatrix}^{-1} = \begin{bmatrix} e^{-t} - 2te^{-t} & 4te^{-t} \\ -te^{-t} & e^{-t} + 2te^{-t} \end{bmatrix}$$

求矩阵 $\boldsymbol{A}$ 可采用时域法，因为

$$\frac{d}{dt} e^{\boldsymbol{A}t} \Big|_{t=0} = \boldsymbol{A} e^{\boldsymbol{A}t} \Big|_{t=0} = \boldsymbol{A}$$

所以

$$A = \frac{d}{dt} e^{At} \Big|_{t=0} = \begin{bmatrix} -e^{-t} - 2e^{-t} + 2te^{-t} & -4te^{-t} + 4e^{-t} \\ te^{-t} - e^{-t} & -e^{-t} + 2e^{-t} - 2te^{-t} \end{bmatrix} \Big|_{t=0} = \begin{bmatrix} -3 & 4 \\ -1 & 1 \end{bmatrix}$$

例 7.12 已知系统的状态方程与输出方程分别为

$$\dot{x}(t) = \begin{bmatrix} -2 & 1 \\ 0 & -1 \end{bmatrix} x(t) + \begin{bmatrix} 1 \\ 0 \end{bmatrix} f(t)$$

$$y(t) = \begin{bmatrix} 1 & 0 \end{bmatrix} x(t)$$

并知

$$x(0) = \begin{bmatrix} 2 \\ 2 \end{bmatrix}, \quad f(t) = 2\varepsilon(t)$$

求系统的输出 $y(t)$。

解 (1) 求系统特征根。

$$\det[\lambda I - A] = \begin{vmatrix} \lambda + 2 & -1 \\ 0 & \lambda + 1 \end{vmatrix} = 0$$

解得

$$\lambda_1 = -1, \quad \lambda_2 = -2$$

(2) 求状态转移矩阵 e^{At}。

状态转移阵可写为

$$\varphi(t) = e^{At} = \alpha_0 I + \alpha_1 A$$

方程组为

$$\left. \begin{aligned} e^{-t} &= \alpha_0 - \alpha_1 \\ e^{-2t} &= \alpha_0 - 2\alpha_1 \end{aligned} \right\}$$

解得

$$\begin{cases} \alpha_0 = 2e^{-t} - e^{-2t} \\ \alpha_1 = e^{-t} - e^{-2t} \end{cases}$$

故得

$$e^{At} = \alpha_0 I + \alpha_1 A$$

$$= (2e^{-t} - e^{-2t}) \begin{bmatrix} 1 & 0 \\ 0 & 1 \end{bmatrix} + (e^{-t} - e^{-2t}) \begin{bmatrix} -2 & 1 \\ 0 & -1 \end{bmatrix}$$

$$= \begin{bmatrix} e^{-2t} & e^{-t} - e^{-2t} \\ 0 & e^{-t} \end{bmatrix}$$

(3) 计算状态矢量。

$$x(t) = \varphi(t) x(0) + \varphi(t) B * f(t)$$

$$= \begin{bmatrix} e^{-2t} & e^{-t} - e^{-2t} \\ 0 & e^{-t} \end{bmatrix} \begin{bmatrix} 2 \\ 2 \end{bmatrix} + \begin{bmatrix} e^{-2t} & e^{-t} - e^{-2t} \\ 0 & e^{-t} \end{bmatrix} \begin{bmatrix} 1 \\ 0 \end{bmatrix} * 2\varepsilon(t)$$

$$= \begin{bmatrix} 2e^{-t} \\ 2e^{-t} \end{bmatrix} + \begin{bmatrix} e^{-2t} \\ 0 \end{bmatrix} * 2\varepsilon(t) = \begin{bmatrix} 1 + e^{-t} - e^{-2t} \\ e^{-t} \end{bmatrix}$$

(4) 计算输出 $y(t)$。

第7章 系统的状态变量分析

解 考虑本问题 $\boldsymbol{C}=[1\ 0]$，$\boldsymbol{D}=0$，所以系统输出为

$$y(t)=[1\ \ 0]\begin{bmatrix}1+e^{-t}-e^{-2t}\\ e^{-t}\end{bmatrix}$$

$$=(1+e^{-t}-e^{-2t})\varepsilon(t)$$

小　结

本章首先介绍了系统的状态变量和状态方程的基本概念，然后讨论了连续系统状态方程的建立方法，最后给出了求解连续系统状态方程的方法。

习　题　七

7.1 已知描述系统输入 $f(t)$、输出 $y(t)$ 的微分方程为

$$a\frac{\mathrm{d}^3 y(t)}{\mathrm{d}t^3}+b\frac{\mathrm{d}^2 y(t)}{\mathrm{d}t^2}+c\frac{\mathrm{d}y(t)}{\mathrm{d}t}+dy(t)=f(t)$$

式中，a、b、c、d 均为常量。选状态变量为

$$x_1(t)=ay(t),\quad x_2(t)=a\frac{\mathrm{d}y(t)}{\mathrm{d}t}+by(t),\quad x_3(t)=a\frac{\mathrm{d}^2 y(t)}{\mathrm{d}t^2}+b\frac{\mathrm{d}y(t)}{\mathrm{d}t}+cy(t)$$

(1) 试列出该系统的状态方程和输出方程。

(2) 画出该系统的模拟框图，并标出状态变量。

7.2 图 7.8 所示的复合系统由两个线性时不变子系统 S_a 和 S_b 组成。其状态方程和输出方程分别如下。

对于子系统 S_a

$$\begin{bmatrix}\dot{x}_{a1}\\ \dot{x}_{a2}\end{bmatrix}=\begin{bmatrix}1 & -2\\ 2 & 1\end{bmatrix}\begin{bmatrix}x_{a1}\\ x_{a2}\end{bmatrix}+\begin{bmatrix}1\\ 0\end{bmatrix}f_1(t),\quad y_1(t)=[1\ \ -1]\begin{bmatrix}x_{a1}\\ x_{a2}\end{bmatrix}$$

对于子系统 S_b

$$\begin{bmatrix}\dot{x}_{b1}\\ \dot{x}_{b2}\end{bmatrix}=\begin{bmatrix}2 & -1\\ -2 & 1\end{bmatrix}\begin{bmatrix}x_{b1}\\ x_{b2}\end{bmatrix}+\begin{bmatrix}2\\ 0\end{bmatrix}f_2(t),\quad y_2(t)=[0\ \ -1]\begin{bmatrix}x_{b1}\\ x_{b2}\end{bmatrix}$$

(1) 写出复合系统的状态方程和输出方程的矩阵形式。

(2) 画出复合系统的信号流图，标出状态变量 x_{a1}、x_{a2}、x_{b1}、x_{b2}，并求复合系统的系统函数 $H(s)$。

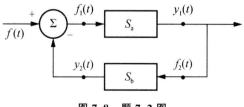

图 7.8　题 7.2 图

7.3 图7.9所示为连续系统的框图。

(1) 写出以 x_1、x_2 为状态变量的状态方程和输出方程。

(2) 为使该系统稳定，常数 a、b 应满足什么条件？

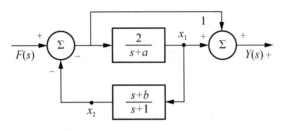

图 7.9 题 7.3 图

7.4 如图7.10所示系统的信号流图，写出以 x_1、x_2 为状态变量的状态方程和输出方程。

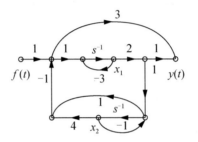

图 7.10 题 7.4 图

7.5 某连续系统的状态方程为

$$\begin{bmatrix} \dot{x}_1 \\ \dot{x}_2 \end{bmatrix} = \begin{bmatrix} -4 & 1 \\ -3 & 0 \end{bmatrix} \begin{bmatrix} x_1 \\ x_2 \end{bmatrix} + \begin{bmatrix} 1 \\ 1 \end{bmatrix} f$$

输出方程为

$$y(t) = x_1$$

试画出该系统的信号流图，并根据状态方程和输出方程求出该系统的微分方程。

测试题 A

Ⅰ. 选择题（每小题 5 分，共 50 分）

1. 积分 $\int_{-\infty}^{\infty}(t^2+2)\delta\left(\dfrac{t}{2}\right)dt=$（　　）。
   A. -1　　　B. 2　　　C. 4　　　D. 1

2. 试确定 $f(k)=2\cos\dfrac{\pi}{4}k+\sin\dfrac{\pi}{6}k-2\cos\left(\dfrac{\pi}{2}k+\dfrac{\pi}{6}\right)$ 信号周期（　　）。
   A. 6　　　B. 12　　　C. 2　　　D. 24

3. 连续周期信号的频谱是（　　）。
   A. 连续的　　　B. 离散的　　　C. 周期性的　　　D. 与单周期的相同

4. 信号 $f_1(t)$ 和 $f_2(t)$ 的波形如题 4 图所示，设 $y(t)=f_1(t)*f_2(t)$，则 $y(6)=$（　　）。
   A. 7　　　B. 5　　　C. 3　　　D. 6

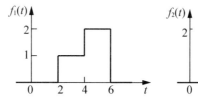

题 4 图

5. 信号 $f(t)=(1-t)\mathrm{e}^{-2t}\varepsilon(t)$ 的拉普拉斯变换 $F(s)=$（　　）。
   A. $\dfrac{1}{(s+2)^2}$　　B. $\dfrac{s}{(s+2)^2}$　　C. $\dfrac{s^2}{(s+2)^2}$　　D. $\dfrac{s+1}{(s+2)^2}$

6. 系统的幅频特性 $|H(\mathrm{j}\omega)|$ 和相频特性如题 6 图所示，则下列信号通过该系统时，不产生失真的是（　　）。
   A. $f(t)=\cos 7t+\cos 6t$
   B. $f(t)=\sin 4t+\sin 8t$
   C. $f(t)=\sin 3t\sin 4t$
   D. $f(t)=\cos^2 2t$

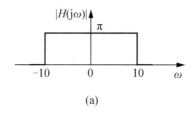　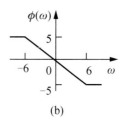

(a)　　　　　　　　　　(b)

题 6 图

7. 已知信号 $f(t)$ 的奈奎斯特角频率为 ω_0，则信号 $f(t)\cos\omega_0 t$ 的奈奎斯特角频率为（　　）。

   A. ω_0　　　　B. $3\omega_0$　　　　C. $2\omega_0$　　　　D. $4\omega_0$

8. 下列等式不成立的是（　　）。

   A. $f_1(t-t_0) * f_2(t+t_0) = f_1(t) * f_2(t)$

   B. $\dfrac{\mathrm{d}}{\mathrm{d}t}[f_1(t) * f_2(t)] = [\dfrac{\mathrm{d}}{\mathrm{d}t}f_1(t)] * [\dfrac{\mathrm{d}}{\mathrm{d}t}f_2(t)]$

   C. $f(t) * \delta'(t) = f'(t)$

   D. $f(t) * \delta(t) = f(t)$

9. 一个因果、稳定的连续时间系统函数 $H(s)$ 的极点必定在 s 平面的（　　）。

   A. 左半平面　　　B. 右半平面　　　C. 实轴上　　　D. 虚轴上

10. $\displaystyle\int_{-5}^{5}(t+2)\delta(-2t+4)\mathrm{d}t$ 等于（　　）。

    A. -2　　　　B. 2　　　　C. 1　　　　D. 4

Ⅱ. 填空题（每空 3 分，共 30 分）

11. 已知 $f(t)$ 波形如图所示，试画出 $f(2t+1)$ 和 $\dfrac{\mathrm{d}f(t)}{\mathrm{d}t}$ 的波形。

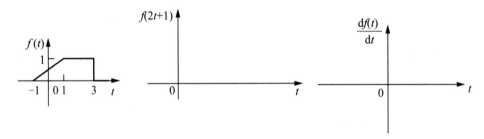

题 11 图

12. 已知信号 $h(t)=\varepsilon(t-1)-\varepsilon(t-3)$，$f(t)=\varepsilon(t)-\varepsilon(t-1)$，则卷积 $h(t) * f(t) = $ ＿＿＿＿＿＿＿＿＿＿＿＿＿＿＿。

13. 已知 $f(t)=\varepsilon(t^2-9)$，则 $F(\mathrm{j}\omega) = $ ＿＿＿＿＿＿＿＿＿＿。

14. 系统要实现无失真传输，对系统 $h(t)$ 的要求是 $h(t)=$ ＿＿＿＿＿＿；对 $H(\mathrm{j}\omega)$ 的要求是 $H(\mathrm{j}\omega)=$ ＿＿＿＿＿＿。

15. 一连续线性时不变系统的输入、输出方程为 $2y'(t)+3y(t)=f'(t)$，已知 $f(t)=\varepsilon(t)$，$y(0_-)=1$，则 $y(0_+)=$ ＿＿＿＿＿＿。

16. 已知信号 $f(t)$ 如题 16 图所示，其傅里叶变换为 $F(\mathrm{j}\omega)$。

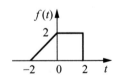

题 16 图

(1) 求 $F(0) =$ _____；

(2) 求 $\int_{-\infty}^{\infty} F(j\omega) d\omega =$ _____；

$\int_{-\infty}^{\infty} F(j\omega) e^{-j\omega} d\omega =$ _____。

Ⅲ．计算题（共70分）

17．(15分)线性时不变因果系统，已知当激励 $f_1(t) = \varepsilon(t)$ 时的全响应为 $y_1(t) = (2e^{-t} + 3e^{-2t})\varepsilon(t)$；当激励 $f_2(t) = 2\varepsilon(t)$ 时的全响应为 $y_2(t) = (4e^{-t} - 2e^{-2t})\varepsilon(t)$。求在相同初始条件下，激励 $f_3(t)$ 波形如题17图所示时的全响应 $y_3(t)$。

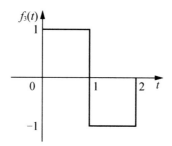

题 17 图

18．(15分)周期信号 $f(t) = 1 - \dfrac{1}{2}\cos\left(\dfrac{\pi}{4}t - \dfrac{\pi}{3}\right) + \dfrac{1}{3}\sin\left(\dfrac{\pi}{2}t - \dfrac{\pi}{3}\right)$，试完成：

(1) (8分)求该周期信号的基波周期 T 和基波角频率 Ω。

(2) (7分)画出它的单边振幅频谱图 $A_n \sim n\Omega$ 和相位频谱图 $\varphi_n \sim n\Omega$。

19．(15分)描述某线性时不变系统的微分方程为
$$y''(t) + 5y'(t) + 6y(t) = 2f'(t) + 6f(t)$$
已知初始状态 $y(0_-) = 1$，$y'(0_-) = 1$，激励 $f(t) = 5\cos t \varepsilon(t)$，求系统的零输入响应 $y_{zi}(t)$、零状态响应 $y_{zs}(t)$ 和全响应 $y(t)$。

20．(25分)已知某连续因果线性时不变系统的微分方程为
$$y''(t) + 3y'(t) + 2y(t) = f'(t) + 4f(t)$$

试完成：

(1) (5分)求系统函数 $H(s)$。

(2) (8分)画出零、极点图，标出收敛域，判断该系统是否稳定。

(3) (6分)画出其直接形式的信号流图。

(4) (6分)写出相应的状态方程和输出方程。

测试题 A 答案

Ⅰ. 选择题(每小题 5 分,共 50 分)

1. C 2. D 3. B 4. D 5. D 6. D 7. B 8. B 9. A 10. B

Ⅱ. 填空题(每空 3 分,共 30 分)

11. 已知 $f(t)$ 波形如题 11 图所示,试画出 $f(2t+1)$ 和 $\dfrac{df(t)}{dt}$ 的波形。

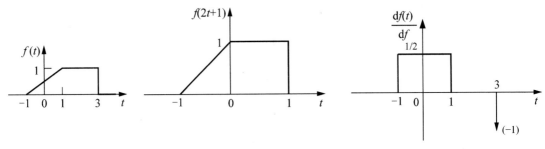

题 11 图

12. 已知信号 $h(t)=\varepsilon(t-1)-\varepsilon(t-3)$,$f(t)=\varepsilon(t)-\varepsilon(t-1)$,则卷积 $h(t)*f(t)=$ $\underline{(t-1)\varepsilon(t-1)-(t-2)\varepsilon(t-2)-(t-3)\varepsilon(t-3)+(t-4)\varepsilon(t-4)}$。

13. 已知 $f(t)=\varepsilon(t^2-9)$,则 $F(j\omega)=2\pi\delta(\omega)-6\mathrm{Sa}(3\omega)$。

14. 系统要实现无失真传输,对系统 $h(t)$ 的要求是 $h(t)=k\delta(t-t_d)$;对 $H(j\omega)$ 的要求是 $H(j\omega)=\underline{k\mathrm{e}^{-j\omega t_d}}$。

15. $3/2$。

16. 6,4π,2π。

Ⅲ. 计算题(共 70 分)

17. (15 分) 线性时不变因果系统,已知当激励 $f_1(t)=\varepsilon(t)$ 时的全响应为 $y_1(t)=(2\mathrm{e}^{-t}+3\mathrm{e}^{-2t})\varepsilon(t)$;当激励 $f_2(t)=2\varepsilon(t)$ 时的全响应为 $y_2(t)=(4\mathrm{e}^{-t}-2\mathrm{e}^{-2t})\varepsilon(t)$。求在相同初始条件下,激励 $f_3(t)$ 波形如题 17 图所示时的全响应 $y_3(t)$。

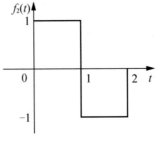

题 17 图

解：$y_1(t) = y_{zi}(t) + y_{zs}(t) = (2e^{-t} + 3e^{-2t})\varepsilon(t)$ ·········· 2 分

$y_2(t) = y_{zi}(t) + 2y_{zs}(t) = (4e^{-t} - 2e^{-2t})\varepsilon(t)$ ·········· 2 分

联立解得：$y_{zi}(t) = 8e^{-2t}\varepsilon(t)$ ·········· 2 分

$y_{zs}(t) = (2e^{-t} - 5e^{-2t})\varepsilon(t)$ ·········· 2 分

$f_3(t) = \varepsilon(t) - 2\varepsilon(t-1) + \varepsilon(t-2)$ ·········· 2 分

$y_3(t) = y_{zi}(t) + y_{zs}(t) - 2y_{zs}(t-1) + y_{zs}(t-2)$ ·········· 2 分

$= 8e^{-2t}\varepsilon(t) + (2e^{-t} - 5e^{-2t})\varepsilon(t) - 2(2e^{-(t-1)} - 5e^{-2(t-1)})\varepsilon(t-1)$

$+ (2e^{-(t-2)} - 5e^{-2(t-2)})\varepsilon(t-2)$

$= (2e^{-t} + 3e^{-2t})\varepsilon(t) - 2(2e^{-(t-1)} - 5e^{-2(t-1)})\varepsilon(t-1) + (2e^{-(t-2)} - 5e^{-2(t-2)})\varepsilon(t-2)$ ······ 3 分

18. (15 分)周期信号 $f(t) = 1 - \frac{1}{2}\cos\left(\frac{\pi}{4}t - \frac{\pi}{3}\right) + \frac{1}{3}\sin\left(\frac{\pi}{2}t - \frac{\pi}{3}\right)$，试完成：

(1) (8 分)求该周期信号的基波周期 T 和基波角频率 Ω。

(2) (7 分)并画出它的单边振幅频谱图 $A_n \sim n\Omega$ 和相位频谱图 $\varphi_n \sim n\Omega$。

解：(1) $f(t) = 1 + \frac{1}{2}\cos\left(\frac{\pi}{4}t - \frac{\pi}{3} + \pi\right) + \frac{1}{3}\cos\left(\frac{\pi}{2}t - \frac{\pi}{3} - \frac{\pi}{2}\right)$

$= 1 + \frac{1}{2}\cos\left(\frac{\pi}{4}t + \frac{2\pi}{3}\right) + \frac{1}{3}\cos\left(\frac{\pi}{2}t - \frac{5\pi}{6}\right)$ ·········· 4 分

$= \frac{A_0}{2} + \sum_{n=1}^{\infty} A_n \cos(n\Omega t + \varphi_n)$

所以，$\Omega = \frac{\pi}{4}$，$T = \frac{2\pi}{\Omega} = \frac{2\pi}{\frac{\pi}{4}} = 8$ ·········· 4 分

(2) $\frac{A_0}{2} = 1$，$A_1 = \frac{1}{2}$，$A_2 = \frac{1}{3}$

$\varphi_1 = \frac{2\pi}{3}$，$\varphi_2 = -\frac{5\pi}{6}$ ·········· 3 分

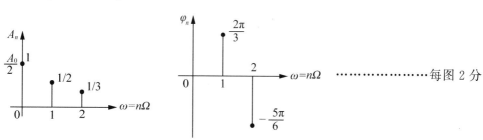

·········· 每图 2 分

19. (15 分)描述某线性时不变系统的微分方程为

$$y''(t) + 5y'(t) + 6y(t) = 2f'(t) + 6f(t)$$

已知初始状态 $y(0_-) = 1$，$y'(0_-) = 1$，激励 $f(t) = 5\cos t\,\varepsilon(t)$，求系统的零输入响应 $y_{zi}(t)$、零状态响应 $y_{zs}(t)$ 和全响应 $y(t)$。

$Y(s) = \frac{sy(0_-) + y'(0_-) + 5y(0_-)}{s^2 + 5s + 6} + \frac{2(s+3)}{s^2 + 5s + 6}F(s)$ ·········· 4 分

$F(s) = \frac{5s}{s^2 + 1}$ ·········· 2 分

$$Y(s) = Y_{zi}(s) + Y_{zs}(s) = \frac{s+6}{(s+2)(s+3)} + \frac{2}{s+2}\frac{5s}{s^2+1} \cdots\cdots 2\text{分}$$

$$Y_{zi}(s) = \frac{s+6}{(s+2)(s+3)} = \frac{4}{s+2} + \frac{-3}{s+3}$$

$$Y_{zs}(s) = \frac{2}{s+2}\frac{5s}{s^2+1} = \frac{-4}{s+2} + \frac{\sqrt{5}\,e^{-j26.6°}}{s-j} + \frac{\sqrt{5}\,e^{j26.6°}}{s+j} \cdots\cdots 4\text{分}$$

$$Y(s) = \frac{4}{s+2} + \frac{-3}{s+3} + \frac{-4}{s+2} + \frac{\sqrt{5}\,e^{-j26.6°}}{s-j} + \frac{\sqrt{5}\,e^{j26.6°}}{s+j}$$

$$y_{zi}(t) = 4e^{-2t}\varepsilon(t) - 3e^{-3t}\varepsilon(t)$$

$$y_{zs}(t) = -4e^{-2t}\varepsilon(t) + 2\sqrt{5}\cos(t - 26.6°)\varepsilon(t)$$

$$y(t) = -3e^{-3t}\varepsilon(t) + 2\sqrt{5}\cos(t - 26.6°)\varepsilon(t)$$

或 $= 4\cos t + 2\sin t$ ·················3分

20.（25分）已知一连续因果线性时不变系统的微分方程为

$$y''(t) + 3y'(t) + 2y(t) = f'(t) + 4f(t)$$

试完成：

(1)（5分）求系统函数 $H(s)$。

(2)（8分）画出零、极点图，标出收敛域，判断该系统是否稳定。

(3)（6分）画出其直接形式的信号流图。

(4)（6分）写出相应的状态方程和输出方程。（标准矩阵形式）

解：(1) 微分方程两边同时拉普拉斯变换：

$$(s^2 + 3s + 2)Y(s) = (s + 4)F(s) \cdots\cdots 2\text{分}$$

$$H(s) = \frac{Y(s)}{F(s)} = \frac{s+4}{s^2 + 3s + 2} = \frac{s+4}{(s+1)(s+2)} \cdots\cdots 3\text{分}$$

$$= \frac{3}{s+1} + \frac{-2}{s+2}$$

(2) $H(s) = \dfrac{s+4}{(s+1)(s+2)}$，零点、极点、收敛域各2分，共6分

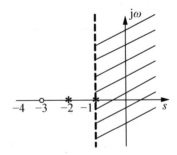

收敛域包含虚轴，该系统稳定。·················2分

(3) $H(s) = \dfrac{4s^{-2} + s^{-1}}{3s^{-1} + 2s^{-2} + 1} = \dfrac{s^{-1} + 2s^{-2}}{1 - (-3s^{-1} - 2s^{-2})} \cdots\cdots 2\text{分}$

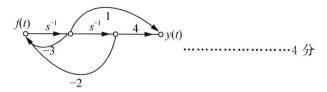

·················4 分

（4）设状态变量 x_1，x_2 如图所示。

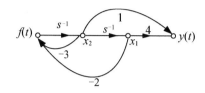

由上图可得，状态方程为
$\dot{x}_2 = f(t) - 3x_2 - 2x_1$ ·················2 分
$\dot{x}_1 = x_2$

输出方程为
$y(t) = 4x_1 + x_2$ ·················2 分

标准形式为

$\begin{bmatrix} \dot{x}_1 \\ \dot{x}_2 \end{bmatrix} = \begin{bmatrix} 0 & 1 \\ -2 & -3 \end{bmatrix} \begin{bmatrix} x_1 \\ x_2 \end{bmatrix} + \begin{bmatrix} 0 \\ 1 \end{bmatrix} [f]$ ·················1 分

$[y] = \begin{bmatrix} 4 & 1 \end{bmatrix} \begin{bmatrix} x_1 \\ x_2 \end{bmatrix} + [0][f]$ ·················1 分

测试题 B

Ⅰ. 选择题（每小题 5 分，共 50 分）

1. 试确定 $f(k)=2\cos\dfrac{\pi}{4}k+\sin\dfrac{\pi}{8}k-2\cos\left(\dfrac{\pi}{2}k+\dfrac{\pi}{6}\right)$ 信号周期( )。

   A. 8 B. 16 C. 2 D. 4

2. 下列等式不成立的是( )。

   A. $f(t)\delta'(t)=f(0)\delta'(t)$ B. $f(t)\delta(t)=f(0)\delta(t)$
   C. $f(t)*\delta'(t)=f'(t)$ D. $f(t)*\delta(t)=f(t)$

3. 积分 $\displaystyle\int_{-5}^{5}(t-3)\delta(-2t+4)\mathrm{d}t$ 等于( )。

   A. -1 B. -0.5 C. 0 D. 0.5

4. 离散时间序列 $f_1(k)$ 和 $f_2(k)$ 如题 4 图所示。设 $y(k)=f_1(k)*f_2(k)$，则 $y(3)$ 等于( )。

   A. -3 B. -1 C. 1 D. 3

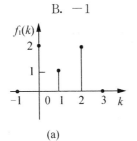
(a)

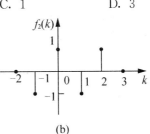
(b)

题 4 图

5. 连续周期信号的频谱是( )。

   A. 连续的   B. 周期性的
   C. 离散的   D. 与单周期的相同

6. 用下列微分方程描述的系统为线性时变系统是( )。

   A. $y''(t)+2y'(t)y(t)=2f(t)$
   B. $y''(t)+2y'(t)+y(t)=2f(1-t)$
   C. $y''(t)+2y'(t)+5y(t)=2f^2(2t)$
   D. $y''(t)+2y'(t)+y(t)=2f(t-1)$

7. 系统的幅频特性 $|H(\mathrm{j}\omega)|$ 和相频特性如题 6 图所示，则下列信号通过该系统时，不产生失真的是 ( )。

   A. $f(t)=\cos t+\cos 6t$ B. $f(t)=\sin 2t+\sin 4t$
   C. $f(t)=\sin 2t\sin 4t$ D. $f(t)=\cos^2 4t$

8. 已知有限频带信号 $f(t)$ 的最高频率为 100Hz，则信号 $f(t)*f(2t)$ 的奈奎斯特角频率为( )。

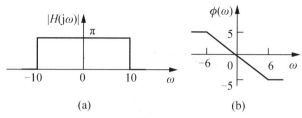

题 6 图

A. 100 Hz　　B. 200 Hz　　C. 300 Hz　　D. 50 Hz

9. 一个因果、稳定的连续时间系统函数 $H(s)$ 的极点必定在 s 平面的（　　）。

　A. 右半平面　　B. 实轴上　　C. 左半平面　　D. 虚轴上

10. 如题 10 图所示电路，其系统函数 $H(s)=\dfrac{U_2(s)}{U_1(s)}=\dfrac{1}{s^2+s+1}$，则电容 C 等于（　　）。

　A. 0.5F　　B. 1F　　C. 2F　　D. 3F

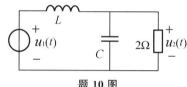

题 10 图

Ⅱ．填空题（每小题 5 分，共 25 分）

11. 已知信号 $f(t)$ 波形如题 11 图所示，试画出 $f(2t-2)$ 和 $\dfrac{\mathrm{d}f(t)}{\mathrm{d}t}$ 的波形。

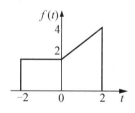

题 11 图

12. 某连续系统的微分方程为 $y''(t)+5y'(t)+6y(t)=f'(t)+4f(t)$，则描述该系统的频率响应 $H(\mathrm{j}\omega)=$ ＿＿＿＿＿＿＿＿．

13. 已知一个线性时不变系统初始无储能，当输入 $f_1(t)=\varepsilon(t)$ 时，则输出为 $y_1(t)=2\mathrm{e}^{-2t}\varepsilon(t)+\delta(t)$，当输入 $f(t)=3\mathrm{e}^{-t}\varepsilon(t)$ 时，系统的零状态响应 $y(t)=$ ＿＿＿＿＿＿＿＿。

14. 已知一连续线性时不变系统的频率响应 $H(\mathrm{j}\omega)=\dfrac{1+\mathrm{j}\omega}{1-\mathrm{j}\omega}$，该系统的幅频特性 $|H(\mathrm{j}\omega)|=$ ＿＿＿＿＿＿，相频特性 $\varphi(\omega)=$ ＿＿＿＿＿＿，是否是无失真传输系统 ＿＿＿＿＿＿。

15. 如题图 15 所示电路系统，以电流源 $i_s(t)$ 为输入，电感电流 $i_L(t)$ 为输出，则该系统的系统函数 $H(s)=$ ＿＿＿＿＿＿。

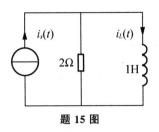

题 15 图

Ⅲ．计算题(共 75 分)

16. (15 分) 线性时不变因果系统，已知当激励 $f_1(t)=\varepsilon(t)$ 时的全响应为 $y_1(t)=(3e^{-t}+4e^{-2t})\varepsilon(t)$；当激励 $f_2(t)=2\varepsilon(t)$ 时的全响应为 $y_2(t)=(5e^{-t}-3e^{-2t})\varepsilon(t)$。求在相同初始条件下，激励 $f_3(t)$ 波形如题 16 图所示时的全响应 $y_3(t)$。

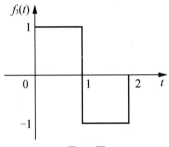

题 16 图

17. (15 分) 周期信号 $f(t)=1-\dfrac{1}{2}\cos\left(\dfrac{\pi}{4}t-\dfrac{2\pi}{3}\right)-\dfrac{1}{4}\sin\left(\dfrac{\pi}{2}t-\dfrac{\pi}{6}\right)$，试完成：

(1) 求该周期信号的基波周期 T 和基波角频率 Ω。
(2) 画出它的单边振幅频谱图 $A_n \sim n\Omega$ 和相位频谱图 $\varphi_n \sim n\Omega$。

18. (20 分) 如图所示电路，已知 $u_s(t)=\varepsilon(t)\mathrm{V}$，$i_s(t)=\delta(t)\mathrm{A}$，起始状态 $u_C(0_-)=1\mathrm{V}$，$i_L(0_-)=2\mathrm{A}$，求电压 $u(t)$。

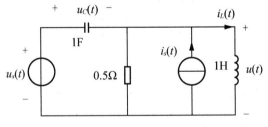

题 18 图

19. (25 分) 已知一连续因果 LTI 系统的微分方程为
$$y''(t)+4y'(t)+3y(t)=f'(t)+2f(t)$$
试完成：
(1) 求系统函数 $H(s)$。
(2) 画出零、极点图，标出收敛域，判断该系统是否稳定。
(3) 画出其直接形式的信号流图。
(4) 写出相应的状态方程和输出方程（标准矩阵方程）。

测试题 B 答案

考试时长：180 分钟
答案提供：李云红

Ⅰ．选择题（每小题 5 分，共 50 分）

1．B 2．A 3．B 4．B 5．C 6．B 7．B 8．B 9．C 10．A

Ⅱ．填空题（每小题 5 分，共 25 分）

11．已知信号 $f(t)$ 波形如题 11 图所示，试画 $f(2t-2)$ 和 $\dfrac{\mathrm{d}f(t)}{\mathrm{d}t}$ 的波形。

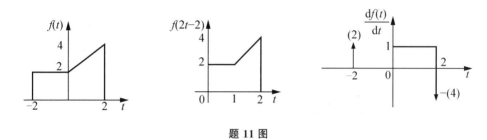

题 11 图

12．某连续系统的微分方程为 $y''(t)+5y'(t)+6y(t)=f'(t)+4f(t)$，则描述该系统的频率响应 $H(\mathrm{j}\omega)=\underline{\dfrac{\mathrm{j}\omega+4}{(\mathrm{j}\omega)^2+5\mathrm{j}\omega+6}}$。

13．已知一个线性时不变系统初始无储能，当输入 $f_1(t)=\varepsilon(t)$ 时，则输出为 $y_1(t)=2\mathrm{e}^{-2t}\varepsilon(t)+\delta(t)$，当输入 $f(t)=3\mathrm{e}^{-t}\varepsilon(t)$ 时，系统的零状态响应 $y(t)=\underline{3\delta(t)+(-9\mathrm{e}^{-t}+12\mathrm{e}^{-2t})\varepsilon(t)}$。

14．已知一连续线性时不变系统的频率响应 $H(\mathrm{j}\omega)=\dfrac{1+\mathrm{j}\omega}{1-\mathrm{j}\omega}$，该系统的幅频特性 $|H(\mathrm{j}\omega)|=\underline{1}$，相频特性 $\varphi(\omega)=2\arctan(\omega)$，是否是无失真传输系统？ 不是。

15．如题图 15 所示电路系统，以电流源 $i_s(t)$ 为输入，电感电流 $i_L(t)$ 为输出，则该系统的系统函数 $H(s)=\underline{\dfrac{2}{s+2}}$。

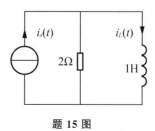

题 15 图

Ⅲ．计算题（共 75 分）

16.（15 分）线性时不变因果系统，已知当激励 $f_1(t)=\varepsilon(t)$ 时的全响应为 $y_1(t)=(3e^{-t}+4e^{-2t})\varepsilon(t)$；当激励 $f_2(t)=2\varepsilon(t)$ 时的全响应为 $y_2(t)=(5e^{-t}-3e^{-2t})\varepsilon(t)$。求在相同初始条件下，激励 $f_3(t)$ 波形如题 16 图所示时的全响应 $y_3(t)$。

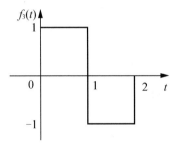

题 16 图

解：$y_1(t)=y_{zi}(t)+y_{zs}(t)=(3e^{-t}+4e^{-2t})\varepsilon(t)$ ············· 2 分

$y_2(t)=y_{zi}(t)+2y_{zs}(t)=(5e^{-t}-3e^{-2t})\varepsilon(t)$ ············· 2 分

联立解得：

$y_{zi}(t)=(e^{-t}+11e^{-2t})\varepsilon(t)$ ············· 2 分

$y_{zs}(t)=(2e^{-t}-7e^{-2t})\varepsilon(t)$ ············· 2 分

$f_3(t)=\varepsilon(t)-2\varepsilon(t-1)+\varepsilon(t-2)$ ············· 2 分

$y_3(t)=y_{zi}(t)+y_{zs}(t)-2y_{zs}(t-1)+y_{zs}(s-2)$

$=(e^{-t}+11e^{-2t})\varepsilon(t)+(2e^{-t}-7e^{-2t})\varepsilon(t)-2(2e^{-(t-1)}-7e^{-2(t-1)})\varepsilon(t-1)$

$\quad +(e^{-(t-2)}-7e^{-2(t-2)})\varepsilon(t-2)$

$=(3e^{-t}+4e^{-2t})\varepsilon(t)-2(2e^{-(t-1)}-7e^{-2(t-1)})\varepsilon(t-1)+(2e^{-(t-2)}-7e^{-2(t-2)})\varepsilon(t-2)$ ······ 5 分

17.（15 分）周期信号 $f(t)=1-\dfrac{1}{2}\cos\left(\dfrac{\pi}{4}t-\dfrac{2\pi}{3}\right)-\dfrac{1}{4}\sin\left(\dfrac{\pi}{2}t-\dfrac{\pi}{6}\right)$，试完成：

(1) 求该周期信号的基波周期 T 和基波角频率 Ω；

(2) 并画出它的单边振幅频谱图 $A_n \sim n\Omega$ 和相位频谱图 $\varphi_n \sim n\Omega$。

解：(1) $f(t)=1+\dfrac{1}{2}\cos\left(\dfrac{\pi}{4}t-\dfrac{2\pi}{3}+\pi\right)-\dfrac{1}{4}\cos\left(\dfrac{\pi}{2}t-\dfrac{2\pi}{3}\right)$

$=1+\dfrac{1}{2}\cos\left(\dfrac{\pi}{4}t+\dfrac{\pi}{3}\right)+\dfrac{1}{4}\cos\left(\dfrac{\pi}{2}t+\dfrac{\pi}{3}\right)$

$=\dfrac{A_0}{2}+\sum\limits_{n=1}^{\infty}A_n\cos(n\Omega t+\varphi_n)$ ············· 3 分

所以，$\Omega=\dfrac{\pi}{4}$，$T=\dfrac{2\pi}{\Omega}=\dfrac{2\pi}{\dfrac{\pi}{4}}=8$ ············· 4 分

(2) $\dfrac{A_0}{2}=2$，$A_1=\dfrac{1}{2}$，$A_2=\dfrac{1}{4}$

$\varphi_1=\dfrac{\pi}{3}$，$\varphi_2=\dfrac{\pi}{3}$ ············· 4 分

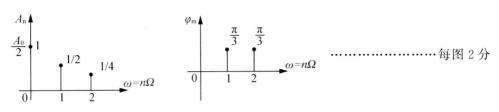

……每图 2 分

18.（20 分）如图所示电路，已知 $u_s(t)=\varepsilon(t)\mathrm{V}$，$i_s(t)=\delta(t)\mathrm{A}$，起始状态 $u_C(0_-)=1\mathrm{V}$，$i_L(0_-)=2\mathrm{A}$，求电压 $u(t)$。

解：画出电路的复频域模型为

$U_s(s)=\dfrac{1}{s}$，$I_s(s)=1$ ……………………4 分

$\left(s+2+\dfrac{1}{s}\right)U(s)=I_s(s)-\dfrac{2}{s}+s\left[U_s(s)-\dfrac{1}{s}\right]$ ……4 分

$U(s)=\dfrac{s-2}{s^2+2s+1}=\dfrac{1}{s+1}+\dfrac{-3}{(s+1)^2}$ ……………4 分

$u(t)=\mathrm{e}^{-t}\varepsilon(t)-3t\mathrm{e}^{-t}\varepsilon(t)\,\mathrm{V}$ ……………………3 分

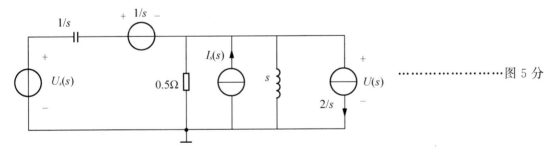

……图 5 分

19．（25 分）已知一连续因果线性时不变系统的微分方程为
$$y''(t)+4y'(t)+3y(t)=f'(t)+2f(t)$$

试完成：

(1)（5 分）求系统函数 $H(s)$。

(2)（8 分）画出零、极点图，标出收敛域，判断该系统是否稳定。

(3)（6 分）画出其直接形式的信号流图。

(4)（6 分）写出相应的状态方程和输出方程（标准矩阵形式）。

解：(1)微分方程两边同时拉普拉斯变换，得

$(s^2+4s+3)Y(s)=(s+2)F(s)$

$$H(s)=\frac{Y(s)}{F(s)}=\frac{s+2}{s^2+4s+3}\cdots\cdots\cdots\cdots\cdots 3\text{分}$$

$$=\frac{0.5}{s+1}+\frac{0.5}{s+3}\cdots\cdots\cdots\cdots 2\text{分}$$

(2) $H(s)=\dfrac{s+2}{(s+1)(s+3)}$ 零点，极点，收敛域各 2 分，共 6 分

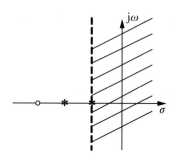

收敛域包含虚轴，该系统稳定。……………… 2 分

(3) $H(s)=\dfrac{2s^{-2}+s^{-1}}{3s^{-2}+4s^{-1}+1}=\dfrac{s^{-1}+2s^{-2}}{1-(-4s^{-1}-3s^{-2})}\cdots\cdots 3\text{分}$

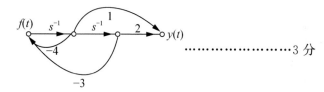

……………… 3 分

(4) 设状态变量 x_1，x_2 如图所示。

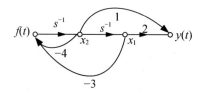

由上图可得，状态方程为

$$\dot{x}_2=f(t)-4x_2-3x_1\cdots\cdots\cdots\cdots 2\text{分}$$
$$\dot{x}_1=x_2$$

输出方程为
$$y(t)=2x_1+x_2\cdots\cdots\cdots\cdots 2\text{分}$$

标准形式为

$$\begin{bmatrix}\dot{x}_1\\ \dot{x}_2\end{bmatrix}=\begin{bmatrix}0 & 1\\ -3 & -4\end{bmatrix}\begin{bmatrix}x_1\\ x_2\end{bmatrix}+\begin{bmatrix}0\\ 1\end{bmatrix}[f]\cdots\cdots\cdots 1\text{分}$$

$$[y]=[2\quad 1]\begin{bmatrix}x_1\\ x_2\end{bmatrix}+[0][f]\cdots\cdots\cdots 1\text{分}$$

附录 A　常用英汉术语对照

A

absolutely summable	绝对可和
aliasing	混叠
analog‐to‐digital(A/D)conversion	模拟-数字(A/D)转换
auto regression filter	自回归滤波器
autocorrelation function	自相关函数
average value	平均值

B

band limited white noise	带限白噪声
Bayes'formula	贝叶斯公式
Bernoulli probability distribution	伯努利概率分布
Bernoulli trial	伯努利试验
bilateral(two-sided) Z transform	双边 z 变换
bilinear design method	双线性变换法
bilinear transformation	双线性变换
binomial probability distribution	二项概率分布
bit-reversal	比特反置
boundary of convergence	收敛边界
butterfly computation unit	蝶形运算单元
butterworth filter	巴特沃斯滤波器

C

causal sequence	有始序列
causality	因果性
Clayey-Hamilton theorem	凯莱-哈密顿定理
central limit theorem	中心极限定理
characteristic equation(Eigen function)	特征方程
characteristic function	特征函数
characteristic root(Eigen value)	特征根
circular convolution	循环卷积
circular convolution	圆卷积
circular shift	循环移位
circular shifting	圆周移位
colored noise	色噪声

complete solution	全解（完全解）
complex frequency shifting	复频移（特性）
conditional probability	条件概率
conditional probability density function	条件概率密度函数
conditional probability distribution function	条件分布函数
continuous random process	连续随机过程
continuous random variable	连续随机变量
contour integer method	围线积分法
controllability	可控制性
convolution of matrices	矩阵的卷积
convolution sum	卷积和
Cooley-Tukey algorithm	库利-图基算法
correlation	相关
correlation coefficient	相关系数
cross-correlation function	互相关函数
covariance	协方差
cross-power spectral density	互功率谱密度

D

decomposition property	分解特性
delay element	延迟单元
delayer	延时器
density function	密度函数
deterministic random process	确定随机过程
diagonal variable	对角线变量
difference equation	差分方程
differentiability	微分特性
differential equation	微分方程
digital filter	数字滤波器
digital signal	数字信号
digital-to-analog(D/A)conversion	数字-模拟(D/A)转换
direct simulation	直接模拟法
Dirichlet condition	狄里赫利条件
discrete cosine transform(DCT)	离散余弦变换
discrete Fourier transform(DFT)	离散傅里叶变换
discrete random variable	离散随机变量
discrete time Fourier transform(DTFT)	离散序列傅里叶变换
discrete time signal	离散时间信号

discrete time system	离散时间系统
discrete Walsh transform(DWT)	离散沃尔什变换
distortion less transmission	无失真传输
distribution function	分布函数
Duhamel integral	杜阿米尔积分
dyadic convolution	并矢卷积
dynamic equation	动态方程

E

ensemble average value	集合平均值
ergodic random process	各态历经随机过程
error function	误差函数
Euler's approximation method	欧拉近似法
excitation	激励
exponential probability distribution	指数概率分布

F

fast Fourier transform(FFT)	快速傅里叶变换
frequency response	频率响应
filter autocorrelation function	滤波器自相关函数
final value theorem	终值定理
Fourier transform	傅里叶变换
frequency bandwidth	频率宽度
frequency domain analysis	频域分析
frequency response of discrete-time system	离散时间系统的频率响应
fundamental component	基波分量
fundamental matrix	基本矩阵

G

Gaussian probability distribution	高斯概率分布
Gaussian random process	高斯随机过程
Gaussian random variable	高斯型随机变量
Gibb's phenomenon	吉布斯现象

H

harmonic component	谐波分量
homogeneity	齐次性
homogeneous solution	齐次解

I

ideal low-pass filter	理想低通滤波器
ideal sampled signal	理想采样信号
impulse-invariance design method	冲激响应不变换法
initial value theorem	初值定理
input-output equation	输入-输出方程
integrator	积分器
interpolation formula	内插公式
interpolation function	内插函数
inversal	反转
inverse discrete Fourier transform(IDFT)	离散傅里叶逆变换

J

joint central moment	联合中心矩
joint ergodic random process	联合各态历经随机过程
joint moment	联合矩
joint probability density function	联合概率密度函数
joint probability distribution function	联合分布函数
joint wide-sense stationary random process	联合广义平稳的随机过程

L

left sequence	左边序列
left shift	增序
loop	回路

M

marginal probability density function	边界概率密度函数
marginal probability distribution function	边界分布函数
marginal stable	临界稳定
Mason's formula	梅森公式
matched filter	匹配滤波器
mathematical expected value	数学期望值
Maxwell probability distribution	麦克斯韦概率分布
mean square error	均方误差
mean square value	平均值
mean square value	均方值
mixed random process	混合随机过程

mixed random variable	混合随机变量
moment	矩
moment about origin	原点矩
Moving Average filter	滑动平均滤波器

N

narrow band random process	窄带随机过程
noise	噪声
nondeterministic random process	不确定随机过程
non‐ergodic random process	非各态历经随机过程
non‐recursive digital filter	非递归数字滤波器
nonstationary random process	非平稳随机过程
normal probability distribution	正态概率分布
normal random process	正态随机过程
normalized covariance	归一化协方差
numerical solution	数值解法
Nyquist sampling interval	奈奎斯特采样间隔
Nyquist sampling rate	奈奎斯特采样率

O

observability	可观测性
odevity	奇偶性
optimum linear system	最佳线性系统
orthogonal process	正交过程
output equation	输出方程

P

Paley-Wiener criterion	佩利-维纳准则
Parseval's equation	帕斯瓦尔方程
partial sum	部分和
partial-fraction expansion method	部分分式展开式
particular solution	特解
phase variable	相变量
Poisson probability distribution	泊松概率分布
pole	极点
power spectral density	功率谱密度
power spectrum	功率谱
power transfer function	功率传输(转移)函数

power-series expansion method	幂级数展开法
prediction filter	预测滤波器
pre-whitening filter	白化滤波器
principal value region	主值区间
principle value sequence	主值序列
probability density distribution	概率密度函数
probability distribution	概率分布
probability distribution function	概率分布函数

R

random process	随机过程
random variable	随机变量
Rayleigh probability distribution	瑞利概率分布
recursive digital filter	递归数字滤波器
region of convergence(ROC)	收敛域
residue method	留数法
right sequence	有边序列
right shift	减序

S

sample	样本
sampled signal	采样信号
sampling	采样
sampling frequency	采样频率
sampling interval	采样间隔
sampling property	采样性质
Sande-Tukey algorithm	桑德-图基算法
scalar multiplier	数乘器(标量乘法器)
scaling property	尺度变换
Schwarz inequality	施瓦茨不等式
sequence	序列
sequence shifting	移序
sequence shifting operator	移序算子
Shannon sampling interval	香农采样间隔
Shannon sampling tate	香农采样频率
Shannon sampling theorem	香农采样定理
shift-invariant	移不变
shot noise	散粒噪声

Simpson probability distribution	辛普森概率分布
sine integral	正弦积分
single-sided cosine sequence	单边余弦序列
single-sided exponential sequence	单边指数序列
single-sided sequence	单边序列
sink node	汇点(阱点)
smoothing filter	平滑滤波器
source node	源点
spectrum	频谱
stability	稳定性
standard deviation	标准差
state equation	状态方程
state space	状态空间
state trajectory	状态轨迹
state variable	状态变量
state vector	状态矢量
state-transition matrix	状态过渡矩阵
stationary random process	平稳随机过程
statistical average value	统计平均值
statistical independent	统计独立
step-invariance design method	阶跃不变设计法
summer(adder)	加法器
symmetry	对称性
system	系统

T

thermal noise	热噪声
time autocorrelation function	时间自相关函数
time cross-correlation function	时间互相关函数
time domain analysis	时域分析
time invariant property	时不变性
time shifting(property)	时移(特性)
total probability density function	全概率密度函数
transfer function matrix	转移函数矩阵
triangle probability distribution	三角形概率分布

U

uncorrelated	不相关

uniform probability distribution	均匀概率分布
uniform sampling theorem	均匀采样定理
unit function	单位函数
unit function response matrix	单位函数响应矩阵
unit impulse response matrix	单位冲激响应矩阵
unit step sequence	单位阶跃序列

V

variance	方差
vector difference equation	矢量差分方程

W

white noise	白噪声
wide-sense stationary random process	广义平稳的随机过程
width of pulse	脉冲宽度
Wiener filter	维纳滤波器
Wiener-Khinchin theorem	维纳-欣钦定理
window function method	窗函数法

Z

zero	零点
Z-transform	z 变换
Z-transform analysis method	z 变换分析法

附录 B 部分习题参考答案

习题一

1.1　(1)周期序列，$N=10$；(2)周期序列，$N=24$；(3)非周期信号；(4)非周期信号。

1.4　(1)$\delta'(t)+2\delta(t)-[\cos t+4\sin 2t]\varepsilon(t)$；(2)$\pi$；(3)3。

1.5　(1)线性、时不变；(2)非线性、时不变；(3)非线性、时不变。

1.6　(1)非线性、时不变、因果、稳定；(2)线性、时变、非因果、稳定；
　　 (3)线性、时变、因果、不稳定；(4)线性、时变、非因果、稳定。

1.7　$-e^{-t}+3\cos \pi t,\ t\geqslant 0$

1.8　$\varepsilon(t)-4\varepsilon(t-1)+5\varepsilon(t-2)-5\varepsilon(t-4)+4\varepsilon(t-5)-\varepsilon(t-6)$

1.9　$\varepsilon(t)-\varepsilon(t-1)-\varepsilon(t-2)+\varepsilon(t-3)$

习题二

2.1　(1)$2e^{-2t}-e^{-3t},\ t\geqslant 0$；(2)$2e^{-t}\cos 2t,\ t\geqslant 0$；(3)$(2+3t)e^{-t}\varepsilon(t),\ t\geqslant 0$。

2.2　(1)$y(0_+)=1,\ y'(0_+)=1$；(2)$y(0_+)=-2,\ y'(0_+)=12$。

2.3　(1)$y_{zi}(t)=(2e^{-t}-e^{-3t})\varepsilon(t)$，$y_{zs}(t)=\left(\dfrac{1}{3}-\dfrac{1}{2}e^{-t}+\dfrac{1}{6}e^{-3t}\right)\varepsilon(t)$，

　　　　$y(t)=\left(\dfrac{1}{3}+\dfrac{3}{2}e^{-t}-\dfrac{5}{6}e^{-3t}\right)\varepsilon(t)$。

　　 (2)$y_{zi}(t)=e^{-t}\sin t\varepsilon(t)$，$y_{zs}(t)=e^{-t}\sin t\varepsilon(t)$，$y(t)=2e^{-t}\sin t\varepsilon(t)$。

2.4　$h(t)=2.5e^{-t}\sin 2t\varepsilon(t)$，$g(t)=\left[1-\dfrac{\sqrt{5}}{2}e^{-t}\sin(2t+63.4°)\right]\varepsilon(t)$

2.5　$h(t)=\delta(t)-3e^{-2t}\varepsilon(t)$，$g(t)=(-0.5+1.5e^{-2t})\varepsilon(t)$

2.7　(1)$0.5t^2\varepsilon(t)$；(2)$te^{-2t}\varepsilon(t)$；(3)$0.25(2t-1+e^{-2t})\varepsilon(t)$；(4)$(0.5t^2+3t+4)\varepsilon(t+2)$。

2.8　$y(t)=(t-3)\varepsilon(t-3)-(t-5)\varepsilon(t-5)$

2.9　$h(t)=\begin{cases} t, & 0\leqslant t\leqslant 1 \\ 2-t, & 1\leqslant t\leqslant 2 \\ 0, & t<0 \end{cases}$

2.10　$h(t)=2\delta(t)-3e^{-t}\varepsilon(t)$

2.11　$h(t)=\varepsilon(t)+\varepsilon(t-1)+\varepsilon(t-2)-\varepsilon(t-3)-\varepsilon(t-4)-\varepsilon(t-5)$

2.12　$h(t)=\varepsilon(t)-\varepsilon(t-1)$

2.13　(1)$(0.5)^k\varepsilon(k)$；(2)$(-3)^{k-1}\varepsilon(k)$。

2.14　(1)$[2\times(-1)^k-4\times(-2)^k]\varepsilon(k)$；(2)$\left[\cos\dfrac{k\pi}{2}+2\sin\dfrac{k\pi}{2}\right]\varepsilon(k)$。

2.15　(1)$y_{zi}(k)=-2\times(2)^k\varepsilon(k)$，$y_{zs}(k)=[4\times(2)^k-2]\varepsilon(k)$；
　　　(2)$y_{zi}(k)=2\times(-2)^k\varepsilon(k)$，$y_{zs}(k)=[2\times(-2)^k+k+2]\varepsilon(k)$。

2.16　(1)$h(k)=(-2)^{k-1}\varepsilon(k-1)$；(2)$h(k)=\sqrt{2}\times(2\sqrt{2})^k\cos\left(\dfrac{k\pi}{4}-\dfrac{\pi}{4}\right)\varepsilon(k)$。

2.17　(a)$h(k)=[-1+4\times(3)^k]\varepsilon(k)$；(b)$h(k)=0.5\times[(0.6)^k+(0.4)^k]\varepsilon(k)$。

2.18　(1) $f_1 * f_2 = \{\cdots, 0, 1, 3, 4, 4, 4, 3, 1, 0, \cdots\}$;
$$\uparrow k=0$$

(2) $f_2 * f_3 = \{\cdots, 0, 3, 5, 6, 6, 6, 3, 1, 0, \cdots\}$;
$$\uparrow k=0$$

(3) $f_3 * f_4 = \{\cdots, 0, 3, -1, 2, -2, -1, -1, 0, \cdots\}$;
$$\uparrow k=0$$

(4) $(f_2 - f_1) * f_3 = \{\cdots, 0, 3, 2, -2, -2, 2, 2, 1, 0, \cdots\}$。
$$\uparrow k=0$$

2.19　(a) $h(k) = \delta(k) - (0.5)^k \varepsilon(k-1) = 2\delta(k) - (0.5)^k \varepsilon(k)$, $g(k) = (0.5)^k \varepsilon(k)$;

(b) $h(k) = \delta(k) - (0.5)^k \varepsilon(k-1) = 2\delta(k) - (0.5)^k \varepsilon(k)$, $g(k) = (0.5)^k \varepsilon(k)$。

2.20　$y_{zs}(k) = 2\cos \dfrac{k\pi}{4}$

2.21　$h(k) = \begin{cases} 0, & k<0 \\ k+1, & 0 \leqslant k \leqslant 4 \\ 5, & k \geqslant 5 \end{cases}$

习题三

3.1　(1) $\Omega = 100\,\text{rad/s}$, $T = \dfrac{2\pi}{100}\,s$; (2) $\Omega = \dfrac{\pi}{2}\,\text{rad/s}$, $T = 4\,s$; (3) $\Omega = 2\,\text{rad/s}$, $T = \pi\,s$;

(4) $\Omega = \pi\,\text{rad/s}$, $T = 2\,s$; (5) $\Omega = \dfrac{\pi}{4}\,\text{rad/s}$, $T = 8\,s$; (6) $\Omega = \dfrac{\pi}{30}\,\text{rad/s}$, $T = 60\,s$。

3.2　(1) $f_1(t) = \dfrac{1}{4} + \sum\limits_{n=1}^{\infty} \dfrac{\cos n\pi - 1}{(n\pi)^2} \cos n\Omega t - \sum\limits_{n=1}^{\infty} \dfrac{\cos n\pi}{n\pi} \sin n\Omega t$;

(2) $f_2(t) = f_1\left(t + \dfrac{T}{2}\right) = \dfrac{1}{4} + \sum\limits_{n=1}^{\infty} \dfrac{1 - \cos n\pi}{(n\pi)^2} \cos n\Omega t - \sum\limits_{n=1}^{\infty} \dfrac{1}{n\pi} \sin n\Omega t$;

(3) $f_3(t) = f_2(-t) = \dfrac{1}{4} + \sum\limits_{n=1}^{\infty} \dfrac{1 - \cos n\pi}{(n\pi)^2} \cos n\Omega t + \sum\limits_{n=1}^{\infty} \dfrac{1}{n\pi} \sin n\Omega t$;

(4) $f_4(t) = f_2(t) + f_3(t) = \dfrac{1}{2} + \sum\limits_{n=1}^{\infty} \dfrac{2[1 - \cos n\pi]}{(n\pi)^2} \cos n\Omega t$。

3.3　(1) $f_1(t)$的傅里叶级数中含有的频率分量为奇次余弦波;

(2) $f_2(t)$的傅里叶级数中含有的频率分量为正弦波;

(3) $f_3(t)$的傅里叶级数中含有的频率分量为偶次余弦波;

(4) $f_4(t)$的傅里叶级数中只含有奇次谐波,包括正弦波和余弦波。

3.4　$f(t) = \sum\limits_{n=1}^{\infty} \dfrac{2}{n\pi} \left(\dfrac{2}{n\pi} \sin \dfrac{n\pi}{2} - \cos \dfrac{n\pi}{2} \right) \sin 2nt$。

3.5　将 $u(t)$ 化成标准形式得

$$u(t) = 2 + 5\cos\left(\dfrac{\pi}{6}t - 143.13°\right) + 2\cos\left(\dfrac{\pi}{3}t - 60°\right) + \cos\left(\dfrac{2\pi}{3}t - 45°\right)$$

图略。

3.6　(1) $j\dfrac{2e^{-j\frac{3}{2}(\omega-1)}}{\omega - 1}$; (2) $\dfrac{j\omega e^2}{2+j\omega}$; (3) $\dfrac{e^{-j\omega+2}}{2-j\omega}$; (4) $\dfrac{-\pi\cos\omega}{\omega^2 - \left(\dfrac{\pi}{2}\right)^2}$; (5) $\pi e^{-2|\omega|}$。

附录B　部分习题参考答案

3.7　略。

3.8　$f(t)=f_1(t-1)=\dfrac{1}{\pi}\mathrm{Sa}(t-1)\mathrm{e}^{\mathrm{j}(t-1)}$

3.9　(1) $|\omega|F(\mathrm{j}\omega)$；(2) $-\mathrm{j}\mathrm{e}^{-\mathrm{j}\omega}\dfrac{\mathrm{d}F^*(\mathrm{j}\omega)}{\mathrm{d}\omega}$

3.10　$\dfrac{-\mathrm{e}^{-\mathrm{j}2\omega}}{\mathrm{j}\omega}F(-\mathrm{j}2\omega)+\pi F(0)\delta(\omega)$

3.11　(1) $F(0)=2$；(2) $\displaystyle\int_{-\infty}^{\infty}F(\mathrm{j}\omega)\mathrm{d}\omega=4\pi$。

3.12　(a) $\tau\mathrm{Sa}\left(\dfrac{\omega\tau}{2}\right)\mathrm{e}^{-\mathrm{j}\frac{\omega\tau}{2}}$；(b) $\dfrac{1-\mathrm{e}^{\mathrm{j}\omega\tau}-\mathrm{j}\omega\tau\mathrm{e}^{-\mathrm{j}\omega\tau}}{-\omega^2\tau}$；(c) $\dfrac{\pi\cos\omega}{\left(\dfrac{\pi}{2}\right)^2-\omega^2}$；(d) $\dfrac{\mathrm{j}\dfrac{4\pi}{T}\sin\dfrac{\omega T}{2}}{\omega^2-\left(\dfrac{2\pi}{T}\right)^2}$。

3.13　(1) $\dfrac{3}{2}$；(2) 2π；(3) $\dfrac{8\pi}{3}$

3.14　(1) $F_n\mathrm{e}^{-\mathrm{j}n\Omega t_0}$；(2) F_{-n}；(3) $\mathrm{j}n\Omega F_n$；(4) F_n (但信号周期为 $\dfrac{T}{a}$)。

3.15　7π

3.16　$Y(\mathrm{j}\omega)=2R(\omega)\cos\omega$

3.17　(1) $\dfrac{1}{2}F[\mathrm{j}(\omega+3)]\mathrm{e}^{\mathrm{j}12}+\dfrac{1}{2}F[\mathrm{j}(\omega-3)]\mathrm{e}^{-\mathrm{j}12}$；

(2) $\mathrm{j}\dfrac{1}{3}\dfrac{\mathrm{d}}{\mathrm{d}\omega}F\left(-\mathrm{j}\dfrac{\omega}{3}\right)-F\left(-\mathrm{j}\dfrac{\omega}{3}\right)$；

(3) $\dfrac{1}{\mathrm{j}2\omega}F\left[\mathrm{j}\dfrac{\omega}{2}\right]\mathrm{e}^{-\mathrm{j}\omega}+\dfrac{\pi}{2}F(0)\delta(\omega)$。

3.18　(1) $\delta(t)+\dfrac{\mathrm{e}^{\mathrm{j}t}}{\mathrm{j}\pi t}$；(2) $\dfrac{1}{4\pi}[g_2(\omega+5)+g_2(\omega-5)]$；(3) $\dfrac{1}{2}\mathrm{e}^{-\mathrm{j}2t}g_6(t)$。

3.19　略。

3.20　$y(t)=\cos t$

3.21　$y(t)=\dfrac{\sin t}{2\pi t}\cos 1000t$

3.22　$y(t)=2+\sin t$

3.23　$y(t)=1+\cos(t-2)$

3.24　$y(t)=1+2\cos\left(t-\dfrac{\pi}{3}\right)$

3.25　略。

3.26　$y(t)=3-4\sin t-2\cos 2t$

3.27　(1) $f_s\geqslant 600\mathrm{Hz}$；(2) $f_s\geqslant 400\mathrm{Hz}$；(3) $f_s\geqslant 200\mathrm{Hz}$；(4) $f_s\geqslant 400\mathrm{Hz}$。

3.28　(2) $2\mathrm{kHz}<f_c<3\mathrm{kHz}$。

习题四

4.1　(1) $\dfrac{1}{s(s+1)}$，$\mathrm{Re}[s]>0$；(2) $\dfrac{2s+3}{s^2+1}$，$\mathrm{Re}[s]>0$；(3) $\dfrac{2s}{s^2-1}$，$\mathrm{Re}[s]>1$

4.2 (1) $\dfrac{1-e^{-2s}}{s+1}$；(2) $\dfrac{\pi(1+e^{-s})}{s^2+\pi^2}$；(3) $\dfrac{1}{4}e^{-\frac{1}{2}s}$；(4) $\dfrac{2-s}{\sqrt{2}(s^2+4)}$

4.3 (1) $\dfrac{2}{4s^2+6s+3}$；(2) $\dfrac{3(2s+1)}{(s^2+s+7)^2}$

4.4 (1) $y_{zi}(t)=(5e^{-2t}-4e^{-3t})\varepsilon(t)$，$y_{zs}(t)=\left(\dfrac{1}{2}-\dfrac{3}{2}e^{-2t}+e^{-3t}\right)\varepsilon(t)$；

(2) $y_{zi}(t)=(e^{-2t}-e^{-3t})\varepsilon(t)$，$y_{zs}(t)=\left(\dfrac{3}{2}e^{-t}-3e^{-2t}+\dfrac{3}{2}e^{-3t}\right)\varepsilon(t)$

4.5 (1) $\dfrac{1}{2}(1+e^{-2t})\varepsilon(t)$；(2) $(1-t)e^{-2t}\varepsilon(t)$

4.6 $h(t)=\left(\dfrac{1}{2}-2e^{-t}+\dfrac{3}{2}e^{-2t}\right)\varepsilon(t)$

4.7 (1) $h(t)=\dfrac{1}{3}(2+e^{-3t})\varepsilon(t)$；(2) $h(t)=\sum\limits_{m=0}^{\infty}\delta(t-mT)$

4.8 $a=-5$，$b=-6$，$c=6$

习题五

5.1 (a) $H(s)=\dfrac{2}{s+2}$；(b) $H(s)=\dfrac{-6(s-1)}{(s+2)(s+3)}$

5.2 (a) $H(s)=\dfrac{s}{s+2}$，$|H(j\omega)|=\dfrac{1}{\sqrt{1+\left(\dfrac{2}{\omega}\right)^2}}$；

(b) $H(s)=\dfrac{s-2}{s+2}$，$|H(j\omega)|=1$

5.3 (1) 不稳定；(2) 稳定；(3) 不稳定

5.4 $K<4$

5.5 (a) $H(s)=\dfrac{2s^2-1}{s^3+4s^2+5s+6}$；(b) $H(s)=\dfrac{s+2}{s^3+3s^2+2s}$。

5.6 (1) $H(s)=\dfrac{-3(s^2+s+1)}{s^2+2s+2}$；(2) $y''(t)+2y'(t)+2y(t)=-3[f''(t)+f'(t)+f(t)]$。

(3) 稳定

习题六

6.1 $F(z)=\dfrac{1}{1-z^{-1}}=\dfrac{z}{z-1}$，$|z|>1$

6.2 $F(z)=\dfrac{2z^2-3z}{z^2-3z+1}$，$|z|:(2,\infty)$

6.3 $y(n)=b^{n+1}+\dfrac{1}{a-b}(a^{n+1}-b^{n+1})$，$n\geqslant 0$

6.4 $y(n)=\left[-2-\dfrac{4}{3}\times 2^n+\dfrac{5}{6}\left(\dfrac{1}{2}\right)^n\right]\varepsilon(n)$

习题七

7.1 (1) $\begin{bmatrix} \dot{x}_{a1} \\ \dot{x}_{a2} \\ \dot{x}_{a3} \end{bmatrix} = \begin{bmatrix} -\dfrac{b}{a} & 1 & 0 \\ -\dfrac{c}{a} & 0 & 1 \\ -\dfrac{d}{a} & 0 & 0 \end{bmatrix} \begin{bmatrix} x_1 \\ x_2 \\ x_3 \end{bmatrix} + \begin{bmatrix} 0 \\ 0 \\ 1 \end{bmatrix} f; \quad y(t) = \dfrac{1}{a} x_1$

7.2 (1) $\begin{bmatrix} \dot{x}_{a1} \\ \dot{x}_{a2} \\ \dot{x}_{a3} \\ \dot{x}_{a4} \end{bmatrix} = \begin{bmatrix} 1 & -2 & 0 & 1 \\ 2 & 1 & 0 & 0 \\ 2 & -2 & 2 & -1 \\ 0 & 0 & -2 & 1 \end{bmatrix} \begin{bmatrix} x_{a1} \\ x_{a2} \\ x_{b1} \\ x_{b2} \end{bmatrix} + \begin{bmatrix} 1 \\ 0 \\ 0 \\ 0 \end{bmatrix} f(t), \quad y(t) = \begin{bmatrix} 1 & -1 & 0 & 0 \end{bmatrix} \begin{bmatrix} x_{a1} \\ x_{a2} \\ x_{b1} \\ x_{b2} \end{bmatrix};$

(2) $H(s) = \dfrac{s^2 - 3s}{s^3 - 2s^2 + 5s + 4}$。

7.3 (1) $\begin{bmatrix} \dot{x}_1 \\ \dot{x}_2 \end{bmatrix} = \begin{bmatrix} -a & -2 \\ b-a & -3 \end{bmatrix} \begin{bmatrix} x_1 \\ x_2 \end{bmatrix} + \begin{bmatrix} 2 \\ 2 \end{bmatrix} f, \quad y(t) = \begin{bmatrix} 1 & -1 \end{bmatrix} \begin{bmatrix} x_1 \\ x_2 \end{bmatrix} + f;$

(2) $a > -3, \; b > -\dfrac{a}{2}$。

7.4 $\begin{bmatrix} \dot{x}_1 \\ \dot{x}_2 \end{bmatrix} = \begin{bmatrix} -5 & -3 \\ 2 & -1 \end{bmatrix} \begin{bmatrix} x_1 \\ x_2 \end{bmatrix} + \begin{bmatrix} 1 \\ 0 \end{bmatrix} f, \quad [y] = \begin{bmatrix} -4 & -9 \end{bmatrix} \begin{bmatrix} x_1 \\ x_2 \end{bmatrix} + [3] f$

7.5 $y''(t) + 4y'(t) + 3y(t) = f'(t) + f(t)$

参 考 文 献

[1] 奥本海姆,维基斯. 信号、系统及推理[M]. 李玉柏,崔琳莉,武畅译. 北京:机械工业出版社,2017.

[2] 毕萍,刘毓. 面向"卓越工程师"目标 进行"信号与系统"课程教学改革[J]. 实验室研究与探索,2014,33(01):190-193.

[3] 卜方玲,徐新,邹炼,等. 面向创新能力培养的信号与系统教学改革[J]. 计算机教育,2016(01):52-55.

[4] 杜世民,杨润萍. 基于MATLAB GUI的"信号与系统"教学仿真平台开发[J]. 实验技术与管理,2012,29(03):87-90.

[5] 贾雅琼,凌云,谭瑾慧,等.《信号与系统》课程混合式教学改革的探索与实践——以湖南工学院为例[J]. 高教学刊,2017(05):100-101.

[6] 金波. 基于Matlab的"信号与系统"实验演示系统[J]. 实验技术与管理,2010,27(12):104-107.

[7] 金香,赵建军,周敏. 信号与系统优秀课程建设[J/OL]. 阴山学刊(自然科学版),2017(04):1(2017-06-28)

[8] 李念念,张红梅. 基于MATLAB GUI的信号与系统分析软件开发[J]. 工业控制计算机,2011,24(03):19-21.

[9] 刘永祥,吴京,黎湘. 面向国际一流大学的信号与系统课程教学模式研究[J]. 高等教育研究学报,2011,34(02):77-79.

[10] 罗达灿,杨盛毅,杨伟力. 面向工程能力培养的信号与系统课程教学改革探索[J]. 科教导刊(下旬),2017(08):114-115.

[11] 宋丹,唐林波,赵保军. 基于区域重叠核加权Hu矩的SIFT误匹配点剔除算法[J]. 系统工程与电子技术,2013,35(04):870-875.

[12] 许波,陈晓平,姬伟,等. "信号与系统"课程教学改革思考与实践[J]. 电气电子教学学报,2008(01):8-10.

[13] 张鸣,闫红梅. 基于Matlab GUI的信号与系统实验平台设计[J]. 实验技术与管理,2016,33(01):100-103.

[14] 赵峰,黄庆明,高文. 一种基于奇异值分解的图像匹配算法[J]. 计算机研究与发展,2010,47(01):23-32.

[15] 赵双琦,耿蕊,张晓青,等. 基于工程认证标准的《信号与系统》实验教学探索[J]. 实验科学与技术,2017(05),1-5.

[16] 郑君里,谷源涛. 信号与系统课程历史变革与进展[J]. 电气电子教学学报,2012,34(02):1-6.

[17] 周云良,卢昕.《信号与系统》课堂教学实践研究[J]. 中国校外教育,2017(24):134-137.

[18] 奥本海姆. 信号与系统[M]. 2版. 北京:电子工业出版社,2002.

[19] 奥本海姆,等. 信号与系统[M]. 2版. 刘树棠,译. 西安:西安交通大学出版社,2002.

[20] 段哲民,范世贵. 信号与系统[M]. 西安:西北工业大学出版社,2004.

[21] 管致中,等. 信号与线性系统[M]. 4版. 北京:高等教育出版社,2004.

[22] 李云红. 信号与系统[M]. 北京:北京大学出版社,2012.

[23] 马金龙，胡建萍，王宛苹. 信号与系统［M］. 北京：科学出版社，2006.
[24] 王松林，张永瑞，郭宝龙. 信号与线性系统分析教学指导书［M］. 4版. 北京：高等教育出版社，2006.
[25] 王颖民，郭爱. 信号与系统［M］. 成都：西南交通大学出版社，2009.
[26] 吴大正，杨林耀，张永瑞. 信号与线性系统分析［M］. 4版. 北京：高等教育出版社，2005.
[27] 赵淑清，李绍缤. 信号与系统［M］. 哈尔滨：哈尔滨工业大学出版社，2008.
[28] 郑君里，等. 信号与系统［M］. 2版. 北京：高等教育出版社，2000.

北京大学出版社本科电气信息系列实用规划教材

序号	书名	书号	编著者	定价	出版年份	教辅及获奖情况
\multicolumn{7}{c}{物联网工程}					
1	物联网概论	7-301-23473-0	王 平	38	2014	电子课件/答案，有"多媒体移动交互式教材"
2	物联网概论	7-301-21439-8	王金甫	42	2012	电子课件/答案
3	现代通信网络(第2版)	7-301-27831-4	赵瑞玉 胡珺珺	45	2017	电子课件/答案
4	物联网安全	7-301-24153-0	王金甫	43	2014	电子课件/答案
5	通信网络基础	7-301-23983-4	王昊	32	2014	
6	无线通信原理	7-301-23705-2	许晓丽	42	2014	电子课件/答案
7	家居物联网技术开发与实践	7-301-22385-7	付 蔚	39	2013	电子课件/答案
8	物联网技术案例教程	7-301-22436-6	崔逊学	40	2013	电子课件
9	传感器技术及应用电路项目化教程	7-301-22110-5	钱裕禄	30	2013	电子课件/视频素材，宁波市教学成果奖
10	网络工程与管理	7-301-20763-5	谢 慧	39	2012	电子课件/答案
11	电磁场与电磁波(第2版)	7-301-20508-2	邹春明	32	2012	电子课件/答案
12	现代交换技术(第2版)	7-301-18889-7	姚 军	36	2013	电子课件/习题答案
13	传感器基础(第2版)	7-301-19174-3	赵玉刚	32	2013	视频
14	物联网基础与应用	7-301-16598-0	李蕊田	44	2012	电子课件
15	通信技术实用教程	7-301-25386-1	谢 慧	36	2015	电子课件/习题答案
16	物联网工程应用与实践	7-301-19853-7	于继明	39	2015	电子课件
17	传感与检测技术及应用	7-301-27543-6	沈亚强 蒋敏兰	43	2016	电子课件/数字资源
\multicolumn{7}{c}{单片机与嵌入式}					
1	嵌入式系统开发基础——基于八位单片机的C语言程序设计	7-301-17468-5	侯殿有	49	2012	电子课件/答案/素材
2	嵌入式系统基础实践教程	7-301-22447-2	韩 磊	35	2013	电子课件
3	单片机原理与接口技术	7-301-19175-0	李 升	46	2011	电子课件/习题答案
4	单片机系统设计与实例开发(MSP430)	7-301-21672-9	顾 涛	44	2013	电子课件/答案
5	单片机原理与应用技术(第2版)	7-301-27392-0	魏立峰 王宝兴	42	2016	电子课件/数字资源
6	单片机原理及应用教程(第2版)	7-301-22437-3	范立南	43	2013	电子课件/习题答案，辽宁"十二五"教材
7	单片机原理与应用及C51程序设计	7-301-13676-8	唐 颖	30	2011	电子课件
8	单片机原理与应用及其实验指导书	7-301-21058-1	邵发森	44	2012	电子课件/答案/素材
9	MCS-51单片机原理及应用	7-301-22882-1	黄翠翠	34	2013	电子课件/程序代码
\multicolumn{7}{c}{物理、能源、微电子}					
1	物理光学理论与应用(第2版)	7-301-26024-1	宋贵才	46	2015	电子课件/习题答案，"十二五"普通高等教育本科国家级规划教材
2	现代光学	7-301-23639-0	宋贵才	36	2014	电子课件/答案
3	平板显示技术基础	7-301-22111-2	王丽娟	52	2013	电子课件/答案
4	集成电路版图设计(第2版)	7-301-29691-2	陆学斌	42	2018	电子课件/习题答案
5	新能源与分布式发电技术(第2版)	7-301-27495-8	朱永强	45	2016	电子课件/习题答案，北京市精品教材，北京市"十二五"教材
6	太阳能电池原理与应用	7-301-18672-5	靳瑞敏	25	2011	电子课件
7	新能源照明技术	7-301-23123-4	李姿景	33	2013	电子课件/答案
8	集成电路EDA设计——仿真与版图实例	7-301-28721-7	陆学斌	36	2018	数字资源

序号	书名	书号	编著者	定价	出版年份	教辅及获奖情况
基 础 课						
1	电工与电子技术(上册)(第2版)	7-301-19183-5	吴舒辞	30	2011	电子课件/习题答案，湖南省"十二五"教材
2	电工与电子技术(下册)(第2版)	7-301-19229-0	徐卓农 李士军	32	2011	电子课件/习题答案，湖南省"十二五"教材
3	电路分析	7-301-12179-5	王艳红 蒋学华	38	2010	电子课件，山东省第二届优秀教材奖
4	运筹学(第2版)	7-301-18860-6	吴亚丽 张俊敏	28	2011	电子课件/习题答案
5	电路与模拟电子技术(第2版)	7-301-29654-7	张绪光	53	2018	电子课件/习题答案
6	微机原理及接口技术	7-301-16931-5	肖洪兵	32	2010	电子课件/习题答案
7	数字电子技术	7-301-16932-2	刘金华	30	2010	电子课件/习题答案
8	微机原理及接口技术实验指导书	7-301-17614-6	李干林 李升	22	2010	课件(实验报告)
9	模拟电子技术	7-301-17700-6	张绪光 刘在娥	36	2010	电子课件/习题答案
10	电工技术	7-301-18493-6	张莉 张绪光	26	2011	电子课件/习题答案，山东省"十二五"教材
11	电路分析基础	7-301-20505-1	吴舒辞	38	2012	电子课件/习题答案
12	数字电子技术	7-301-21304-9	秦长海 张天鹏	49	2013	电子课件/答案，河南省"十二五"教材
13	模拟电子与数字逻辑	7-301-21450-3	邬春明	39	2012	电子课件
14	电路与模拟电子技术实验指导书	7-301-20351-4	唐颖	26	2012	部分课件
15	电子电路基础实验与课程设计	7-301-22474-8	武林	36	2013	部分课件
16	电文化——电气信息学科概论	7-301-22484-7	高心	30	2013	
17	实用数字电子技术	7-301-22598-1	钱裕禄	30	2013	电子课件/答案/其他素材
18	模拟电子技术学习指导及习题精选	7-301-23124-1	姚娅川	30	2013	电子课件
19	电工电子基础实验及综合设计指导	7-301-23221-7	盛桂珍	32	2013	
20	电子技术实验教程	7-301-23736-6	司朝良	33	2014	
21	电工技术	7-301-24181-3	赵莹	46	2014	电子课件/习题答案
22	电子技术实验教程	7-301-24449-4	马秋明	26	2014	
23	微控制器原理及应用	7-301-24812-6	丁筱玲	42	2014	
24	模拟电子技术基础学习指导与习题分析	7-301-25507-0	李大军 唐颖	32	2015	电子课件/习题答案
25	电工学实验教程(第2版)	7-301-25343-4	王士军 张绪光	27	2015	
26	微机原理及接口技术	7-301-26063-0	李干林	42	2015	电子课件/习题答案
27	简明电路分析	7-301-26062-3	姜涛	48	2015	电子课件/习题答案
28	微机原理及接口技术(第2版)	7-301-26512-3	越志诚 段中兴	49	2016	二维码数字资源
29	电子技术综合应用	7-301-27900-7	沈亚强 林祝亮	37	2017	二维码数字资源
30	电子技术专业教学法	7-301-28329-5	沈亚强 朱伟玲	36	2017	二维码数字资源
31	电子科学与技术专业课程开发与教学项目设计	7-301-28544-2	沈亚强 万旭	38	2017	二维码数字资源
电子、通信						
1	DSP 技术及应用	7-301-10759-1	吴冬梅 张玉杰	26	2011	电子课件，中国大学出版社图书奖首届优秀教材奖一等奖
2	电子工艺实习	7-301-10699-0	周春阳	19	2010	电子课件
3	电子工艺学教程	7-301-10744-7	张立毅 王华奎	32	2010	电子课件，中国大学出版社图书奖首届优秀教材奖一等奖
4	信号与系统	7-301-10761-4	华容 隋晓红	33	2011	电子课件
5	信息与通信工程专业英语(第2版)	7-301-19318-1	韩定定 李明明	32	2012	电子课件/参考译文，中国电子教育学会2012年全国电子信息类优秀教材
6	高频电子线路(第2版)	7-301-16520-1	宋树祥 周冬梅	35	2009	电子课件/习题答案

序号	书名	书号	编著者	定价	出版年份	教辅及获奖情况
7	MATLAB 基础及其应用教程	7-301-11442-1	周开利 邓春晖	24	2011	电子课件
8	通信原理	7-301-12178-8	隋晓红 钟晓玲	32	2007	电子课件
9	数字图像处理	7-301-12176-4	曹茂永	23	2007	电子课件,"十二五"普通高等教育本科国家级规划教材
10	移动通信	7-301-11502-2	郭俊强 李成	22	2010	电子课件
11	生物医学数据分析及其 MATLAB 实现	7-301-14472-5	尚志刚 张建华	25	2009	电子课件/习题答案/素材
12	信号处理 MATLAB 实验教程	7-301-15168-6	李杰 张猛	20	2009	实验素材
13	通信网的信令系统	7-301-15786-2	张云麟	24	2009	电子课件
14	数字信号处理	7-301-16076-3	王震宇 张培珍	32	2010	电子课件/答案/素材
15	光纤通信(第 2 版)	7-301-29106-1	冯进玫 郭忠义	39	2018	电子课件/习题答案
16	离散信息论基础	7-301-17382-4	范九伦 谢勰	25	2010	电子课件/习题答案
17	光纤通信	7-301-17683-2	李丽君 徐文云	26	2010	电子课件/习题答案
18	数字信号处理	7-301-17986-4	王玉德	32	2010	电子课件/答案/素材
19	电子线路 CAD	7-301-18285-7	周荣富 曾技	41	2011	电子课件
20	MATLAB 基础及应用	7-301-16739-7	李国朝	39	2011	电子课件/答案/素材
21	信息论与编码	7-301-18352-6	隋晓红 王艳营	24	2011	电子课件/习题答案
22	现代电子系统设计教程(第 2 版)	7-301-29405-5	宋晓梅	45	2018	电子课件/习题答案
23	移动通信	7-301-19320-4	刘维超 时颖	39	2011	电子课件/习题答案
24	电子信息类专业 MATLAB 实验教程	7-301-19452-2	李明明	42	2011	电子课件/习题答案
25	信号与系统(第 2 版)	7-301-29590-8	李云红	42	2018	电子课件
26	数字图像处理	7-301-20339-2	李云红	36	2012	电子课件
27	编码调制技术	7-301-20506-8	黄平	26	2012	电子课件
28	Mathcad 在信号与系统中的应用	7-301-20918-9	郭仁春	30	2012	
29	MATLAB 基础与应用教程	7-301-21247-9	王月明	32	2013	电子课件/答案
30	电子信息与通信工程专业英语	7-301-21688-0	孙桂芝	36	2012	电子课件
31	微波技术基础及其应用	7-301-21849-5	李泽民	49	2013	电子课件/习题答案/补充材料等
32	图像处理算法及应用	7-301-21607-1	李文书	48	2012	电子课件
33	网络系统分析与设计	7-301-20644-7	严承华	39	2012	电子课件
34	DSP 技术及应用	7-301-22109-9	董胜	39	2013	电子课件/答案
35	通信原理实验与课程设计	7-301-22528-8	邬春明	34	2015	电子课件
36	信号与系统	7-301-22582-0	许丽佳	38	2013	电子课件/答案
37	信号与线性系统	7-301-22776-3	朱明旱	33	2013	电子课件/答案
38	信号分析与处理	7-301-22919-4	李会容	39	2013	电子课件/答案
39	MATLAB 基础及实验教程	7-301-23022-0	杨成慧	36	2013	电子课件/答案
40	DSP 技术与应用基础(第 2 版)	7-301-24777-8	俞一彪	45	2015	实验素材/答案
41	EDA 技术及数字系统的应用	7-301-23877-6	包明	55	2015	
42	算法设计、分析与应用教程	7-301-24352-7	李文书	49	2014	
43	Android 开发工程师案例教程	7-301-24469-2	倪红军	48	2014	
44	ERP 原理及应用(第 2 版)	7-301-29186-3	朱宝慧	49	2018	电子课件/答案
45	综合电子系统设计与实践	7-301-25509-4	武林 陈希	32	2015	
46	高频电子技术	7-301-25508-7	赵玉刚	29	2015	电子课件
47	信息与通信专业英语	7-301-25506-3	刘小佳	29	2015	电子课件
48	信号与系统	7-301-25984-9	张建奇	45	2015	电子课件
49	数字图像处理及应用	7-301-26112-5	张培珍	36	2015	电子课件/习题答案
50	Photoshop CC 案例教程(第 3 版)	7-301-27421-7	李建芳	49	2016	电子课件/素材

序号	书名	书号	编著者	定价	出版年份	教辅及获奖情况
51	激光技术与光纤通信实验	7-301-26609-0	周建华 兰岚	28	2015	数字资源
52	Java 高级开发技术大学教程	7-301-27353-1	陈沛强	48	2016	电子课件/数字资源
53	VHDL 数字系统设计与应用	7-301-27267-1	黄卉 李冰	42	2016	数字资源
54	光电技术应用	7-301-28597-8	沈亚强 沈建国	30	2017	数字资源
自动化、电气							
1	自动控制原理	7-301-22386-4	佟威	30	2013	电子课件/答案
2	自动控制原理	7-301-22936-1	邢春芳	39	2013	
3	自动控制原理	7-301-22448-9	谭功全	44	2013	
4	自动控制原理	7-301-22112-9	许丽佳	30	2015	
5	自动控制原理(第 2 版)	7-301-28728-6	丁红	45	2017	电子课件/数字资源
6	现代控制理论基础	7-301-10512-2	侯媛彬等	20	2010	电子课件/素材,国家级"十一五"规划教材
7	计算机控制系统(第 2 版)	7-301-23271-2	徐文尚	48	2013	电子课件/答案
8	电力系统继电保护(第 2 版)	7-301-21366-7	马永翔	42	2013	电子课件/习题答案
9	电气控制技术(第 2 版)	7-301-24933-8	韩顺杰 吕树清	28	2014	电子课件
10	自动化专业英语(第 2 版)	7-301-25091-4	李国厚 王春阳	46	2014	电子课件/参考译文
11	电力电子技术及应用	7-301-13577-8	张润和	38	2008	电子课件
12	高电压技术(第 2 版)	7-301-27206-0	马永翔	43	2016	电子课件/习题答案
13	电力系统分析	7-301-14460-2	曹娜	35	2009	
14	综合布线系统基础教程	7-301-14994-2	吴达金	24	2009	电子课件
15	PLC 原理及应用	7-301-17797-6	缪志农 郭新年	26	2010	电子课件
16	集散控制系统	7-301-18131-7	周荣富 陶文英	36	2011	电子课件/习题答案
17	控制电机与特种电机及其控制系统	7-301-18260-4	孙冠群 于少娟	42	2011	电子课件/习题答案
18	电气信息类专业英语	7-301-19447-8	缪志农	40	2011	电子课件/习题答案
19	综合布线系统管理教程	7-301-16598-0	吴达金	39	2012	电子课件
20	供配电技术	7-301-16367-2	王玉华	49	2012	电子课件/习题答案
21	PLC 技术与应用(西门子版)	7-301-22529-5	丁金婷	32	2013	电子课件
22	电机、拖动与控制	7-301-22872-2	万芳瑛	34	2013	电子课件/答案
23	电气信息工程专业英语	7-301-22920-0	余兴波	26	2013	电子课件/译文
24	集散控制系统(第 2 版)	7-301-23081-7	刘翠玲	36	2013	电子课件,2014 年中国电子教育学会"全国电子信息类优秀教材"一等奖
25	工控组态软件及应用	7-301-23754-0	何坚强	49	2014	电子课件/答案
26	发电厂变电所电气部分(第 2 版)	7-301-23674-1	马永翔	48	2014	电子课件/答案
27	自动控制原理实验教程	7-301-25471-4	丁红 贾玉瑛	29	2015	
28	自动控制原理(第 2 版)	7-301-25510-0	袁德成	35	2015	电子课件/辽宁省"十二五"教材
29	电机与电力电子技术	7-301-25736-4	孙冠群	45	2015	电子课件/答案
30	虚拟仪器技术及其应用	7-301-27133-9	廖远江	45	2016	
31	智能仪表技术	7-301-28790-3	杨成慧	45	2017	二维码资源

如您需要更多教学资源如电子课件、电子样章、习题答案等,请登录北京大学出版社第六事业部官网 www.pup6.cn 搜索下载。

如您需要浏览更多专业教材,请扫下面的二维码,关注北京大学出版社第六事业部官方微信(微信号:pup6book),随时查询专业教材、浏览教材目录、内容简介等信息,并可在线申请纸质样书用于教学。

感谢您使用我们的教材,欢迎您随时与我们联系,我们将及时做好全方位的服务。联系方式:010-62750667,pup6_czq@163.com,pup_6@163.com,欢迎来电来信。客户服务 QQ 号:1292552107,欢迎随时咨询。